机电集成技术（高级）

主　编　王美姣　金宁宁　苗志毅
副主编　马延立　任艳艳　王东辉　张大维　朱永宽
参　编　刘　浪　成　萍

北京理工大学出版社
BEIJING INSTITUTE OF TECHNOLOGY PRESS

内 容 简 介

本书的编写以《工业机器人集成应用职业技能等级标准》为依据，围绕机电集成技术行业领域工作岗位群的能力需求，充分融合课程教学特点与职业技能等级标准内容，进行整体内容的设计。本书采用新型活页式印刷，更加强调知识和任务操作之间的匹配性，以机电集成技术应用中典型工作任务为主线，以项目化、任务化形式整理教学内容，采用知识页、任务页展现任务内的理论知识与职业技能，使读者可以根据岗位需求读取、掌握对应的知识和任务实施技能。

本书内容包含机电集成系统设计、工业机器人系统程序开发、机电集成系统周边设备程序开发、机电集成系统的典型应用和典型产线的机电集成，共计 5 个领域的实训项目。项目包含若干任务，配备包含项目知识测试和职业技能测试在内的项目评测，任务内包含若干知识页和任务页，便于教学的实施和重点内容的掌握。

本书适合用于 1+X 证书制度试点教学、相关专业课证融通课程的教学，也可以应用于机电集成技术相关应用企业的培训等。

版权专有　侵权必究

图书在版编目(CIP)数据

机电集成技术：高级／王美姣，金宁宁，苗志毅主编．－－北京：北京理工大学出版社，2021.11

ISBN 978-7-5763-0592-0

Ⅰ．①机… Ⅱ．①王… ②金… ③苗… Ⅲ．①机电系统-系统设计 Ⅳ．①TH-39

中国版本图书馆 CIP 数据核字(2021)第 220380 号

出版发行 /	北京理工大学出版社有限责任公司
社　　址 /	北京市海淀区中关村南大街 5 号
邮　　编 /	100081
电　　话 /	(010)68914775(总编室)
	(010)82562903(教材售后服务热线)
	(010)68944723(其他图书服务热线)
网　　址 /	http://www.bitpress.com.cn
经　　销 /	全国各地新华书店
印　　刷 /	定州市新华印刷有限公司
开　　本 /	889 毫米×1194 毫米　1/16
印　　张 /	16.25
字　　数 /	327 千字
版　　次 /	2021 年 11 月第 1 版　2021 年 11 月第 1 次印刷
定　　价 /	57.00 元

责任编辑 /	陆世立
文案编辑 /	陆世立
责任校对 /	周瑞红
责任印制 /	边心超

图书出现印装质量问题，请拨打售后服务热线，本社负责调换

前言

2019年4月10日，教育部等四部委联合印发《关于在院校实施"学历证书+若干职业技能等级证书"制度试点方案》，部署启动了"1+X"证书制度试点工作，以人才培养培训模式和评价模式改革为突破口，提高人才培养质量，夯实人才可持续发展基础。《工业机器人集成应用职业技能等级标准》等与机电集成技术高度相关的职业技能等级证书的出现，为职业教育提供了可供遵循的职业技能标准。"1+X"证书制度是适应现代职业教育的制度创新衍生的，其目标是提高复合型技术技能人才培养与产业需求契合度，化解人才供需结构矛盾。

智能制造已成为机械工业调结构、转方式、换动能的重要引擎。工业改革升级成为推动我国国民经济发展的主要驱动力。如何实现智能制造产业，是当今我国工业改革中重点关注的问题。随着智能技术的不断发展和普及，传统硬性生产线生产精度低、人工投入量大、能耗高等缺点日益突出。为了解决这一问题，工业生产线正在发生很大的变化，不断朝向FMS、FMC柔性制造生产线方向发展，以工业机器人为操作主体，通过智能终端统一控制生产线，实现智能制造模式。2020年4月24日，人力资源社会保障部会同市场监管总局、国家统计局发布智能制造工程技术人员等16个新职业信息，数百万智能制造工程技术从业人员将以职业身份正式登上历史舞台。智能制造技术包括自动化、信息化、互联网和智能化四个层次，其中机电集成技术是智能装备中不可或缺的重要组成部分。

为了应对智能制造领域中机电集成技术相关的机械安装调试、电气安装调试、操作编程、运行维护等岗位职业的人才需求缺口，广大职业院校陆续开设了相关的课程，专业的建设需要不断加强与相关行业的有效对接，1+X证书制度试点是促进技术技能人才培养培训模式和评价模式改革、提高人才培养质量的重要举措。

河南职业技术学院参照1+X工业机器人集成应用职业技能等级标准，协同北京华航唯实机器人科技股份有限公司、许昌职业技术学院共同开发了本套教材，河南职业技术学院王美姣、金宁宁、苗志毅任主编。具体编写分工为：河南职业技术学院王美姣编写项目3，河南职业技术学院金宁宁编写项目2，许昌职业技术学院马延立编写任务4.1，河南职业技术学院任艳艳编写任务4.2和任务4.3，河南职业技术学院王东辉编写项目5，河南职业技术学院朱永宽编写项目1，河南职业技术学院苗志毅和北京华航唯实机器人科技股份有限公司成萍负责统稿。本书在编写过程中得到了北京华航唯实机器人科技股份有限公司刘浪、张大维等工程师的帮助，他们参与了案例的设计等工作。同时我们还参阅了部分相关教材及技术文献内容，在此一并表示衷心的感谢。

  本套教材分为初级、中级、高级三部分，以智能制造企业中机械安装调试、电气安装调试、操作编程、运行维护等岗位相关从业人员的职业素养、技能需求为依据，采用项目引领、任务驱动理念编写，使用知识页、任务页的活页式展现知识内容和技能内容，以实际应用中典型工作任务为主线，配合实训流程，详细地剖析讲解以工业机器人为主体的智能制造领域中机电集成技术岗位所需要的知识及技能。培养具有安全意识，能理解机电集成系统技术文件，能完成机电集成系统虚拟构建，能根据机械装配图、气动原理图和电气原理图完成系统安装，能遵循规范进行程序开发与调试的能力。

  本书采用新型活页式印刷，更加强调知识和任务操作之间的匹配性，通过资源标签或者二维码链接形式，提供了配套的学习资源，利用信息化技术，采用PPT、视频、动画等形式对书中的核心知识点和技能点进行深度剖析和详细讲解，降低了读者的学习难度，有效提高学习兴趣和学习效率。

  由于编者水平有限，对于书中的不足之处，希望广大读者提出宝贵意见。

编　者

2021年5月

目录

项目一　机电集成系统设计 ……………………………………………… 001（1—1）

任务 1.1　机电集成方案设计 …………………………………………… 002（1—2）
　　知识页——工作站工艺路线 ………………………………………… 002（1—2）
　　任务页——机电集成方案设计 ……………………………………… 006（1—6）
任务 1.2　机电集成系统设备选型 ……………………………………… 011（1—11）
　　知识页——机电集成系统设备选型 ………………………………… 011（1—11）
　　任务页——机电集成系统设备选型 ………………………………… 024（1—24）
任务 1.3　机电集成系统虚拟搭建 ……………………………………… 033（1—33）
　　任务页——机电集成系统虚拟搭建 ………………………………… 033（1—33）
项目评测 …………………………………………………………………… 041（1—41）

项目二　工业机器人系统程序开发 ……………………………………… 043（2—1）

任务 2.1　四轴工业机器人基础编程 …………………………………… 044（2—2）
　　任务页——四轴工业机器人基础编程 ……………………………… 044（2—2）
任务 2.2　典型工艺流程程序开发 ……………………………………… 059（2—17）
　　任务页——典型工艺流程程序开发 ………………………………… 059（2—17）
任务 2.3　机电集成系统离线仿真 ……………………………………… 073（2—31）
　　任务页——机电集成系统离线仿真 ………………………………… 073（2—31）
项目评测 …………………………………………………………………… 083（2—41）

项目三　机电集成系统周边设备程序开发 ……………………………… 085（3—1）

任务 3.1　PLC 控制程序开发 …………………………………………… 086（3—2）
　　任务页——PLC 控制程序开发 ……………………………………… 086（3—2）
任务 3.2　人机交互程序及视觉检测程序开发 ………………………… 112（3—28）

任务页——人机交互程序及视觉检测程序开发 ················· 112（3—28）
　　项目评测 ·· 119（3—35）

项目四　机电集成系统的典型应用 ····································· 121（4—1）

　　任务 4.1　打磨工艺应用 ·· 122（4—2）
　　　任务页——打磨工艺应用 ·· 122（4—2）
　　任务 4.2　激光雕刻应用 ·· 153（4—33）
　　　知识页——激光雕刻应用 ·· 153（4—33）
　　　任务页——激光雕刻应用 ·· 160（4—40）
　　任务 4.3　机电集成系统优化 ·· 187（4—67）
　　　知识页——机电集成系统优化 ······································ 187（4—67）
　　　任务页——机电集成系统优化 ······································ 189（4—69）
　　项目评测 ·· 199（4—79）

项目五　典型产线的机电集成 ·· 201（5—1）

　　任务 5.1　生产线方案规划 ··· 202（5—2）
　　　知识页——车轮总装生产线工艺流程规划 ···················· 202（5—2）
　　　任务页——生产线方案规划 ··· 205（5—5）
　　任务 5.2　生产线虚拟调试与优化 ··································· 209（5—9）
　　　知识页——生产线虚拟调试与优化 ······························· 209（5—9）
　　　任务页——生产线虚拟调试与优化 ······························· 217（5—17）
　　项目评测 ·· 250（5—50）

参考文献 ··· 252

项目一

机电集成系统设计

项目导言

工业机器人系统集成设计是工业机器人技术专业的核心课程，是跨多个学科的综合性技术，涉及自动控制、计算机、传感器、人工智能、电子技术和机械工程等学科的内容。本项目以智能制造单元系统集成应用平台为载体，讲解工业机器人系统集成设计的方法。

工业机器人集成应用职业技能等级标准对照表

工作领域	工业机器人系统集成设计										
工作任务	机电集成方案设计				机电集成系统设备选型					机电集成系统虚拟搭建	
任务分解	工作站工艺路线规划	工作站集成方案设计	工作站工装夹具方案设计	工作站控制系统方案设计	工业机器人选型	典型工艺设备——激光打标机选型	PLC设备选型	伺服电机选型	视觉检测系统选型	零件模型库构建	工作站模型创建
项目实施 职业能力	1.1.1 能根据任务要求，制订工作站的工艺路线。 1.1.2 能根据任务要求，制订工作站的整体方案。 1.1.3 能根据任务要求，完成工装夹具方案设计。 1.1.4 能对标工业安全标准，进行控制系统方案设计。 1.2.1 能进行工业机器人及主要工艺设备的选型。 1.2.2 能进行PLC、电机、减速器等设备的选型。 1.2.3 能选择合适的工业相机、镜头和光源，进行视觉检测系统的选型。 1.2.4 能进行位置、速度、力等传感器的选型。 1.3.1 能根据系统设计方案构建零件模型库。 1.3.2 能根据系统设计方案创建组件装配模型。 1.3.3 能根据系统设计方案创建工作站模型										

任务1.1 机电集成方案设计

在进行工业机器人集成方案说明书设计时,首先需要了解的是加工产品以及该产品的加工路线即加工工艺。在了解工艺要求后,才能整体进行规划设计,根据加工工艺搭建整体的工作站布局,对整个集成方案做出初步设计。任务将以图1-1所示的工作站为例,对整个集成方案做出初步设计。

图1-1 智能制造单元系统集成应用平台

知识页——工作站工艺路线

1. 工作站工艺路线规划

工艺路线是产品或零部件制造的路径,其信息包含了工序内容、作业场地(车间)、制造资源、工时等内容。

1) 工作站产品

产品是工艺流程规划的依据,进行工艺路线规划前,先来认识智能制造单元系统集成应用平台的产品——车轮总成,如图1-2所示。车轮总成包含车轮、轮胎和相关配件。

图1-2 工作站产品——车轮总成

（1）车轮。

车轮是嵌在轮胎内缘上的刚性件，连接车桥。车轮通过轮胎充气后形成的压力和摩擦力实现彼此之间力的传递。车轮主要由轮毂、轮辋和轮辐组成。

（2）轮胎。

轮胎是安装在车轮外缘上的弹性体，接触地面。将汽车的动力传递到地面并承载负荷的载体，决定了车辆的转弯、制动和加速等性能，现代汽车使用充气轮胎，轮胎工作时需借助内部充气压力实现本身的功能。

轮胎的结构大致相同，有内胎轮胎包括外胎、内胎及垫带；无内胎轮胎只有外胎。

（3）车标。

一般车轮上还会带有车标。在生产中，应在车轮装车状态下容易识别且不影响车轮强度的位置做出标志。标志的内容可以是轮毂规格代号、铸出生产厂的厂名或商标、铸出或打上生产日期或生产批号等。

2）典型车轮总成装配工艺

目前，汽车车轮总成装配的工艺有手动、半自动、全自动这三种。具体流程如下：

（1）手动分总成装配流程：拆包装—轮辋与气门芯合装—上件—装胎—充气—动平衡检测—修正—车轮下件。

（2）半自动分总成装配流程：拆包装—轮辋与气门芯合装—上件—装胎—充气—优化—动平衡检测—修正—车轮下件—平衡复检。

（3）全自动分总成装配流程：轮胎/轮辋准备—装胎—匹配—充气—优化—均匀性检测—动平衡检测—修正—平衡复检—车轮下件。

在智能制造单元系统集成应用工作站中，针对车轮装配的轮胎/轮辋准备、装胎、检测、下件，这几个工艺流程实现全自动总成的制造。

3）工作站产品制造工艺需求

在智能制造单元系统集成应用工作站中，轮毂和车标这两个产品需要进行加工处理。轮毂需要进行打磨去毛刺等处理，而车标需进行定制化的加工。具体流程如图1-3所示。

图1-3 车轮加工需求

在工作站中，车轮的总成安装，分别需要对轮毂、车标、轮胎进行安装，需要安装的流程如图1-4所示。在轮毂的中心位置需安装加工好的车标，在轮毂的轮辋外圈需安装轮胎，完成车轮的安装后还需要对其进行质量检测，检测内嵌在车标内部的RFID电子芯片以及车标。

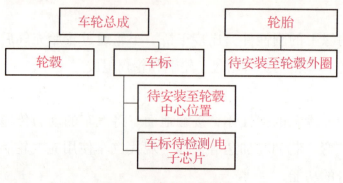

图 1-4 车轮安装需求

2. 工作站集成方案设计

一个功能完善的柔性制造系统一般由以下 4 个具体功能系统组成，即自动加工系统、自动物料系统、自动监控系统和综合软件系统。

1）自动加工系统

一般由加工设备、检验设备和清洗设备等组成，是完成加工任务的硬件系统。它的功能是以任意顺序自动加工各种零件，并能自动更换工件和刀具。

2）自动物料系统

自动物料系统指的是为实现柔性加工，能按照不同的加工顺序，以不同的运输路线按不同的生产节拍对不同产品零件同时加工的系统。同时，为提高物料运动的准确性和及时性，系统中还应具有自动化储料仓库、刀具库、零件库等。自动搬运和储料功能是柔性制造系统提高设备利用率，实现柔性加工的重要条件。FMS 的自动搬运装置主要有输送带、运输小车和工业机器人。

3）自动监控系统

利用各种传感器测量和反馈控制技术，及时地监控和诊断加工过程并做出相应的处理，是保证柔性制造系统正常工作的基础。自动监控系统包括过程控制和过程监视两个子系统，其功能分别是进行加工系统及物流系统的自动控制，以及在线状态数据的自动采集和处理。

4）综合软件系统

自动加工、自动物料、自动监控三者综合起来的软件系统。它包括生产计划和管理程序、自动加工及物流存储、输送以及故障处理程序的制订与运行、生产信息的论证及系统数据库的建立等。

知识测试

一、填空题

1. 车轮主要由_____、_____和_____组成。
2. 内胎轮胎包括_____、_____及_____。
3. 汽车车轮总成装配的工艺有_____、_____、_____这三种。

二、简答题

1. 简述车轮总成主要构成。
2. 简述手动分总成装配流程。
3. 简述自动分总成装配流程。

任务页——机电集成方案设计

工作任务	机电集成方案设计	教学模式	理实一体
建议学时	参考学时共 10 学时，其中相关知识学习 5 学时；学员练习 5 学时	需设备、器材	工业机器人集成应用平台
任务描述	在进行工业机器人集成方案说明书设计时，首先需要了解的是加工产品以及该产品的加工路线即加工工艺。在了解工艺要求后，才能整体进行规划设计，根据加工工艺搭建整体的工作站布局，对整个集成方案做出初步设计		
职业技能	1.1.1 能根据任务要求，制订工作站的工艺路线。 1.1.2 能根据任务要求，制订工作站的整体方案。 1.1.3 能根据任务要求，完成工装夹具方案设计。 1.1.4 能对标工业安全标准，进行控制系统方案设计		

1.1.1 工作站工艺路线规划

任务实施

1. 工艺路线规划原则认知

在认识方案设计的产品和工艺要求后，需要对该产品的制造工艺路线进行规划。进行工艺路线规划时，需要考虑以下的因素：

（1）预处理工序先行。

如清洗、_____、平衡等工序要安排在前面。

（2）"先下后上、先重大后轻小"。

在装配工艺中，要先装处于机器下部的重大基础件，再装处于机器上部的轻小的零部件，这样在整个装配过程中，使重心处于最稳定状态。

（3）"先内后外、先难后易"。

先装配内部的零部件，使先装部分不妨碍后续作业。较难装的零部件（例如基准件）有较大的安装、检测和调整空间，应安排在先，减少不必要的拆卸。

（4）先精密后一般。

有利于保证装配_____。

（5）安排必要的检验工序。

特别是对产品质量和性能有影响的装配工序之后，必须安排检验工序，检验合格后才允许进行后面的装配工序，以监督保证装配质量，减少返修。

（6）其他。

电线、气压液压管路、润滑油管、刹车管路等影响_____和_____的装配工序，一定要安排合理可靠，确保安全无故障。

续表

2. 工作站工艺路线规划

结合常规的车轮总成及智能制造单元系统集成应用平台产品制造工艺需求，遵照工艺规划的原则，制订生产加工的工艺路线如图 1.5 所示。

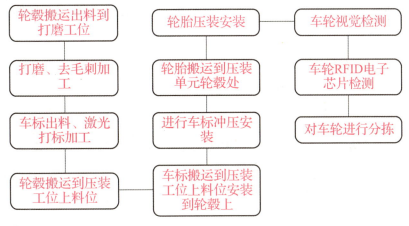

图 1-5　工作站工艺路线

需要注意的是，工艺路线确定了工作站整体功能，在集成方案设计过程中将进行各模块的细化。

1.1.2　工作站集成方案设计

任务实施

1. 自动加工系统

针对工作站的要求，对系统进行自动化加工方案设计，首先需要明确加工设备。完成打磨需要打磨设备，完成打标需要激光打标设备。

由车轮的总装工艺流程可以确定，轮毂打磨工艺需要配备对应的打磨工艺单元；车标加工需配备工艺对应的激光打标模块；由于轮胎和车标都需要安装到轮毂上，根据产品的特性可以选择使用压装的方式进行装配，所以需要配有实施压装工艺的压装单元。

确定工作站加工设备后，进行检验设备的方案设计。在工作站中，需记录读取车轮的定制化信息，在此可以考虑使用_____技术实现；车标图案、轮廓外观的检测，则可以通过配备_____来实现。

2. 自动物流系统

在自动物流系统中，主要有两个重要的部分。一个是自动搬运系统，一个是自动存储系统。使用工业机器人实现柔性搬运，同时添加外部轴加大工业机器人工作范围，为增加工作效率，可增加 SCARA 四轴工业机器人辅助进行搬运动作。车标和轮胎的压装需要在不同工位实现，此处可以使用传送带实现产品在工位之间的转换。进行产品分拣时，需要将分拣产品依据分拣条件及结果运送至对应工位，此处可通过传送带实现。设计储存系统时，需考虑自动储存的功能，智能制造单元系统集成应用平台中需对 6 个产品依次加工，故此处设计仓储单元具有 6 个仓位；同时仓储单元需实现自动检测仓位中工件的存储状态并自动将工件推出、缩回，以实现智能仓储，故可选用位置传感器实现状态的检测，选用气缸执行仓位的动作；工作站中需使用到不同工业机器人末端快换工具以及实现不同工艺的加工以及工件的搬运，故需要设计工具单元实现工具存放。

3. 自动监控系统

智能制造单元系统集成应用平台中需设置总控单元，作为工作站中其他各单元执行动作和流程的总控制端。进行工作站的方案设计时，对加工系统、物流系统、自动监控系统方案进行设计，在满足工艺路线的基础上，设计总控单元、仓储单元、工具单元、执行单元、SCARA 四轴工业机器人单元、分拣单元、打磨单元、压装单元、视觉单元、RFID 模块、激光打标模块。

1.1.3　工作站工装夹具方案设计

任务实施

工作站中压装单元、打磨单元、工业机器人末端工具三个部分的工装夹具方案制订见下表。

方案描述	图示
1）压装单元 为使轮胎能稳定放置于轮毂上方，设计辅助工具放置于轮毂上方，起到支承作用。为便于轮胎放置，辅助工装设计为_____的形式	
2）打磨单元 为将轮毂固定在打磨工装上，根据轮毂的_____的特征，设计不同的气缸夹具实现轮毂的夹紧	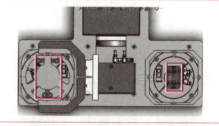
3）工业机器人末端工具 工业机器人末端需要多种工装夹具进行抓取轮毂、车标和轮胎，可以设计_____和_____两种类型，针对不同位置的夹取，需设计多种夹具	

1.1.4　工作站控制系统方案设计

任务实施

1. 工作站控制需求

工作站的控制需求包括以下几点：
①总控单元可对其他各单元进行分布式管理控制；

续表

②能监视工作站的传感器信号,控制工作站的相关执行元件;

③各单元可通过网线连接通信。

2. 控制方案设计

工作站由 PLC 作为逻辑控制,总控单元使用两个 PLC 进行通信控制,在执行单元处单独设计一个 PLC 进行伺服运动控制。各个单元独立接线,每个单元都有各自的远程 I/O 模块,可通过交换机与 PLC 进行通信。工作站可通过_____进行监视与控制,还可以通过上位机 WINCC 作为整体的_____系统监控。针对工作站的相关电气部件,汇总设计得出如图 1-6 所示的控制拓扑图。注意,可根据通信需求规划检测单元通信方式。

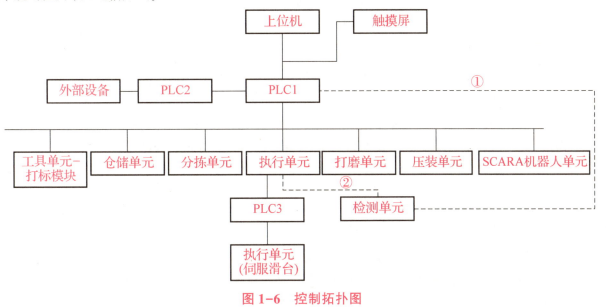

图 1-6 控制拓扑图

任务评价

1. 任务评价表

评价项目	比例	配分	序号	评价要素	评分标准	自评	教师评价
6S 职业素养	30%	30 分	①	选用适合的工具实施任务,清理无须使用的工具	未执行扣 6 分		
			②	合理布置任务所需使用的工具,明确标识	未执行扣 6 分		
			③	清除工作场所内的脏污,发现设备异常立即记录并处理	未执行扣 6 分		
			④	规范操作,杜绝安全事故,确保任务实施质量	未执行扣 6 分		
			⑤	具有团队意识,小组成员分工协作,共同高质量完成任务	未执行扣 6 分		

续表

评价项目	比例	配分	序号	评价要素	评分标准	自评	教师评价
机电集成方案设计	70%	70分	①	能根据任务要求，制订工作站的工艺路线	未掌握扣20分		
			②	能根据任务要求，制订工作站的整体方案	未掌握扣20分		
			③	能根据任务要求，完成工装夹具方案设计	未掌握扣20分		
			④	能对标工业安全标准，进行控制系统方案设计	未掌握扣10分		
合计							

2. 活动过程评价表

评价指标	评价要素	分数	得分
信息检索	能有效利用网络资源、工作手册查找有效信息；能用自己的语言有条理地去解释、表述所学知识；能将查找到的信息有效转换到工作中	10	
感知工作	是否熟悉各自的工作岗位，认同工作价值；在工作中，是否获得满足感	10	
参与状态	与教师、同学之间是否相互尊重、理解、平等；与教师、同学之间是否能够保持多向、丰富、适宜的信息交流；探究学习、自主学习不流于形式，处理好合作学习和独立思考的关系，做到有效学习；能提出有意义的问题或能发表个人见解；能按要求正确操作；能够倾听、协作分享	20	
学习方法	工作计划、操作技能是否符合规范要求；是否获得了进一步发展的能力	10	
工作过程	遵守管理规程，操作过程符合现场管理要求；平时上课的出勤情况和每天完成工作任务情况；善于多角度思考问题，能主动发现、提出有价值的问题	15	
思维状态	是否能发现问题、提出问题、分析问题、解决问题	10	
自评反馈	按时按质完成工作任务；较好地掌握了专业知识点；具有较强的信息分析能力和理解能力；具有较为全面严谨的思维能力并能条理明晰表述成文	25	
总分		100	

任务1.2 机电集成系统设备选型

工业机器人集成设备涉及很多外围部件的使用，下面将基于智能制造单元系统集成应用平台进行典型外围设备如工业机器人、激光打标机、外部控制器PLC、外部驱动伺服电机和视觉系统进行选型。

知识页——机电集成系统设备选型

1. 工业机器人选型

1）工业机器人本体选型参数

（1）应用场合。

不同的应用场合，需要根据需要，选择合适的工业机器人类型。工业机器人从种类上分，可分为并联工业机器人（Delta）、协作工业机器人（Cobots）、水平关节型工业机器人（SCARA）和通用工业机器人（Multi-axis）。如图1-7所示。

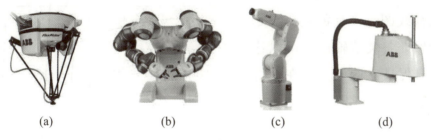

图1-7 工业机器人种类

(a) Delta；(b) Cobots；(c) Multi-axis；(d) SCARA

（2）工作范围。

在进行选型评估时，根据工作范围选择合适的工业机器人臂展以及能达到高度。通常工业机器人厂商会提供不同型号工业机器人的工作范围，在选型时需要根据应用的工作范围进行选取。

工业机器人的最大垂直高度的测量是从工业机器人能到达的最低点（常在工业机器人底座以下）到手腕可以达到的最大高度的距离（Y）。最大水平距离是从工业机器人底座到手腕可以水平达到的最远点的中心的距离（X），如图1-8所示。

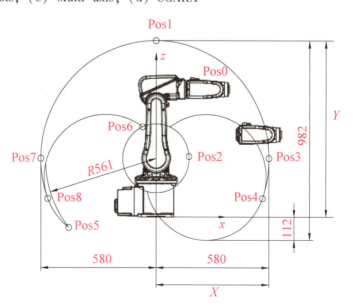

图1-8 工业机器人工作范围示意

(3) 重复精度。

重复精度指的是工业机器人往返多次到达同一个点的位置偏差量。每次到达同一个点的数据越接近，则重复精度越高。

进行工业机器人选型时，需根据应用场合综合考虑各选型参数，并非重复精度越高越好。如果工业机器人应用于精密设备的安装，则对工业机器人的重复精度要求很高；如果工业机器人应用于非精密加工场合，例如码垛、打包等，则对其重复精度要求较低。

对于重复精度有特殊要求的应用场合，工业机器人重复精度可能不满足要求，这时可以借助机器视觉的运动补偿进行校正，以实现功能需求。

(4) 有效负载。

工业机器人的有效负载是指工业机器人在其工作空间可以携带的最大负荷。一般从 3 kg 到 1000 kg 不等。在计算工业机器人的有效负载时，一般需要考虑工件的质量以及工业机器人执行末端工具的质量。工业机器人的选型手册上，会提供负载特性曲线图，如图 1-9 所示为 ABB IRB 120 工业机器人的载荷线图。只有负载在限定的范围内，才能保证各关节轴运动可以达到最大额定转速且保证工业机器人在运行过程中不出现超载报警等情况。

(5) 使用场合。

在进行工业机器人选型时，还需要考虑工业机器人的使用场合，例如在粉尘较大的情况下，需要对工业机器人系统进行防护处理，避免粉尘进入工业机器人，影响机械机构；避免粉尘进入控制柜，影响其散热等。通常在工业机器人说明书或操作手册中会列出工业机器人的防护等级及防护要求，如标准 IP40，油雾 IP67 等。

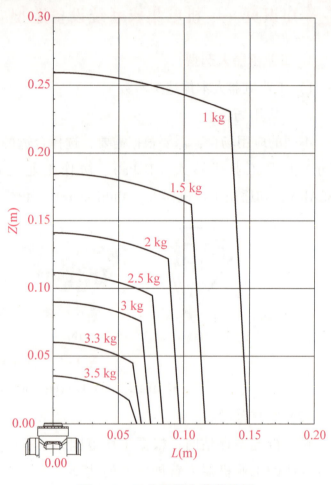

图 1-9 工业机器人载荷线图

(6) 外轴配置。

根据工位的扩展需求，可能需要不同的外轴配置与工业机器人配合使用，如现在很多汽车厂都采用了伺服焊枪，局部工位采用了扩展轴。外轴配置对通信接口有要求，不可采用定制接口，否则将对设备后期的维护和使用带来困难。

(7) 自由度。

工业机器人自由度越高，其灵活度也就越高。对于简单的搬运，即只在水平、垂直面上进行的运动，简单的四轴工业机器人就足以应对。如果应用场景的空间比较狭小，且工业机器人手臂需要扭曲、转动才能进行取放工件等动作，则需要优先考虑使用六轴工业机器人。对于需要更高自由度的应用场合，例如弧焊工业机器人，通常会配合变位机使用以扩展工作范围。

在进行工业机器人规划选型时，根据需求可以适当选择自由度高一点的工业机器人，以适应后期的应用拓展。当然，自由度越高则其价格就越高，对于功能单一简单的情况，选择自由度过高的工业机器人是不必要的，所以工业机器人选型时并非自由度越高越好。

2）工业机器人控制系统选型参数

（1）工业机器人控制器。

进行工业机器人选型时，需要考虑工业机器人控制器的电源接口电压及功率；考虑控制柜是否具备外接数据传输接口，可以通过 U 盘或其他存储介质对工业机器人的内部控制数据进行备份；考虑控制器是否配有充分通信接口以实现与外部设备的通信。

（2）工业机器人控制系统配置。

系统配置方面采用工业机器人厂家自行设计软件，需考虑是否能提供免费试用版软件，试用版软件是否具备离线编程功能。

（3）工业机器人示教盒。

示教盒是编程的入口，选型时需要考虑是否具备以下功能：

① 可以通过该机构对工业机器人进行轨迹设定及各种参数的配置；

② 示教盒有触摸和物理按键两种方式，外观美观，配置有触摸笔、静电环等设备；

③ 在示教盒上设有 U 盘接口，可以通过 U 盘对工业机器人内部控制程序进行备份和恢复。

2. 典型工艺设备——激光打标机选型

1）激光打标机分类与应用

（1）激光打标机分类。

激光打标机按照激光器的不同可分为：CO_2 激光打标机、半导体激光打标机、YAG 激光打标机和光纤激光打标机。按照激光可见度不同分为：紫外激光打标机、绿激光打标机、红外激光打标机。按照激光波长的不同可分为：深紫外激光打标机（200 nm 以下）、紫外激光打标机（355 nm）、绿激光打标机（532 nm）、灯泵 YAG 激光打标机（1 064 nm）、半导体侧泵 YAG 激光打标机、半导体端泵 YAG 激光打标机（1 064 nm）、光纤激光打标机（1 064 nm）、CO_2 激光打标机（10.64 um）。

（2）激光打标机应用范围。

① CO_2 激光打标机：主要用于非金属（木头、亚克力、纸张、皮革等），价格便宜。

② 绿激光打标机、紫外激光打标机：主要用于高端极精细 IC 等产品。价格较高，产品定制为主。

③ 灯泵 YAG 激光打标机：主要用于金属、塑胶等低要求产品，这类激光打标机价格

适中。

④ 半导体侧泵激光打标机：与灯泵 YAG 激光打标机使用面相同，但较稳定，价格适中。

⑤ 半导体端泵激光打标机：与灯泵 YAG 激光打标机使用面相同，稳定且省电，但用于高端产品，价格较高。

⑥ 光纤激光打标机：打标精细、省电、免维护，用于手机、按键等高端产品，价格高。

2）激光打标技术优势

激光打标作为一种新兴的先进技术，它结合了计算机和控制技术，使其拥有诸多的优点：

（1）非接触式打标，没有机械力，加工材料不变形，受损小；

（2）可靠性高，打标深度小于 8 mm，激光标记具有抗磨损、不褪色的优点，标记清晰、持久、永不磨灭；

（3）打标速度快，速度可达 3 000～7 000 mm/s，甚至达到 9 000 mm/s，通常的打标过程均可以在数秒内完成；

（4）打标精度高，激光打标的点直径可达 0.02 mm，最小打标字符 0.5 mm；

（5）适用范围广，激光打标可以在钢铁、铝、铜、金银等不同金属与合金的表面及陶瓷、玻璃、塑料、橡胶、木材等各种非金属的表面刻下永久标记；

（6）标记灵活，由于激光和计算机技术的结合，用户只要在计算机上编程，即可实现激光打标输出，并可随时变换打标设计，从根本上替代传统的模具制作过程，为缩短产品升级换代周期及柔性生产提供了有力工具；

（7）无污染、无噪声、无耗材，节省能源；

（8）维护成本低，激光打标是非接触式打标，不受通常模具打标的疲劳使用寿命的限制，在批量加工使用中的维护成本极低。

3. PLC 设备选型

1）机型选择

PLC 机型选择的基本原则是在功能满足要求的前提下，选择最可靠、维护使用最方便及性能价格比最优化的机型。对于企业来说，应尽量做到机型统一，从而实现同一机型的 PLC 模块可互为备用，便于备品备件的采购和管理；同时，统一的功能及编程方法也有利于技术力量的培训、技术水平的提高和功能的开发。

在工艺过程比较固定、环境条件较好的场合，建议选用整体式结构的 PLC；其他情况则最好选用模块式结构的 PLC。

对于数字量控制以及以数字量控制为主、带少量模拟量控制的工程项目，一般无须考虑其控制速度，因此选用带 A/D 转换、D/A 转换、加减运算、数据传送功能的低档机即可满足要求。在控制方案比较复杂、控制功能要求比较高的工程项目中（如实现 PID 控制、通信联网等），可视控制规模或复杂程序来选用中档或高档机。根据不同的应用对象，表 1-1 列出了 PLC 的功能选择方法。

表 1-1　PLC 的功能及应用场合

序号	应用对象	功能要求	应用场合
1	替代继电器	继电器触点输入/输出、逻辑线圈、定时器、计数器	替代传统使用的继电器，完成条件控制和时序控制功能
2	数学运算	四则数学运算、开方、对数、函数计算、双倍精度的数学运算	设定值控制、流量计算；PID 调节、定位控制和工程量单位换算
3	数据传递	寄存器与数据表的相互传送等	数据库的生成、信息管理、BAT-CH（批量）控制、诊断和材料处理等
4	矩阵功能	逻辑与、逻辑或、异或、比较、置位、移位和取反等	这些功能通常按"位"操作，一般用于设备诊断、状态监控、分类和报警处理等
5	高级功能	表与块间的传递、检验和双倍精度运算、对数和反对数、平方根、PID 调节等	通信速度和方式、与上位计算机的联网功能、调制解调器等
6	诊断功能	PLC 的诊断功能有内诊断和外诊断两种。内诊断是 PLC 内部各部件性能和功能的诊断，外诊断是中央处理机与 I/O 模块信息交换的诊断	—
7	串行接口	一般中型以上的 PLC 都提供一个或一个以上串行标准接口（RS-232C），以连接打印机、CRT、上位计算机或另一台 PLC	—
8	通信功能	现在的 PLC 能够支持多种通信协议。比如现在比较流行的工业以太网等	对通信有特殊要求的用户

2）输入/输出选择

通过 I/O 接口模块可以检测被控生产过程的各种参数，并以这些现场数据作为控制信息对被控对象进行控制。同时通过 I/O 接口模块将控制器的处理结果送给被控设备或工业生产过程，从而驱动各种执行机构来实现控制。常用的输入/输出类型见表 1-2。

表 1-2　PLC 的输入/输出类型

序号	类型	描述
1	数字量输入/输出	通过标准的输入/输出接口可从传感器和开关（如按钮、光电传感器等）及控制设备（如指示灯、气缸等）接收信号。典型的交流输入/输出信号为 24~240 V，直流输入/输出信号为 5~240 V
2	模拟量输入/输出	模拟量输入/输出接口一般用来感知传感器产生的信号。这些接口可用于测量流量、温度和压力，并可用于控制电压或电流输出设备。这些接口的典型量程为 -10~+10 V、0~+10 V、4~20 mA 或 10~50 mA

续表

序号	类型	描述
3	特殊功能输入/输出	在选择一台 PLC 时，用户可能会面临一些特殊类型且不能用标准 I/O 实现的 I/O 限定。如定位、快速输入、频率等。有些特殊接口模块自身能处理一部分现场数据，从而使 CPU 从耗时的任务处理中解脱出来
4	智能式输入/输出	一般智能式输入/输出模块本身带有处理器，可对输入或输出信号作预先规定的处理，并将处理结果送入 CPU 或直接输出，这样可提高 PLC 的处理速度并节省存储器的容量

根据控制系统的要求确定所需要的 I/O 点数时，应再增加 10%～20% 的备用量，以便随时增加控制功能。对于一个控制对象，由于采用的控制方法不同或编程水平不同，I/O 点数也应有所不同。

3）PLC 存储器类型及容量选择

PLC 系统所用的存储器基本上由 PROM、E-PROM 及 RAM 三种类型组成，存储容量则随机器的大小变化，一般小型机的最大存储能力低于 6 KB，中型机的最大存储能力可达 64 KB，大型机的最大存储能力可达上兆字节。使用时可以根据程序及数据的存储需要来选用合适的机型，必要时可专门进行存储器的扩充设计。PLC 的存储器容量选择和计算的方法有两种。第一种是根据编程使用的节点数精确计算存储器的实际使用容量。第二种是估算法，用户根据控制规模和应用目的，按照表 1-3 的公式进行估算。一般会留有 25%～30% 的余量。

表 1-3　PLC 容量估算公式

序号	控制目的	公式	说明
1	代替继电路	$M = Km * (10DI + 5DO)$	DI 为数字（开关）量输入信号；DO 为数字（开关）量输出信号；AI 为模拟量输入信号；Km 为每个接点所点存储器字节数；M 为存储器容量
2	模拟量控制	$M = Km * (10DI + 5DO + 100AI)$	
3	多路采样控制	$M = Km * [10DI + 5DO + 100AI + (1+采样点 * 0.25)]$	

4）软件选择

在进行 PLC 选型时，编程软件的功能也应作相应了解。对于不同的 PLC 编程软件，其指令集不一样。一个应用系统可能包括需要复杂数学计算和数据处理操作的特殊控制或数据采集功能。指令集的选择将决定实现软件任务的难易程度。可用的指令集将直接影响实现控制程序所需的实际和程序执行时间。在进行 PLC 选择时，其编程软件的可操作性也应作考虑。

5）支撑技术条件的考虑

在选用 PLC 时，有无支撑技术条件同样是重要的选择依据。支撑技术条件包括的内容见表 1-4。

表1-4　支撑技术条件

序号	支撑条件	描述
1	编程手段	便携式简易编程器主要用于小型PLC，其控制规模小，程序简单，可用简易编程器；CRT编程器适用于大中型PLC，除可用于编制和输入程序外，还可编辑和打印程序文本
2	进行程序文本处理	简单程序文本处理以及图、参量状态和位置的处理，包括打印梯形逻辑；程序标注，包括触点和线圈的赋值名、网络注释等，这对用户或软件工程师阅读和调试程序非常有用
3	程序储存方式	对于技术资料档案和备用资料来说，程序的储存方法有磁带、软磁盘或EEPROM存储程序盒等方式，具体选用哪种储存方式，取决于所选机型的技术条件
4	通信软件包	对于网络控制结构或需用上位计算机管理的控制系统，有无通信软件包是选用PLC的主要依据。通信软件包通常和通信硬件一起使用，如调制解调器等

6）PLC的环境适应性

由于PLC通常直接用于工业控制，生产厂商都把它设计成具备能在恶劣的环境条件下可靠工作的能力。尽管如此，每种PLC都有自己的环境技术条件，用户在选用时，特别是在设计控制系统时，对环境条件要给予充分的考虑。

一般PLC及其外部电路（包括I/O模块、辅助电源等）都能在表1-5的环境条件下可靠工作。

表1-5　PLC的工作环境

序号	项目	描述
1	温度	工作温度范围为0~55℃，最高为60℃，储存温度范围为-40~+85℃
2	湿度	相对湿度5%~95%无凝结霜
3	振动和冲击	满足国际电工委员会标准
4	电源	采用220 V交流电源，允许变化范围为-15%~+15%，频率为47~53 Hz，瞬间停电保持10 ms
5	环境	周围空气不能混有可燃性、爆炸性和腐蚀性气体

4. 伺服电机选型

伺服电机主要用于位置和速度控制系统中，智能制造单元系统集成应用平台中执行单元的伺服电机主要用于驱动伺服轴沿导轨运动，实现工业机器人工作空间的扩展。进行伺服电机选型时，主要从以下方面考虑：负载转矩、负载转动惯量、加速/减速时间和运行模式。

1)电机最高转速

电机选择依据被驱动部件的快速行程速度。快速行程的电机转速应该严格控制在电机的额定转速之内。

2)转动惯量匹配

负载惯量对电机的控制特性和快速移动的加速/减速时间有很大影响,为了保证系统的反应灵敏性和系统的稳定性,负载惯量 J_L 应该限制在一定倍数电机惯量 J_M 之内,具体限定需参考电机的选型手册。

常见传动机构的转动惯量换算公式见表1-6。

表1-6 常见传动机构的转动惯量换算公式

序号	类型	形状尺寸	转动惯量	参数说明
1	实心圆柱体		$J=\dfrac{md^2}{8}=\dfrac{\pi l\gamma d^4}{32g}$	γ 是材料的比重,单位 N/m^3; d 是圆柱体直径,单位 m; l 是圆柱体长度,单位 m; m 是圆柱体质量,单位 kg; g 是重力加速度,单位 m/s^2
2	空心圆柱体		$J=\dfrac{m(d_1^2-d_2^2)}{8}$ $=\dfrac{\pi l\gamma(d_1^4-d_2^4)}{32g}$	
3	实心圆锥体		$J=\dfrac{3md^2}{4}$	

电机与滚珠丝杠直接传动时,输送物负载折算到电机轴的负载惯量如下:

$$J_d = W\left(\frac{p}{2\pi}\right)^2 \cdot i^2 \tag{1-1}$$

其中,W 是电机驱动下,随滚珠丝杠一同运动的输送物负载,质量单位是 kg;p 是丝杠的螺距;i 是丝杠到电机的减速比。

3)空载转矩

设备在无负载运行时,加在电机上的力矩应小于电机连续额定力矩的50%以下,否则在进行加速/减速运动时电机将会过热。

4)负载转矩

在正常工作状态下,负载转矩 T_{ms} 不超过电机额定转矩 T_{MS} 的80%~90%。按照下面的公式初选电机功率 P_Z:

$$P_z = \frac{T_L \cdot n}{9\,535.4 \cdot \eta} \tag{1-2}$$

式中,T_L 是对电机轴换算的负载转矩,单位 $N\cdot m$;n 是伺服电机额定转速,单位 r/min;η 是传动系统的总效率。

电机与滚珠丝杠直接传动时,输送物负载折算到电机轴的负载转矩是:

$$T_L = \frac{\mu W g + F}{2\pi \eta} \cdot p \cdot i \tag{1-3}$$

其中,μ 是摩擦因数;W 是可动部分总质量,单位 kg;g 是重力加速度,单位 m/s²;F 是轴向载荷,单位 N;p 是丝杠的螺距,单位 m;i 是丝杠到电机的减速比,η 是传动系统的总效率。

5) 核算加速/减速时间

对于初选电机,根据机械系统要求,减速时间必须小于机械系统要求值。通常,负载力矩能够帮助电机减速。如果加速能够在允许的时间内完成,那么减速也可以在相同的时间内完成,只需要核算加速时间或者转矩即可。加速/减速时间及转矩计算公式如下。

最短加速/减速时间:

$$t_{AC} = \frac{2\pi (J_M + J_L)(n_1 - n_0)}{60(T_{AC} - T_L)} \tag{1-4}$$

加速/减速转矩:

$$T_{AC} = \frac{2\pi (J_M + J_L)(n_1 - n_0)}{60 t_{AC}} + T_L \tag{1-5}$$

式中,t_{AC} 是加速/减速时间,单位 s;J_M 是伺服电机惯性矩,单位 kg·m²;J_L 是对电机轴换算的负载惯性矩,单位 kg·m²;T_L 是对电机轴换算的负载转矩,单位 N·m;T_{AC} 是加速/减速转矩,单位 N·m;n_1 是最高转速,单位 r/min;n_0 是加速初始启动转速或减速终止转速,单位 r/min。

若 T_L 大于初选电机的额定转矩,但小于电机的瞬间最大转矩(5~10 倍额定转矩),可以认为电机初选合适。

6) 不同工作方式时的热校核

当电机在频繁定位、加速或减速以及负载波动工作情况时,电机会发热,所以需要计算一个工作周期的负载力矩的均方根值,并使其小于电机的额定力矩。采用如图 1-10 所示的工作方式时,一个循环周期内负载力矩的均方根计算公式为:

$$T_{rms} = \sqrt{\frac{T_1^2 \times t_1 + T_2^2 \times t_2 + T_3^2 \times t_3}{t_0 + t_1 + t_2 + t_3}} \tag{1-6}$$

其中,t_1 为启动时间,单位 s;T_1 为启动时间内减速转矩;t_2 时间段内为正常运行时间,T_2 为正常运行时间内的负载转矩;t_3 时间段为减速时间,T_3 为减速转矩;t_0 为停歇时间。

当 $T_{rms} \ll T_e$ 时,即实际转矩小于额定转矩,则可按照指定的运行模式连续运行。如不满足要求,需重新选择电机型号。

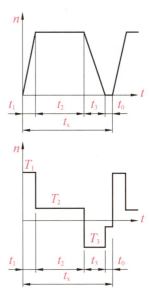

图 1-10 典型伺服电机定位控制工作方式

5. 视觉检测系统选型

视觉检测系统由工业相机、控制器、镜头、光源组合而成，可以代替人工完成条码字符、裂痕、包装、表面图层是否完整、凹陷等检测，使用视觉检测系统能有效地提高生产流水线的检测速度和精度。

1）光源颜色种类及选择原则

光源的颜色对图像的成像有影响。LED 光源有多种颜色可以选择，包括红、绿、蓝、白，还有红外、紫外。针对不同的检测物体的表面特征和材质，选用不同颜色，也就是不同波长的光源，能够达到更加理想的拍摄效果。

每一种光源都有自己的光谱，而相机的图像都会受到光谱的影响。不同的波长，对物质的穿透力（穿透率）不同，波长越长，光对物体的穿透力越强；波长越短，光在物质表面的扩散率越大。下面以白色光、红色光、绿色光和蓝色光举例说明在单色相机成像时，光源颜色对成像结果的影响。

（1）白色光成像。

用白色光照射，照射红色、绿色、蓝色三种对象的反射光亮度相同。用单色相机摄像，三者没有明暗的区别，不能区分。

（2）红色光成像。

用红色光照射，照射红色对象的光被反射，绿色、蓝色对象的光被吸收。用单色相机摄像，红色对象亮，绿色、蓝色对象暗。

（3）绿色光成像。

用绿色光照射，照射绿色对象的光被反射，红色、蓝色对象的光被吸收。用单色相机摄像，绿色对象亮，红色、蓝色对象暗。

（4）蓝色光成像。

用蓝色光照射，照射蓝色对象的光被反射，红色、绿色对象的光被吸收。用单色相机摄像，蓝色对象亮，红色、绿色对象暗。

从上面不同颜色光源的特征可以发现，某种颜色的光源照射在同种颜色的物体上，视野中的物体就是发亮的。应用此点特征可以过滤掉检测中的无用信息，比如使用红色的光源可以过滤掉红色的文字。同时可以应用互补色增加图像的对比度，例如红色背景使用绿色光源等。

不同光源颜色的适用范围见表 1-7。

表 1-7　不同颜色光源的适用范围

光源颜色	适用范围
白色	适用性广，亮度高，拍摄彩色图像时使用较多
红色	可以透过一些比较暗的物体，如：底材黑色的透明软板孔、绿色电路板线路检测、透光膜厚度监测

续表

光源颜色	适用范围
绿色	红色背景产品，银色背景产品
蓝色	银色背景产品（钣金，车加工件等）、薄膜上金属印制品

2）镜头与相机选择考虑因素

（1）镜头选择考虑因素。

镜头用于集聚反映待测物体信息的光线并将待测物体的光学图像成在相机图像传感器表面，使相机能够采集到图像清晰、边缘锐利、对比度高的图像。镜头是待测物体轮廓和表面信息采集和传递的中转点，其品质好坏将直接影响最终图像质量和包含的待测物体信息的准确性和完整性。机器视觉镜头（FA 镜头）相比于普通镜头具有更小的光学畸变、更高的光学分辨率，更丰富的工作波长，可以匹配工业场合机器视觉系统广泛的应用需求。

选择视觉镜头需要综合考虑以下几个因素：

① 目标尺寸和测量精度

根据目标尺寸，可以确定镜头的视场角，图像传感器的尺寸。目标尺寸需要全部处于镜头视野之中才能形成完整的目标像。

② 工作波长和镜头焦距

常用的光学镜头在指定的波长范围内能力衰减很小，能够在像面上形成清晰的像，分为可见光波段镜头、红外波段和紫外波段镜头。

焦距的物理含义是指主点到光线聚焦点的距离，是对光线聚集能力的度量，镜头焦距的长短决定了视场角的大小，也影响着工作距离和放大倍数，变焦镜头使用在放大倍数不变，工作距离变化，或者工作距离不变，放大倍数可调的场合。

③ 普通镜头和远心镜头

由于景深影响、待测物体三维空间位置的变化、加工制造安装误差，要把待测物体的光学像精确调焦到与传感器靶面完全重合，技术实现难度较大，进而导致成像的放大倍率不固定，存在变化，影响测量精度。相对于普通镜头，远心镜头具有高分辨率，超宽景深，超低畸变以及独有的平行光设计，使物距和工作距离之差小于景深，光学放大倍数不变，从而实现恒定的测量精度。

④ 分辨率和相机接口

为了使图像传感器能得到充分的利用，保证得到完整的待测物体图像，镜头视野大小必须大于与之配套的图像传感器的靶面。由于系统的最高分辨率受制于传感器的像元分辨率，系统的分辨率并不会由于镜头分辨率的增大而无限制的增大，因此选择镜头的分辨率只要略高于像元分辨率即可，且安装接口须与相机接口吻合。

⑤ 使用环境要求

应对设备的使用场合进行分析，需考虑是否存在如防尘、防水、防污、温度、振动等使用要求。

（2）相机选型考虑因素。

相机选型时一般考虑以下参数：

① 分辨率

相机每次采集图像的像素点数（Pixels），对于数字相机一般是直接与光电传感器的像元数对应的，模拟相机则取决于视频制式，首先需要知道系统精度要求和相机分辨率，可以通过公式获得：

X 方向系统精度（X 方向像素值）＝视野范围（X 方向）/CCD 芯片像素数量（X 方向）

Y 方向系统精度（Y 方向像素值）＝视野范围（Y 方向）/CCD 芯片像素数量（Y 方向）

② 像素

理论像素值的得出要由系统精度及亚像素方法综合考虑，系统速度要求与相机成像速度有如下关系：

系统单次运行速度＝系统成像（包括传输）速度＋系统检测速度

虽然系统成像（包括传输）速度可以根据相机异步触发功能、快门速度等进行理论计算，最好的方法还是通过软件进行实际测试。

③ 相机与图像采集卡的匹配：

视频信号的匹配：对于黑白模拟信号相机来说有两种格式，CCIR 和 RS170（EIA），通常采集卡都同时支持这两种相机；

分辨率的匹配：每款板卡都只支持某一分辨率范围内的相机；

特殊功能的匹配：如要使用相机的特殊功能，先确定所用板卡是否支持此功能，比如，要多部相机同时拍照，这个采集卡就必须支持多通道，如果相机是逐行扫描的，那么采集卡就必须支持逐行扫描。

接口的匹配：确定相机与板卡的接口是否相匹配。如 CameraLink、GIGE、CoxPress、USB3.0 等。

知识测试

一、单项选择题

1. 以下哪个参数直接影响工业机器人臂展以及能达到高度？（　　）
   A. 定位精度　　　　B. 重复精度　　　　C. 工作范围　　　　D. 重量

2. 以下哪个参数描述工业机器人往返多次到达同一个点的位置偏差量？（　　）
   A. 定位精度　　　　B. 重复精度　　　　C. 工作范围　　　　D. 重量

3. 以下哪个参数直接影响工业机器人的灵活度？（　　）
   A. 定位精度　　　　B. 重复精度　　　　C. 工作范围　　　　D. 自由度

4. 以下哪种激光打标机主要用于非金属？

A. 灯泵 YAG 激光打标机　　　　　　　　B. CO_2 激光打标机

C. 半导体侧泵激光打标机　　　　　　　D. 半导体端泵激光打标机

二、判断题

1. PLC 的存储器容量估算时，一般会留有 25%~30% 的余量。　　　　　　　　　　（　　）

2. 在正常工作状态下，负载转矩 T_{ms} 不超过电机额定转矩 T_{ms} 的 70%~80%。　　（　　）

3. 从经济实用型考虑，优先选择低功率的电机。　　　　　　　　　　　　　　　（　　）

三、简答题

1. PLC 的输入/输出类型有哪些？

2. 列出实心圆柱体转动惯量换算公式。

3. 选择功率为 0.75 kW 的电机，计算其最短加速/减速时间。

4. 选择功率为 0.4 kW 的电机，计算其加速和减速转矩。

任务页——机电集成系统设备选型

工作任务	机电集成系统设备选型	教学模式	理实一体
建议学时	参考学时共 10 学时，其中相关知识学习 5 学时；学员练习 5 学时	需设备、器材	工业机器人集成应用平台
任务描述	工业机器人集成设备涉及很多外围部件的使用，下面将基于智能制造单元系统集成应用平台对典型外围设备如工业机器人、激光打标机、外部控制器 PLC、外部驱动伺服电机和视觉系统的选型		
职业技能	1.2.1　能进行工业机器人及主要工艺设备的选型。 1.2.2　能进行 PLC、电机、减速器等设备的选型。 1.2.3　能选择合适的工业相机、镜头和光源，进行视觉检测系统的选型。 1.2.4　能进行位置、速度、力等传感器的选型		

1.2.1　工业机器人选型

任务实施

1. 自由度选择

从自由度分析，工作站涉及搬运、打磨、去毛刺等工艺应用场合，需要做复杂动作，手臂需要扭曲转动，所以优先选用＿＿＿＿＿工业机器人。

轮毂、轮胎的取放搬运均在平面空间进行，所以选用＿＿＿＿＿工业机器人。

2. 工作范围选择

以实现车轮总成加工的智能制造单元系统集成应用平台典型布局为例，如图 1-11 所示，从工作空间分析选择工业机器人。

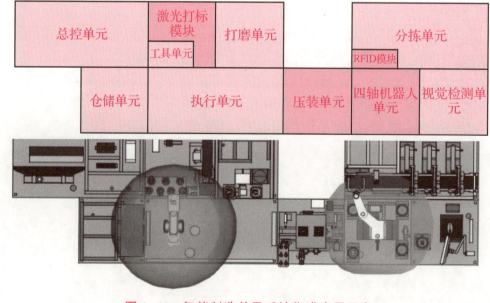

图 1-11　智能制造单元系统集成应用平台

续表

工作站中的工艺单元宽度均为 680 mm,长度有 1 360 mm 和 680 mm 两种,根据下面的布局,要实现工业机器人在各个单元内的工作区域都在臂展范围内,在无外部轴的前提下,工业机器人的臂展将大于 1 000 mm,当臂展在此数值范围内时,工业机器人本体自重过高且外部尺寸过大,无法安装于工艺单元机台的台面上,同时也将造成设备成本的提升。所以,进行方案设计时,设计执行单元为工业机器人与外部轴配合使用。

当工业机器人随外部轴运动至工作单元附近时,工业机器人的需求工作范围无须到达工作单元的边界位置,只需覆盖实际的取放工件及打磨抛光点位即可。

根据工作站规格数据,六轴工业机器人可选择工作半径可达 580 mm,底座下方拾取距离为 112 mm 的 IRB120 工业机器人,且其自重仅为 25 kg,适合台面安装。

四轴工业机器人可以选择众为兴 AR 4215,该＿＿＿＿轴工业机器人系统主要包括工业机器人本体(AR4215)、控制柜和示教盒,如图 1-12 所示。

四轴工业机器人本体包含 4 个关节,分别为 3 个旋转关节和 1 个移动关节,各关节构成如图 1-13 所示,J1 为水平旋转第一关节,J2 为水平旋转第二关节,J3 为＿＿＿＿第三关节,J4 为水平旋转的第四关节。

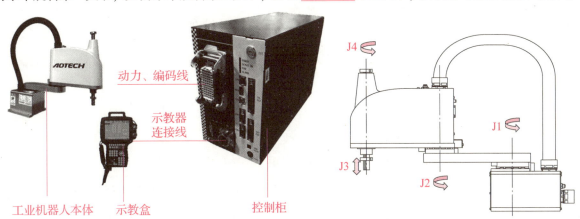

图 1-12 众为兴 AR 4215 工业机器人系统　　　图 1-13 工业机器人本体各关节构成

SCARA 四轴工业机器人 AR4215 的规格参数见下表,运动空间和外形尺寸如图 1-14 所示。

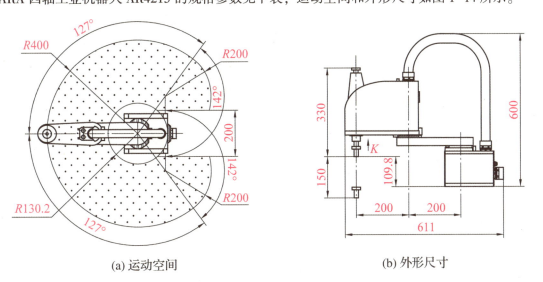

(a) 运动空间　　　(b) 外形尺寸

图 1-14 四轴工业机器人运动空间和外形尺寸

续表

名称	参数（值）	
轴规格		
X 轴	手臂长度：200 mm	旋转范围：±127°
Y 轴	手臂长度：200 mm	旋转范围：±142°
Z 轴	行程：_____ mm	—
R 轴	旋转范围：±_____°	—
最高速度		
X 轴	600°/s	
Y 轴	600°/s	
X、Y 轴合成	_____ m/s	
Z 轴	1.3 m/s	
R 轴	1 667°/s	
重复定位精度		
X、Y 轴	±_____ mm	
Z 轴	±0.01 mm	
R 轴	±_____°	
惯性力矩		
R 轴允许装载的惯性力矩	额定值：_____ kg·m²	最大值：0.035 kg·m²

该四轴工业机器人的工作半径可以满足工作站所需工作范围要求，且自重适合台面上安装。因此选择众为兴 AR4215 工业机器人。

3. 其他参数选择

工作站中工业机器人主要应用于搬运、装配、加工工艺场合，使用精度在 ±0.5 mm 范围内即可满足需求，ABB IRB 120 和众为兴 AR4215 的工业机器人均可以满足要求。

另外，ABB 工业机器人和众为兴工业机器人都具备以太网通信、串口通信、USB 存储接口，可以满足与外部设备的通信需求。同时，均具备离线编程软件、携带示教盒。

综上所述，选用 ABB IRB 120 和众为兴 AR4215 可以满足工作站的需求。

1.2.2 典型工艺设备——激光打标机选型

任务实施

1. 打标需求分析

1) 打标内容

车轮的标志通过打标的方式进行记录，工作站打标的内容为_____或者_____车标。

续表

2）打标材质

工作站打标的材质为_____。

3）打标区域

打标的区域在直径_____mm 圆形范围内。

2. 工作站激光打标机参数及选型

在进行激光打标机选型时，主要考虑激光打标机激光器的类型。考虑到工作站打标范围小、内容精细，优先选择光纤激光打标机。工作站中是打标位置固定，所以选用支持静态打标工作方式的激光打标机即可。

工作站中选择的激光打标机主要参数如下：

①激光打标机激光器：_____；
②工作方式：静态标记；
③打标频率：_____kHz；
④重复精度：±_____mm；
⑤打标宽度：0.02 mm；
⑥最小字符：0.1 mm；
⑦打标范围：_____mm；
⑧输入电源：_____。

工作站中的激光打标设备

1.2.3 PLC 设备选型

任务实施

根据方案适配，初步确定使用西门子 S7-1200 系列的 PLC。下面针对 S7-1200 系列的 PLC 进行型号选择。对于 S7-1200 系列的 PLC，有三个型号的 CPU，三种 CPU 对比见下表。

特性	CPU1211C	CPU1212C	CPU1214C
（1）本机数字量 I/O 　　本机模拟量输入点	6/4 2	8/6 2	14/10 2
（2）脉冲捕获输入点数	6	8	14
（3）扩展模块个数	无	2	8
（4）上升沿/下降沿中断点数	6/6	8/8	12/12
（5）集成/可扩展的工作存储器 　　集成/可扩展的装载存储器	25 KB/不可扩展 1 MB/24 MB	25 KB/不可扩展 1 MB/24 MB	50 KB/不可扩展 2 MB/24 MB
（6）高速脉冲输出点数/最高频率	2 点/100 kHz（DC/DC/DC 型）		
（7）操作员监控功能	无	有	有
（8）传感器电源输出电流/mA	300	300	400
（9）外形尺寸/mm	90＊100＊75	90＊100＊75	110＊100＊75

根据工作站的 I/O 点数进行 CPU 选择。工作站的初始 I/O 规划分配见下表。

续表

序号	类别	输入	输出
1	总控 PLC1	急停 E-STOP1 I100.0	绿色指示灯 1 Q100.0
2		启动 I100.1	绿色指示灯 2 Q100.1
3		停止 I100.2	红色指示灯 1 Q100.2
4		红色带灯按钮 I100.3	红色指示灯 2 Q100.3
5		红色带灯自锁按钮 I100.4	—
6	总控 PLC2	急停 E-STOP2 I102.0	三色灯黄灯 Q102.0
7		—	三色灯蜂鸣器 Q102.1
8		—	三色灯绿灯 Q102.2
9		—	三色灯红灯 Q102.3
10		—	压装单元步进电机脉冲 Q102.4
11		—	压装单元步进电机方向 Q102.5
12	执行单元 PLC3	Limit+ I0.0	Root Servo Pulse Q0.0
13		Dog I0.1	Root Servo SIGN Q0.1
14		Limit- I0.2	Servo Res Q0.2
15		Servo Inp I0.3	Servo Son Q0.3
16		Servo Red I0.4	Servo Inp Q0.4
17		Servo Alm I0.5	—
18		模拟量输入 IW64	
19		模拟量输入 IW66	

根据各个 PLC 的 I/O 信号分配数量，基于选择 PLC 的 I/O 点数应增加 10%~20% 的备用点的原则，各个 PLC 的输入/输出最少是 _____ 个输入，_____ 个输出信号。对照上表三种类型的 CPU 模块，CPU1211C 只有 _____ 输入，_____ 输出，可以排除。

CPU1212C 以及 CPU1214C 都可满足 I/O 点数的要求，但是从价格考虑，CPU1214C 的价格相对较高，在充分满足功能的情况下，优先选择 CPU1212C。

1.2.4 伺服电机选型

任务实施

负载质量 $W=30$ kg。滚珠丝杠质量 3.50 kg，螺杆螺距 5 mm，螺杆直径 25 mm，螺杆长度 $BL=1$ m，总机械效率 $\eta=0.9$，摩擦系数 $\mu=0.1$。负载移动最大距离 $S=0.78$ m，负载随滚珠丝杠移动的最大速度是 250 mm/s。案例设备运行模式如图 1-15 所示，加速时间、减速时间、正常运行时间均为 0.1 s，一个工作周期时间为 0.5 s，根据以上条件选择功能满足且经济适用的电机。

续表

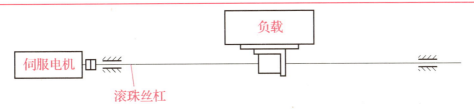

图1-15 案例设备运行模式

1. 电机转速预选

要求负载随滚珠丝杠移动的速度是 250 mm/s，可得到预选电机的额定转速应大于等于 3 000 r/min。

2. 计算负载惯性矩

首先计算滚珠丝杠折算到电机轴的负载惯量 J_1，滚珠丝杠可简化为实心圆柱体，进行转动惯量的计算。根据前文中的公式可得出：

$$J_1 = \frac{md^2}{8} i^2$$

计算移动负载折算到电机轴上的负载惯性矩 J_2：

$$J_2 = W \left(\frac{p}{2\pi} \right)^2 \cdot i^2$$

由上可得到总惯性矩 J_L：

$$J_L = J_1 + J_2$$

3. 计算负载转矩

输送物负载折算到电机轴的负载转矩，如下：

$$T_L = \frac{\mu W g + F}{2\pi \eta} \cdot p \cdot i$$

4. 电机容量预选

1）根据转动惯量预选

三菱电机推荐负载惯性比为15倍以下，即：$\frac{J_L}{J_M} \leqslant 15$，可得

$J_M \geqslant \frac{J_L}{15} = \frac{2.92 \times 10^{-4} \text{kg} \cdot \text{m}^2}{15} = 0.195 \text{ kg} \cdot \text{m}^2$。由上可知，功率为 0.2 kW、0.4 kW 和 0.75 kW 的电机均符合要求。

2）根据负载转矩预选

电机的额定转矩应满足以下条件：Te ≥ T_L/η = _____，功率为 0.2 kW、0.4 kW 和 0.75 kW 的电机均符合要求。

5. 最短加速/减速时间计算

1）如选择功率为 0.2 kW 的电机

其最短加速/减速时间为：

$$t_{AC} = \frac{2\pi (J_M + J_L)(n_1 - n_0)}{60(T_{AC} - T_L)}$$

续表

2) 如选择功率为 0.4 kW 的电机

其最短加速/减速时间为：

$$t_{AC} = \frac{2\pi(J_M + J_L)(n_1 - n_0)}{60(T_{AC} - T_L)}$$

3) 如选择功率为 0.75 kW 的电机

其最短加速/减速时间为：

$$t_{AC} = \frac{2\pi(J_M + J_L)(n_1 - n_0)}{60(T_{AC} - T_L)}$$

通过以上计算可知，上述电机均可满足案例对加/减速时间的要求。

6. 不同工作方式时的热校核计算

1) 如选择功率为 0.2 kW 的电机

其加速和减速转矩：

$$T_1 = \frac{2\pi(J_M + J_L)(n_1 - n_0)}{60 t_{AC}} + T_L = \frac{2\pi \times (0.225 + 2.92) \times 10^{-4} \times (3\,000 - 0)}{60 \times 0.1} + 0.026 = \underline{\qquad} \text{N·m}$$

则其一个循环工作周期内负载力矩的均方根为：

$$T_{rms} = \sqrt{\frac{T_1^2 \times t_1 + T_2^2 \times t_2 + T_3^2 \times t_3}{t_0 + t_1 + t_2 + t_3}} = \sqrt{\frac{1.014^2 \times 0.1 \times 2 + 0.026^2 \times 0.1}{0.5}} = 0.641\,4 \text{ N·m}$$

0.2 kW 电机的额定转矩为 0.64 N·m，与案例设备一个周期内的负载力矩均方根相近，将有可能造成电机的过热，从而影响电机的使用寿命，不建议选择。

2) 如选择功率为 0.4 kW 的电机

其加速和减速转矩：

$$T_1 = \frac{2\pi(J_M + J_L)(n_1 - n_0)}{60 t_{AC}} + T_L = \frac{2\pi \times (0.375 + 2.92) \times 10^{-4} \times (3\,000 - 0)}{60 \times 0.1} + 0.026 = \underline{\qquad} \text{N·m}$$

则其一个循环工作周期内负载力矩的均方根为：

$$T_{rms} = \sqrt{\frac{T_1^2 \times t_1 + T_2^2 \times t_2 + T_3^2 \times t_3}{t_0 + t_1 + t_2 + t_3}} = \sqrt{\frac{1.061\,2^2 \times 0.1 \times 2 + 0.026^2 \times 0.1}{0.5}} = \underline{\qquad} \text{N·m}$$

0.4 kW 电机的额定转矩为 1.3 N·m，大于案例设备一个周期内的负载力矩均方根，满足案例设备要求，且为负载增加留有余量，建议选择。

3) 如选择功率为 0.75 kW 的电机

其加速和减速转矩：

$$T_1 = \frac{2\pi(J_M + J_L)(n_1 - n_0)}{60 t_{AC}} + T_L$$

则其一个循环工作周期内负载力矩的均方根为：

$$T_{rms} = \sqrt{\frac{T_1^2 \times t_1 + T_2^2 \times t_2 + T_3^2 \times t_3}{t_0 + t_1 + t_2 + t_3}} = \sqrt{\frac{1.345\,5^2 \times 0.1 \times 2 + 0.026^2 \times 0.1}{0.5}} = 0.851\,0 \text{ N·m}$$

0.75 kW 电机的额定转矩为 2.4 N·m，大于案例设备一个周期内的负载力矩均方根，满足案例设备要求，且为负载增加留有余量，可以选择。

续表

7. 确认电机型号

根据上述的计算，可以得知_____ W 和 _____ W 的电机都满足功能要求，且均留有余量。在选型时，从经济实用型考虑，优先选择_____ W 的电机。型号为_____。

1.2.5 视觉检测系统选型

任务实施

综合光源颜色、镜头与相机选择的方法，工作站选用白色环形光源，它对彩色图像的效果好；视觉控制器选择欧姆龙 FH-L550 视觉控制器，它具备高速、高精度测量，并且图形化编程的特点更易懂。

工作站涉及颜色识别，所以搭载 FZ-SC30W 彩色相机，与欧姆龙控制器具有相同接口，所以配套。

在镜头选择方面，为与相机配合，选择 C 接口 2/3 英寸的镜头，焦距选择_____ mm，光圈_____。

任务评价

1. 任务评价表

评价项目	比例	配分	序号	评价要素	评分标准	自评	教师评价
6S职业素养	30%	30分	①	选用适合的工具实施任务，清理无须使用的工具	未执行扣6分		
			②	合理布置任务所需使用的工具，明确标识	未执行扣6分		
			③	清除工作场所内的脏污，发现设备异常立即记录并处理	未执行扣6分		
			④	规范操作，杜绝安全事故，确保任务实施质量	未执行扣6分		
			⑤	具有团队意识，小组成员分工协作，共同高质量完成任务	未执行扣6分		
机电集成系统设备选型	70%	70分	①	能进行工业机器人及主要工艺设备的选型	未掌握扣20分		
			②	能进行 PLC、电机、减速器等设备的选型	未掌握扣20分		
			③	能选择合适的工业相机、镜头和光源，进行视觉检测系统的选型	未掌握扣10分		
			④	能进行位置、速度、力等传感器的选型	未掌握扣20分		
合计							

续表

2. 活动过程评价表

评价指标	评价要素	分数	得分
信息检索	能有效利用网络资源、工作手册查找有效信息；能用自己的语言有条理地去解释、表述所学知识；能将查找到的信息有效转换到工作中	10	
感知工作	是否熟悉各自的工作岗位，认同工作价值；在工作中，是否获得满足感	10	
参与状态	与教师、同学之间是否相互尊重、理解、平等；与教师、同学之间是否能够保持多向、丰富、适宜的信息交流；探究学习、自主学习不流于形式，处理好合作学习和独立思考的关系，做到有效学习；能提出有意义的问题或能发表个人见解；能按要求正确操作；能够倾听、协作分享	20	
学习方法	工作计划、操作技能是否符合规范要求；是否获得了进一步发展的能力	10	
工作过程	遵守管理规程，操作过程符合现场管理要求；平时上课的出勤情况和每天完成工作任务情况；善于多角度思考问题，能主动发现、提出有价值的问题	15	
思维状态	是否能发现问题、提出问题、分析问题、解决问题	10	
自评反馈	按时按质完成工作任务；较好地掌握了专业知识点；具有较强的信息分析能力和理解能力；具有较为全面严谨的思维能力并能条理明晰表述成文	25	
总分		100	

任务1.3 机电集成系统虚拟搭建

随着科技的发展,计算机技术给机械设计与制造带来了新的改变,通过三维建模技术设计产品,能更加直观的了解产品的整体布局及结构,验证装配是否干涉,验证工业机器人操作空间有无超出范围等。进行智能制造单元系统集成应用平台三维模型构建时,分为零件模型库构建、组件装配和工作站模型总装三个步骤来完成。

任务页——机电集成系统虚拟搭建

工作任务	机电集成系统虚拟搭建	教学模式	理实一体
建议学时	参考学时共12学时,其中相关知识学习6学时;学员练习6学时	需设备、器材	智能制造单元系统集成应用平台技术文件、SolidWorks软件
任务描述	随着科技的发展,计算机技术给机械设计与制造带来了新的改变,通过三维建模技术设计产品,能更加直观的了解产品的整体布局及结构,验证装配是否干涉,验证工业机器人操作空间有无超出范围等。进行智能制造单元系统集成应用平台三维模型构建时,分为零件模型库构建、组件装配和工作站模型总装三个步骤来完成		
职业技能	1.3.1 能根据系统设计方案构建零件模型库。 1.3.2 能根据系统设计方案创建组件装配模型。 1.3.3 能根据系统设计方案创建工作站模型		

1.3.1 零件模型库构建

任务实施

1. 零件图识读

以智能制造单元系统应用平台上的轮毂工件为例,进行零件模型的构建。零件图如图1-16所示。

从零件图可以分析得出,模型本体可通过绘制草图截面,通过_____的特征进行绘制;中间内部挖空可通过绘制草图_____特征实现,并且切除的特征是规则的圆周特征,可使用_____实现;轮毂的螺孔可通过孔特征绘制。对于上下两面的相同特征,可绘制一半,通过镜向完成另一半的绘制。轮毂零件的周边可使用_____、_____特征进行绘制。

续表

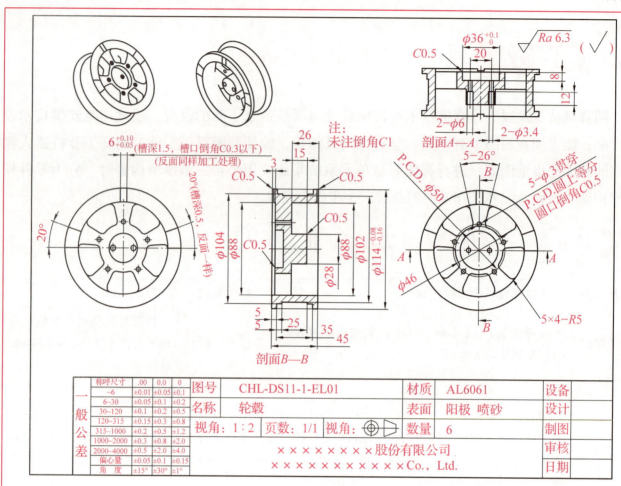

图 1-16 轮毂零件图

2. 零件模型构建

根据零件图的绘制分析和实际尺寸,对轮毂零件进行建模。轮毂零件的建模步骤见下表。

轮毂零件模型的创建(上)

步骤	图示
①新建零件文件。选中前视基准面,进入草图绘制	
②根据零件图,绘制需要进行旋转线段草图 1	

续表

步骤	图示
③根据实际尺寸，使用_____进行标注，进行草图1约束	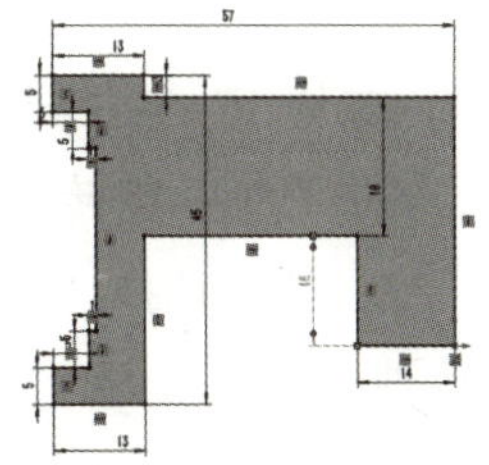
④草图绘制完成后，选择特征选项，使用"_____"对草图1进行旋转特征操作	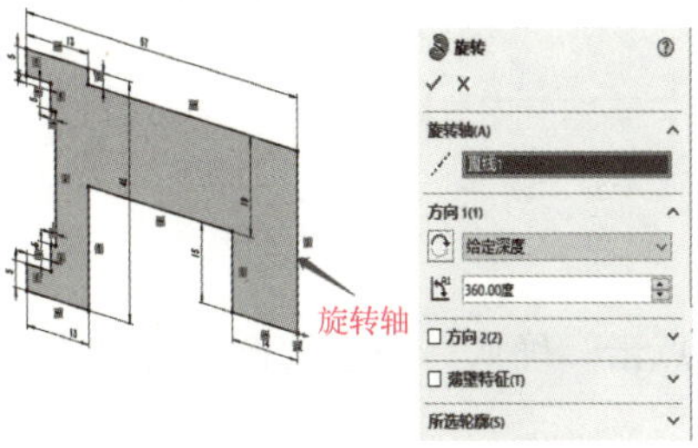
⑤点击 ✓ 确认，完成"旋转1"特征的绘制	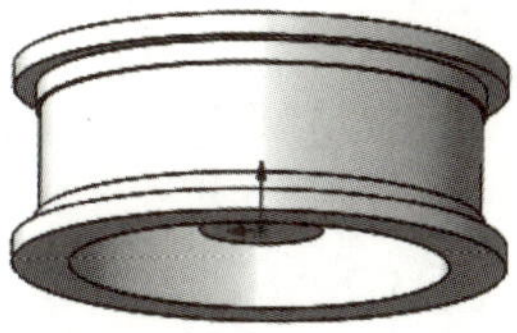
⑥选中"旋转1"的表面，单击选中草图绘制，进入草图绘制	
⑦根据零件图尺寸，计算绘制需要切除部分的"草图2"，并作尺寸约束	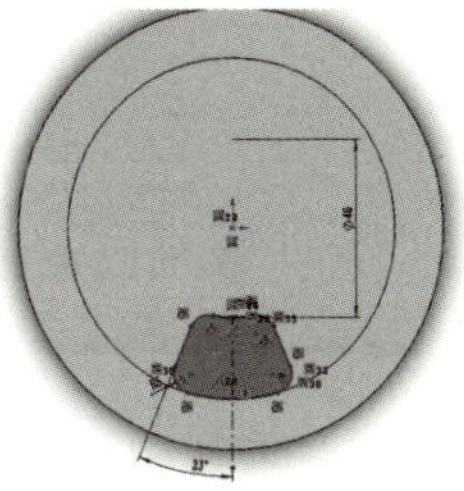
⑧对"草图2"进行拉伸切除。拉伸切除起始条件为"草图2"，切除方式选择"_____"	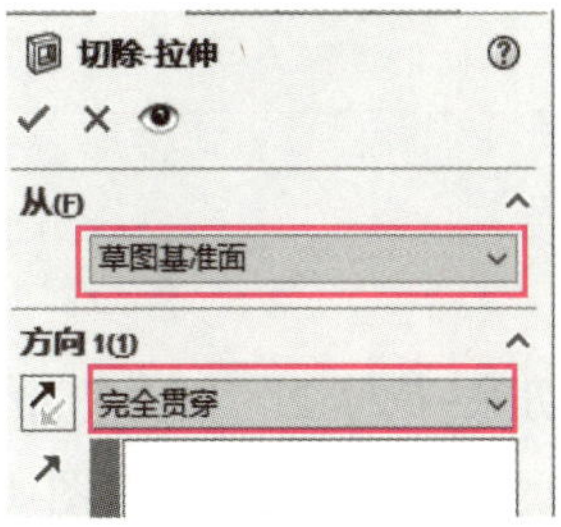
⑨点击 ✓ 确认，完成"切除-拉伸1"特征的绘制	

续表

步骤	图示
⑩对"切除-拉伸1"特征进行圆周阵列。旋转轴选择"旋转1"的中心轴，旋转角度为_____度，旋转个数_____个，特征选择"切除-拉伸1"。 注意：旋转轴一般不会显示，可以通过菜单"视图"—"隐藏/显示"—"临时轴"进行显示	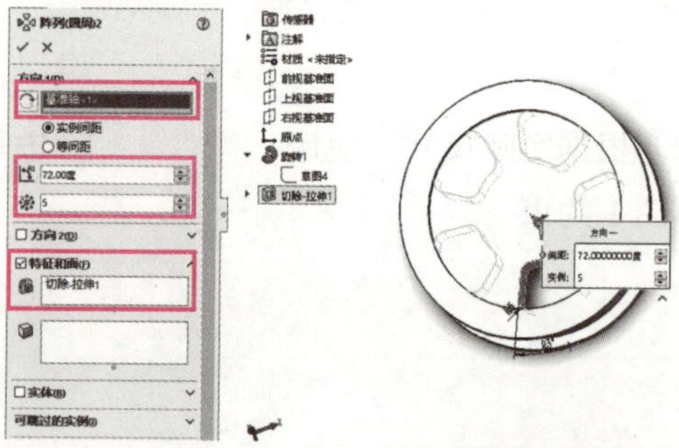 
⑪点击 ✓ 确认，完成"圆周阵列1"特征的绘制	  轮毂零件模型的创建（下）
⑫在"旋转1"上表面绘制"草图3"，并进行尺寸约束。并对"草图3"进行"拉伸切除"特征。完成"切除-拉伸2"特征绘制	 
⑬在"旋转1"上表面绘制"草图4"，并进行尺寸约束。并对"草图4"进行"拉伸切除"特征。完成"切除-拉伸3"特征绘制	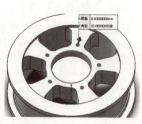 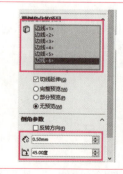
⑭对"切除-拉伸2"和"切除-拉伸3"的特征进行倒角处理，特征参数设置如右图所示	

续表

步骤	图示
⑮根据零件图,绘制沉头螺丝的位置"草图 5"	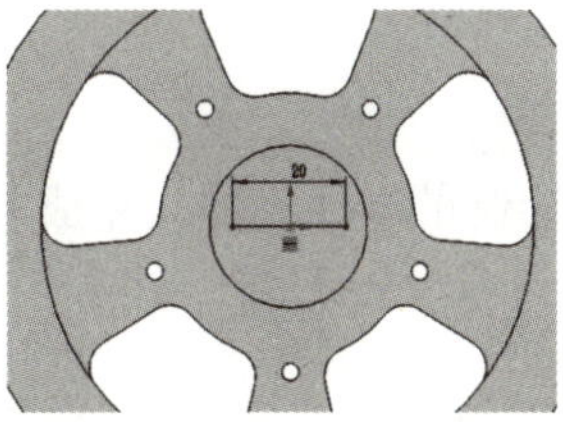
⑯插入"_____",定义孔的大小规格。选择"_____",插入孔	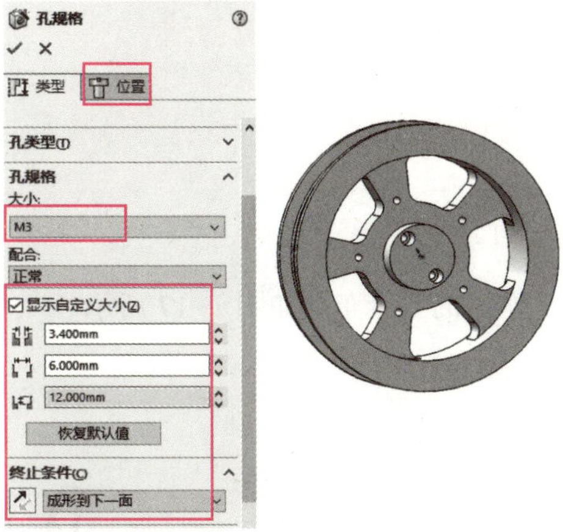
⑰在"旋转 1"表面绘制"草图 6""草图 7"并进行拉伸切除。生成"切除-拉伸 4""切除-拉伸 5"特征	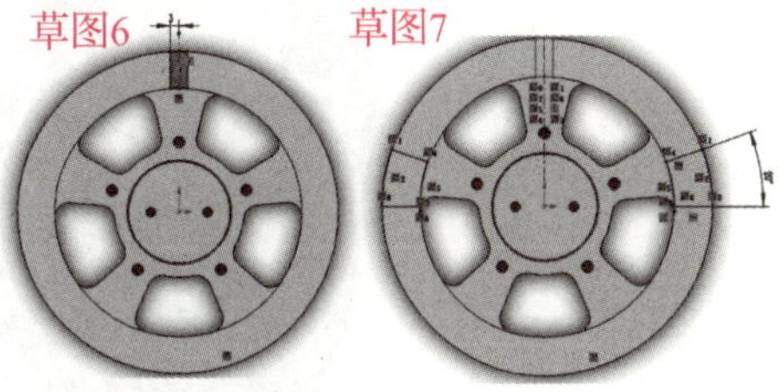
⑱轮毂反面的槽特征与正面相同,可使用镜向方式绘制。 首先建立_____。 选择"基准面",弹出基准面选项框,选中轮毂下表面,偏移距离输入 22.5 mm,并勾选"反转等距",点击✓确认生成"基准面 1"。	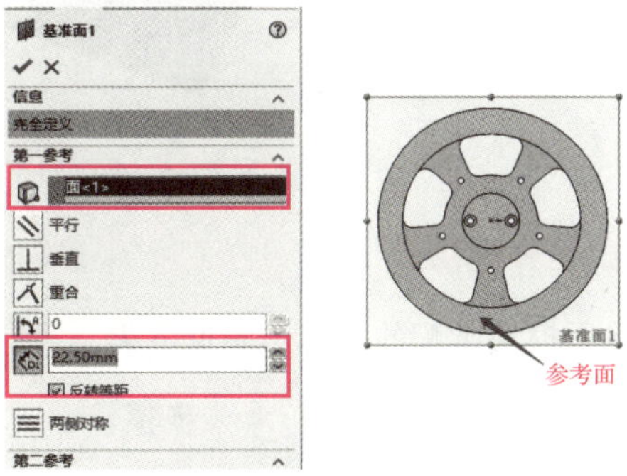
⑲添加"镜向"特征,镜向面/基准面选择"基准面 1",镜向的特征选择"切除-拉伸 4"和"切除-拉伸 5" 点击✓确认生成"镜向 1"。	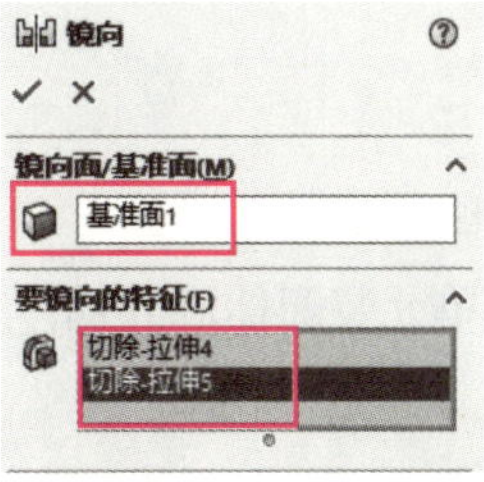
⑳分别对槽进行_____倒角;对轮毂外圈、轮毂内圈进行_____倒角绘制	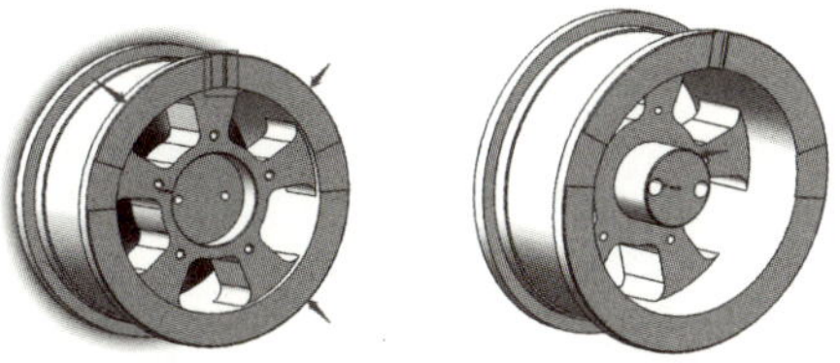

步骤	图示
㉑保存绘制的零件模型,完成零件模型构建	

1.3.2 工作站模型创建

任务实施

1. 工作站布局

工作站的三维布局如图 1-17 所示。

图 1-17 工作站三维布局图

2. 工作站总装

单元模块装配的具体步骤见下表。

步骤	图示
①新建装配体文件。 插入总控单元装配体和仓储单元装配体文件	

续表

步骤	图示
②以总控单元为基准，进行仓储单元与总控单元的装配。通过面与面重合的约束方式进行装配。 单击"_____" 按钮，选中仓储单元和总控单元的重合的两个面。单击 ✓ 确认配合	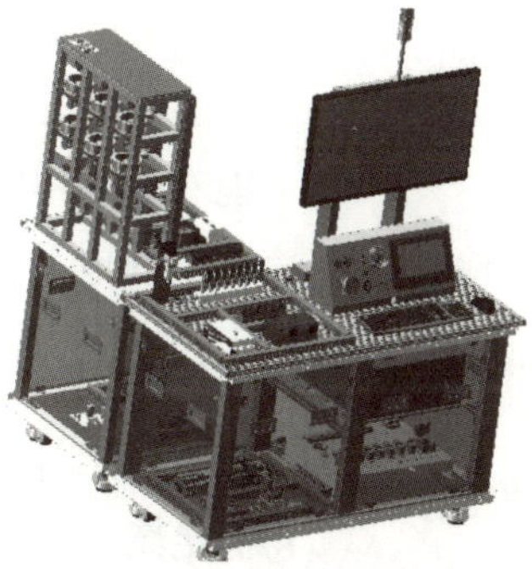
③参照上述方式，继续添加其他单元装配体模型，完成各单元间面到面的装配	

任务评价

1. 任务评价表

评价项目	比例	配分	序号	评价要素	评分标准	自评	教师评价
6S职业素养	30%	30分	①	选用适合的工具实施任务，清理无须使用的工具	未执行扣6分		
			②	合理布置任务所需使用的工具，明确标识	未执行扣6分		
			③	清除工作场所内的脏污，发现设备异常立即记录并处理	未执行扣6分		
			④	规范操作，杜绝安全事故，确保任务实施质量	未执行扣6分		
			⑤	具有团队意识，小组成员分工协作，共同高质量完成任务	未执行扣6分		
机电集成系统虚拟搭建	70%	70分	①	能根据系统设计方案构建零件模型库	未掌握扣20分		
			②	能根据系统设计方案创建组件装配模型	未掌握扣25分		
			③	能根据系统设计方案创建工作站模型	未掌握扣25分		
合计							

续表

2. 活动过程评价表

评价指标	评价要素	分数	得分
信息检索	能有效利用网络资源、工作手册查找有效信息；能用自己的语言有条理地去解释、表述所学知识；能将查找到的信息有效转换到工作中	10	
感知工作	是否熟悉各自的工作岗位，认同工作价值；在工作中，是否获得满足感	10	
参与状态	与教师、同学之间是否相互尊重、理解、平等；与教师、同学之间是否能够保持多向、丰富、适宜的信息交流；探究学习、自主学习不流于形式，处理好合作学习和独立思考的关系，做到有效学习；能提出有意义的问题或能发表个人见解；能按要求正确操作；能够倾听、协作分享	20	
学习方法	工作计划、操作技能是否符合规范要求；是否获得了进一步发展的能力	10	
工作过程	遵守管理规程，操作过程符合现场管理要求；平时上课的出勤情况和每天完成工作任务情况；善于多角度思考问题，能主动发现、提出有价值的问题	15	
思维状态	是否能发现问题、提出问题、分析问题、解决问题	10	
自评反馈	按时按质完成工作任务；较好地掌握了专业知识点；具有较强的信息分析能力和理解能力；具有较为全面严谨的思维能力并能条理明晰表述成文	25	
总分		100	

项目评测

项目一 机电集成系统设计工作页

项目知识测试

一、单选题

1. 工艺路线是(　　)的路径,其信息包含了工序内容、作业场地、制造资源、工时等内容。
   A. 工装　　　　　　　　　　　B. 产品或零部件制造
   C. 机器人　　　　　　　　　　D. 工具

2. 功能完善的柔性制造系统一般由以下4个具体功能系统组成,即(　　)、自动物料系统、自动监控系统和综合软件系统。
   A. 自动加工系统　　B. 自动调试系统　　C. 自动报警系统　　D. 自动启动系统

3. 自动搬运和储料功能是柔性制造系统提高设备(　　),实现柔性加工的重要条件。
   A. 准确率　　　　　B. 自动化率　　　　C. 利用率　　　　　D. 循环率

4. 在自动物流系统中,主要有两个重要的部分。一个是(　　),一个是自动存储系统。
   A. 自动加工系统　　B. 自动搬运系统　　C. 自动报警系统　　D. 自动调试系统

5. 进行工作站的自动监控系统设计时,需要考虑到整个系统涉及的所有过程控制和(　　)。
   A. 结果输出　　　　B. 过程准备　　　　C. 过程监视　　　　D. 结果处理

二、多选题

1. 进行工艺路线规划时,需要考虑的因素有(　　)。
   A. 先下后上　　　　　　　　　B. 先内后外、先难后易
   C. 先精密后一般　　　　　　　D. 先轻小后重大

2. 功能完善的柔性制造系统一般包含的功能系统有(　　)。
   A. 自动加工系统　　B. 自动物料系统　　C. 自动监控系统　　D. 综合软件系统

3. 工业机器人系统集成设备的零件库通常由(　　)三部分组成。
   A. 合格件　　　　　B. 标准件　　　　　C. 非标件　　　　　D. 市购件

4. 视觉检测设备选型应考虑相机与图像采集卡之间哪些参数的匹配?(　　)
   A. 视频信号的匹配　　　　　　B. 分辨率的匹配
   C. 特殊功能的匹配　　　　　　D. 接口的匹配

5. PLC与外部生产过程的联系大部分是通过I/O接口模块来实现的,常用的输入/输出类型有(　　)。
   A. 数字量输入/输出　　　　　　B. 模拟量输入/输出
   C. 特殊功能输入/输出　　　　　D. 智能式输入/输出

三、判断题

1. SCADA系统一般具有很高的性能,用于满足生产过程所提出的各种要求和性能指标,因此只有具备计算机专业知识的人员才能操作这个系统。　　　　　　　　　　　　　　　　　　　　(　　)

2. 进行工艺路线规划时为了提高装配的精度,一般先进行一般的安装工序,再进行要求精密的装配工序。　　　　　　　　　　　　　　　　　　　　　　　　　　　　　　　　　　　　(　　)

职业技能测试

工作站搭建

工作站的三维布局如图 1-18 所示,完成虚拟工作站搭建。

图 1-18　工作站三维布局图

项目二

工业机器人系统程序开发

项目导言

在不同工业应用场景中，工业机器人的程序需根据不同的生产需求进行规划和编写，本项目基于SCARA四轴工业机器人进行示教编程，包含典型工艺程序规划、编写及调试、典型工作站离线仿真等内容，由浅入深地学习工业机器人程序开发方法，最终实现工业机器人与周边设备紧密配合，高效有序地完成生产作业。

工业机器人集成应用职业等级标准对照表

工作领域	工业机器人系统程序开发						
工作任务	四轴工业机器人基础编程			典型工艺流程程序开发		机电集成系统离线仿真	
项目实施 / 任务分解	SCARA四轴工业机器人的手动运行	SCARA四轴工业机器人坐标系的标定	SCARA四轴工业机器人基础示教与编程	SCARA四轴工业机器人安全机制程序的编写与调试	SCARA四轴工业机器人工件上下料程序编写与调试	典型工艺应用工作站建模	工艺应用程序虚拟仿真
职业能力	2.1.1 能使用定时器、信号控制等指令，控制工序运行节奏和各单元间的动作时序。 2.1.2 能应用通信指令，实现工业机器人与周边设备的协同。 2.1.3 能使用循环、判断、跳转等指令，实现工业机器人程序的多分支逻辑控制。 2.1.4 能根据控制要求，进行子程序和中断程序的编制。 2.4.1 能导入搬运码垛、焊接、打磨、抛光等典型应用工作站模型。 2.4.2 能按照工作站应用要求，调试工业机器人程序，进行工作站应用的虚拟仿真。						

任务 2.1 四轴工业机器人基础编程

任务围绕众为兴 AR 系列的 SCARA 四轴工业机器人讲解手动操纵工业机器人、标定坐标系以及示教编程的方法，为后续典型工艺程序开发做准备。

任务页——四轴工业机器人基础编程

工作任务	机电集成系统设计	教学模式	理实一体
建议学时	参考学时共 10 学时，其中相关知识学习 5 学时；学员练习 5 学时	需设备、器材	工业机器人集成应用设备，SCARA 四轴工业机器人
任务描述	任务围绕众为兴 AR 系列的 SCARA 四轴工业机器人讲解手动操纵工业机器人、标定坐标系以及示教编程的方法，为后续典型工艺程序开发做准备		
职业技能	2.1.1 能使用定时器、信号控制等指令，控制工序运行节奏和各单元间的动作时序。 2.1.2 能应用通信指令，实现工业机器人与周边设备的协同。 2.1.3 能使用循环、判断、跳转等指令，实现工业机器人程序的多分支逻辑控制。 2.1.4 能根据控制要求，进行子程序和中断程序的编制		

2.1.1 SCARA 四轴工业机器人的手动运行

任务实施

1. 启动和关闭工业机器人

操作步骤	图示
1) 启动工业机器人 ①首先确认工业机器人工作站已与外部电源接通，如右图所示	

续表

操作步骤	图示
②查看电路图，确认四轴工业机器人供电线路的连接。 如右图所示，SCARA 四轴工业机器人的电源从工作站总控单元的 XS90 端口经空开"＿＿＿＿"（L/N1002）接入空开"＿＿＿＿"（L/N1003）	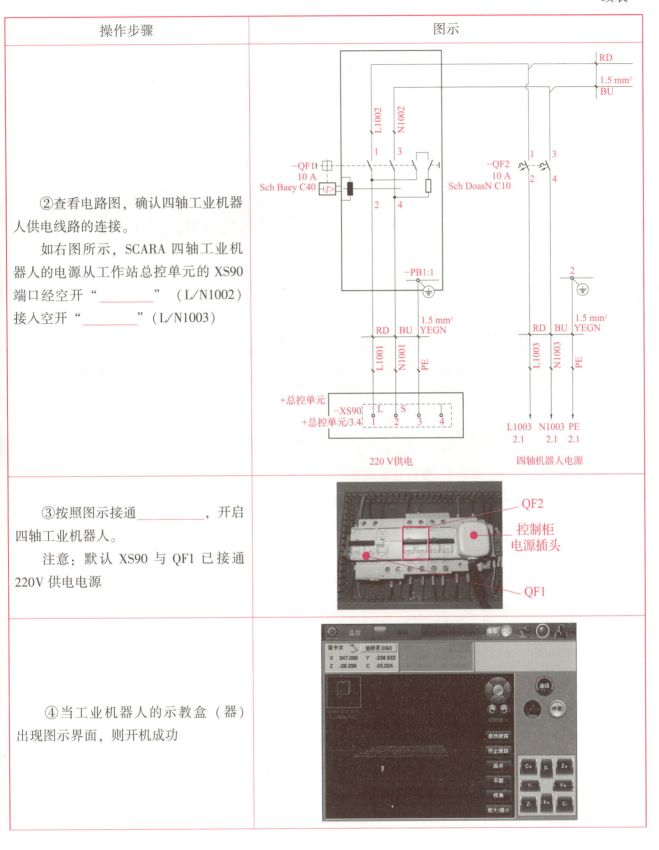
③按照图示接通＿＿＿＿，开启四轴工业机器人。 注意：默认 XS90 与 QF1 已接通 220V 供电电源	
④当工业机器人的示教盒（器）出现图示界面，则开机成功	

续表

操作步骤	图示
2）关闭工业机器人	
SCARA 四轴工业机器人的关闭，只需断开其电源与外部电源的连接即可。 按照图示断开＿＿＿＿＿，关闭工业机器人。 在进行工业机器人系统保养和维护过程中，如有必要，还需断开工业机器人工作站与外部电源的连接。	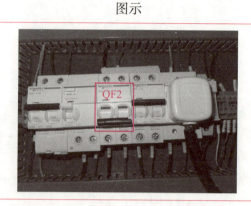

2. SCARA 四轴工业机器人运行速度设置

手动/自动速度设置界面如图 2-1 所示，各参数项说明见下表。

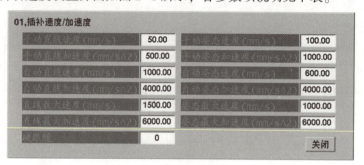

SCARA 工业机器人
运行速度设置

图 2-1 运行速度设置参数项

参数项名称	参数项说明
设定手动速度的参数	
手动直线速度	笛卡尔坐标系下，＿＿＿＿轴手动插补运行速度
手动直线加速度	笛卡尔坐标系下，＿＿＿＿轴手动插补运行的加速度
手动姿态速度	笛卡尔坐标系下，＿＿＿＿轴手动插补运行速度
手动姿态加速度	笛卡尔坐标系下，＿＿＿＿轴手动插补运行加速度
设定自动速度的参数	
自动直线速度	笛卡尔坐标系下，＿＿＿＿轴自动插补运行速度
自动直线加速度	笛卡尔坐标系下，＿＿＿＿轴自动插补运行加速度
自动姿态速度	笛卡尔坐标系下，＿＿＿＿轴自动插补运行速度
自动姿态加速度	笛卡尔坐标系下，＿＿＿＿轴自动插补运行加速度
设定最大速度的参数	
直线最大速度	X/Y/Z 轴直线、圆弧插补运动的最大速度
直线最大加速度	X/Y/Z 轴直线、圆弧插补运动的最大加速度
姿态最大速度	C 轴直线、圆弧插补运动的最大速度

续表

参数项名称	参数项说明
姿态最大加速度	C 轴直线、圆弧插补运动的最大加速度
硬跟随	_____为关闭硬跟随，_____为打开硬跟随

设置手动和自动速度的方法以及倍率修改的方法见下表。

操作步骤	示意
1）设置手动和自动速度 ①工业机器人手动/自动速度的设置是在管理员界面中的"参数"下完成设置的。 点击图示图标，进入管理员界面，再次点击可关闭管理员界面	
②在管理员界面，点击图示"_____"打开参数设置界面	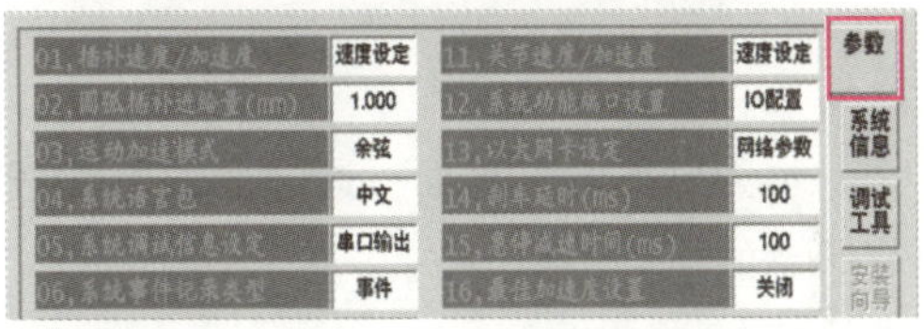
③在图示界面中，选择"_____"，点击"速度设定"	
④进入图示界面，修改对应栏中的参数，完成手动/自动速度的设置	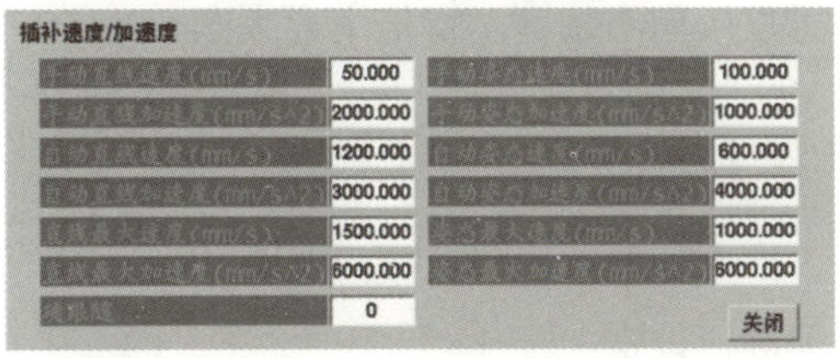
⑤如右图所示，对手动姿态加速度、自动姿态速度、自动姿态加速度、姿态最大速度和姿态最大加速度进行了修改，修改参数值将呈红色，完成参数修改后，点击"关闭"	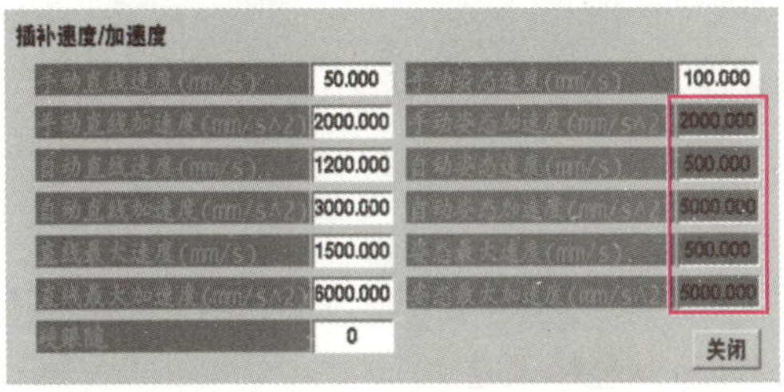
⑥点击图示界面中的"同步"，确认并更新工业机器人_____的参数值。 如未进行参数同步，速度设定的复选框将呈红色	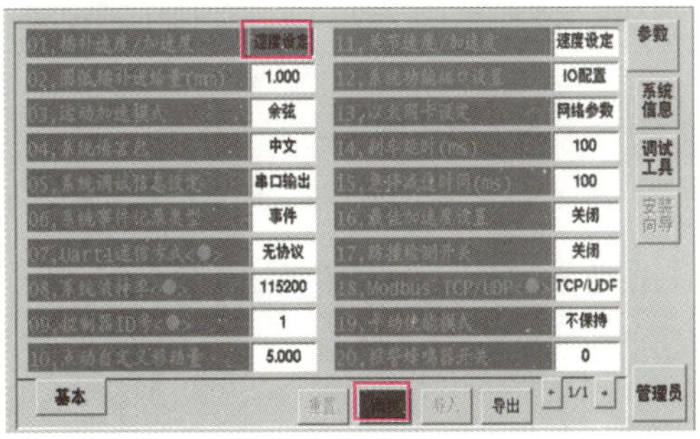

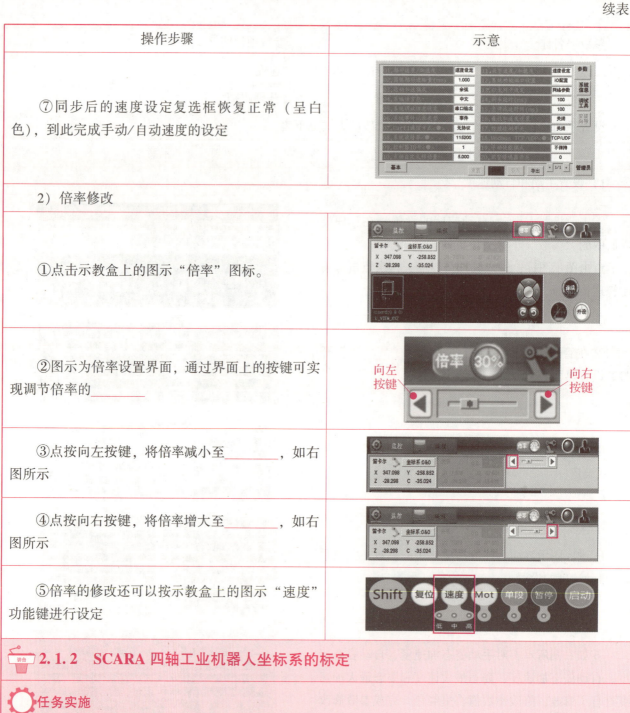

操作步骤	示意
⑦同步后的速度设定复选框恢复正常（呈白色），到此完成手动/自动速度的设定	
2）倍率修改	
①点击示教盒上的图示"倍率"图标。	
②图示为倍率设置界面，通过界面上的按键可实现调节倍率的_____	
③点按向左按键，将倍率减小至_____，如右图所示	
④点按向右按键，将倍率增大至_____，如右图所示	
⑤倍率的修改还可以按示教盒上的图示"速度"功能键进行设定	

2.1.2 SCARA 四轴工业机器人坐标系的标定

任务实施

1. 工具坐标系建立

通过 2 点示教法建立工具坐标系的方法见下表。

操作步骤	示意
①在监控界面，点击图示图标，切换到_____界面	

续表

操作步骤	示意
②在图示用户/工具标定界面进行用户/工具坐标系的标定	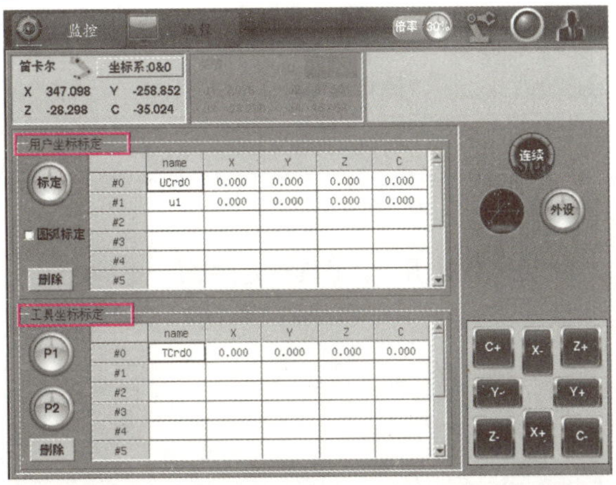
③在工具坐标标定界面下，选中一个未被占用的工具号，选中后工具所在行将被标记为蓝色，如右图所示	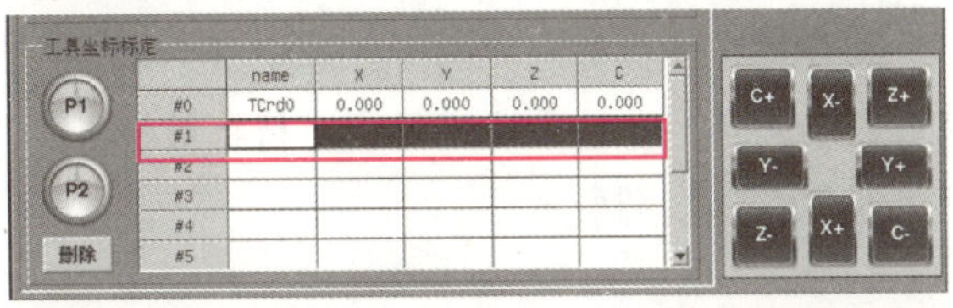
④可在图示位置设定工具坐标系的名称	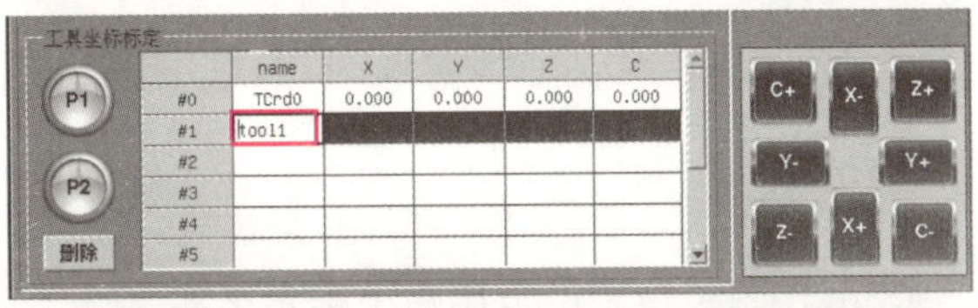
⑤将四轴工业机器人姿态调整至左手系下，使得工业机器人工具末端基准点与参考点重合。 点击"P1"，将则当前位置信息赋值给P1点	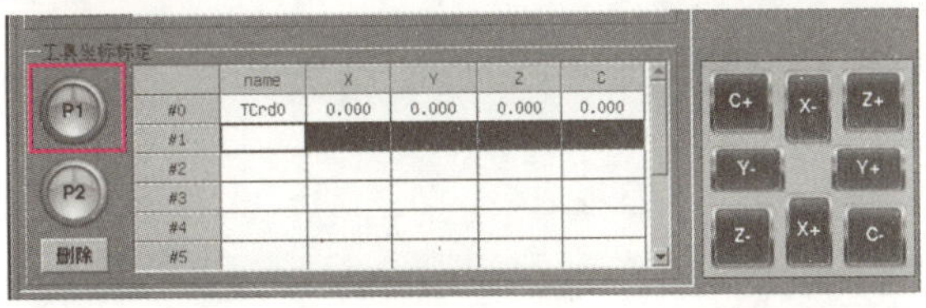
⑥将四轴工业机器人姿态调整至右手系下，使得工业机器人工具末端基准点与参考点重合。 点击"P2"，则将当前位置信息赋值给P2点。 若弹出图示对话框，点击"是"，重新标定指定的工具坐标系，将前面步骤中标定数据记录在所选工具中	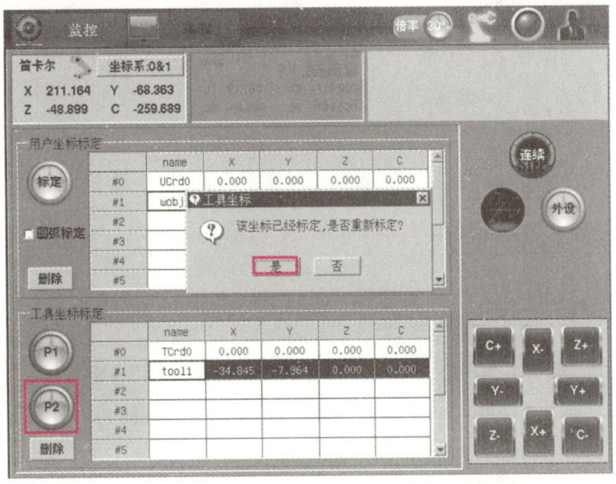
⑦到此完成工具坐标系的建立（标定），完成计算的工具坐标参数（X、Y、Z、C）将记录在选中的行，如右图所示	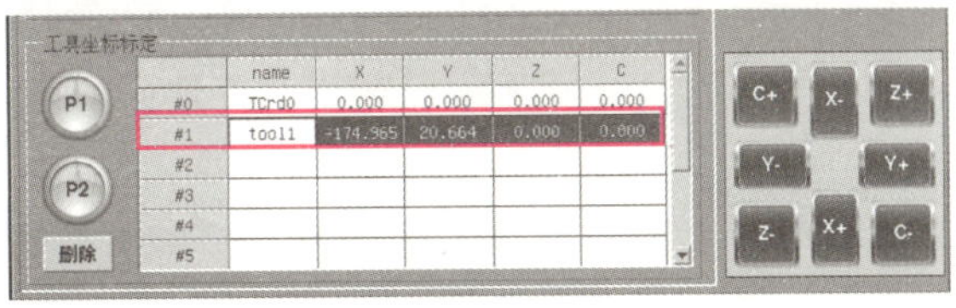

2. 用户坐标系建立

下面详细介绍通过3点示教法建立用户坐标系的方法，详情见下表。

操作步骤	示意
①进入图示用户/工具标定界面	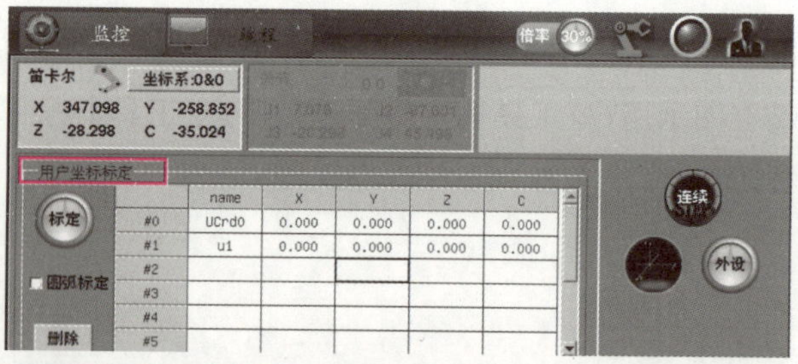
②在用户坐标标定界面下，选中一个未被占用的工具号，选中后工具所在行将被标记为蓝色，如右图所示	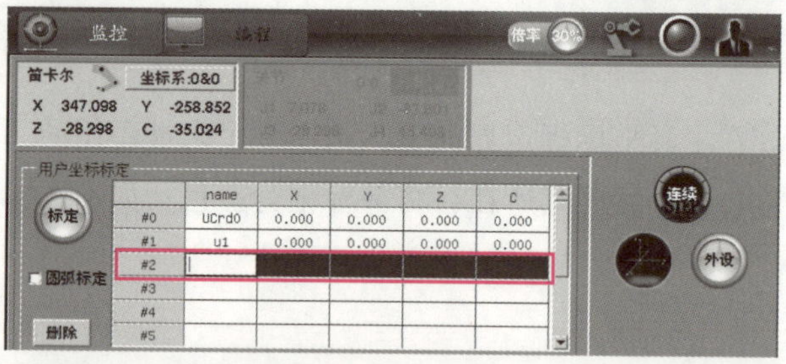
③可在图示位置设定用户坐标系名称	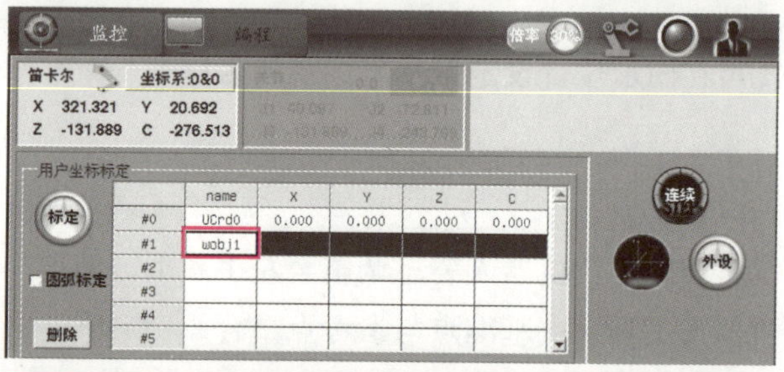
④点击图示"＿＿"图标，进入用户坐标的标定界面	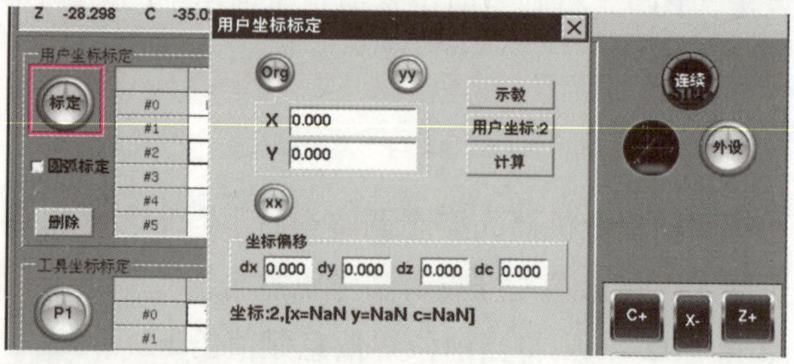
⑤在图示用户坐标标定界面，选择"＿＿＿＿"进行用户坐标系原点的示教	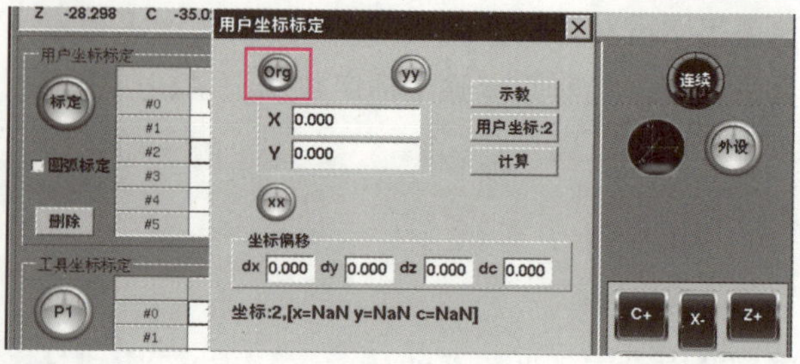

续表

操作步骤	示意
⑥在笛卡尔坐标系下,手动调整工具末端与将要新建的用户坐标系的原点重合。 点击图示"＿＿",记录并将当前位置赋值给 org 点	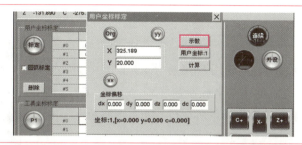
⑦点击用户坐标标定界面的图示"xx"图标,进行用户坐标系 X 轴正方向上点的示教	
⑧在笛卡尔坐标系下,操纵工业机器人沿着工件 X 轴的正向方向移动到一参考点位(距离尽可能远)。 点击"＿＿＿＿",当前位置将赋值给 xx 点	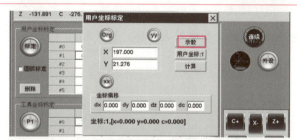
⑨点击用户坐标标定界面的图示"yy"图标,进行用户坐标系 Y 轴正方向上点的示教	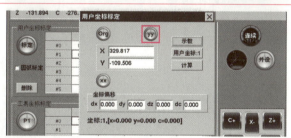
⑩在笛卡尔坐标系下,操纵工业机器人沿着工件 Y 轴的正向方向移动到一参考点位(距离尽可能远)。 注意:移动过程中一定不能旋转 C 轴,否则计算结果将会出错。 点击"示教",将当前位置赋值给 yy 点	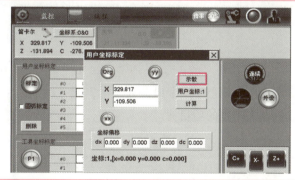
⑪org、xx、yy 点位示教完毕后,点击"＿＿＿＿＿",生成用户坐标,如右图所示	

操作步骤	示意
⑫到此完成用户坐标系的建立（标定），计算的用户坐标参数（X、Y、Z、C）将记录在选中坐标系所在行，如右图所示	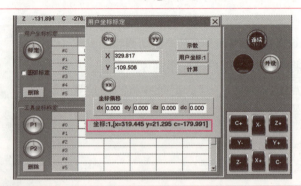

2.1.3　SCARA 四轴工业机器人基础示教与编程

任务实施

1. 程序的建立

SCARA 四轴工业机器人中建立程序和插入子函数的方法步骤见下表。

SCARA 工业机器人
程序建立

操作步骤	示意
1）新建程序	
①在示教盒开机界面的图示位置，点击"编程"	
②点击图示橙色小工业机器人图标，调出工业机器人工程的项目树	
③长按工业机器人工程项目树下的"_____"调出图示菜单，点击"新建程序"	

续表

操作步骤	示意
④在弹出的新建程序对话框中点击空白输入框，并使用软键盘输入程序的名称，完成输入后点击"确定"	
⑤新建程序后，示教盒界面将跳转至程序编辑界面，如右图所示	
2) 自定义子函数的插入（添加）	
①点开图示位置的下拉菜单，选择"_____"	
②点开图示位置的下拉菜单，选择"_____"	
③点击图示位置的空白框，调出软键盘进行子函数名称的设定	
④完成子函数名称的设定后，点击"_____"，到此完成子函数的添加	
⑤将光标（蓝色）移动至子函数指令中，可进行子函数的编辑（添加动作指令、延时指令、I/O指令以及用户&工具坐标系设定等）	

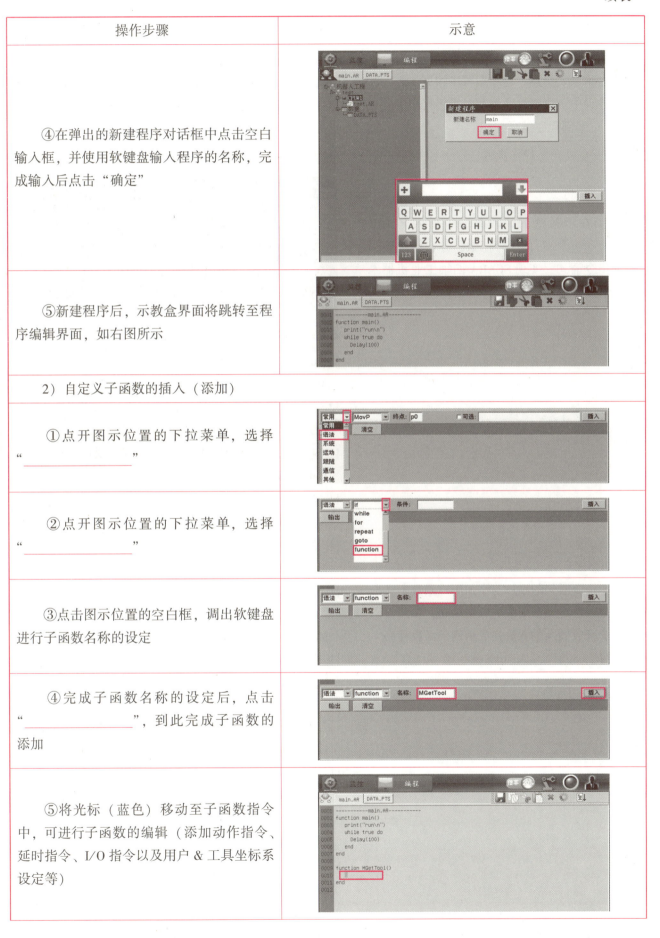

续表

2. 示教与编程应用

工业机器人从右手系安全点经导锥安全点运动至导锥目标点进行导锥的抓取，完成抓取后沿原轨迹点返回右手系安全点。程序编写步骤见下表，注意 SCARA 四轴工业机器人点位信息单独存储在 DATA.PTS 的文件夹中，进行程序编写时需将程序中的点位参数赋值为对应的点位数据。

1）案例程序编写

操作步骤	示意图
①在示教盒的编程界面中插入名为"＿＿＿＿"的用户函数，并在函数中添加指令语句，实现 SCARA 四轴工业机器人抓取导锥的动作流程	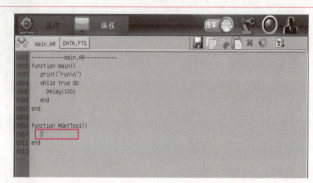
②指令语句的添加与添加用户函数定义指令插入自定义子函数的方法相同，参照自定义子函数插入的方法完成示例子函数程序的编写	function MGetTool（） 　MovP（Home_ Right） !! 点到点的方式运动至 Home_ Right（右手系安全点） 　DO（0，OFF） !! SCARA 四轴工业机器人末端夹爪工具关闭（即张开） 　Delay（1000） !! 等待 1S 　MovP（Area_ 1_ Ready） !! 点到点的方式运动至导锥安全点 　MovL（Area1_ 1+Z（45）） !! 直线方式运动至导锥目标点 Z 向上方＿＿＿mm 处（过渡点） 　MovL（Area1_ 1） !! 直线方式运动至导锥目标点（导锥抓取点） 　DO（0，ON） !! SCARA 四轴工业机器人末端夹爪工具打开（即夹紧），抓取导锥 　Delay（1000） !! 等待 1S 　MovL（Area1_ 1+Z（45）） 　MovP（Area_ 1_ Ready） 　MovP（Home_ Right） !! 完成抓取后沿原轨迹点返回＿＿＿＿ 　end

续表

操作步骤	示意
③完成各指令语句添加后的用户函数（子函数）"_____"，如右图所示	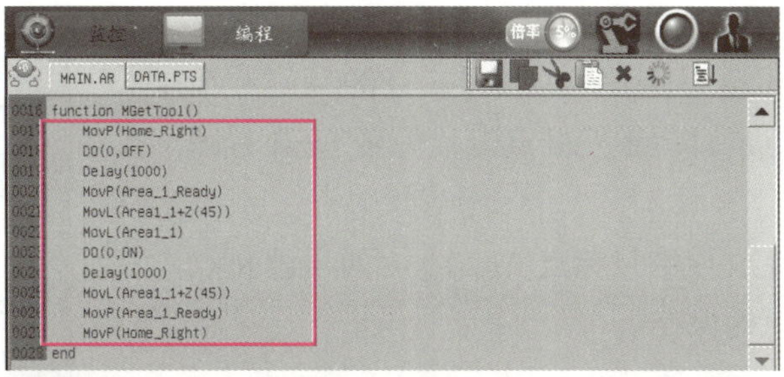
④在程序首行开始进行点位应用（即赋值），完成点位对应关系的定义，如右图所示	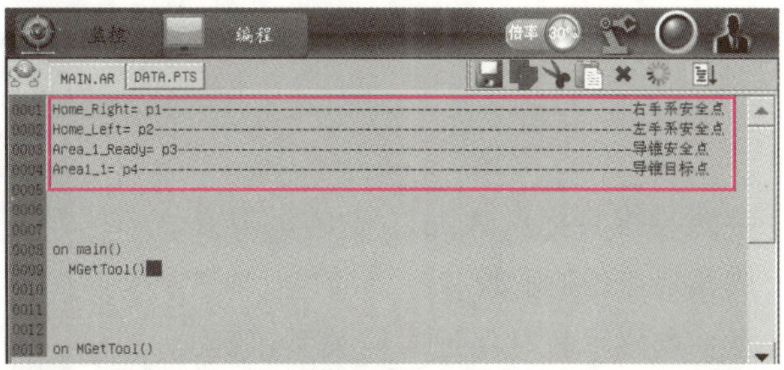
⑤将钥匙打到自动挡后，可进行程序的运行	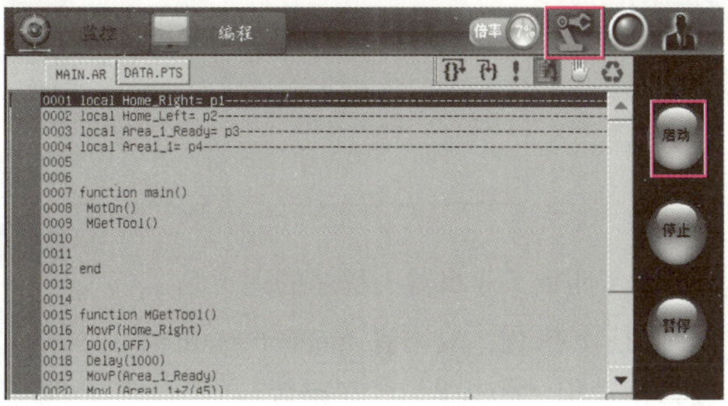

2）点位示教

SCARA 四轴工业机器人点位信息单独存储在 _____ 的文件夹中，点位序号默认，用户可自行定义点位的名称及参数信息，并根据需求在程序编写时进行程序点位与点位数据的关联。点位示教步骤见下表。

操作步骤	示意图
①点击编程界面下的"DATA.PTS"切换至点位示教界面进行点位的示教，如右图所示	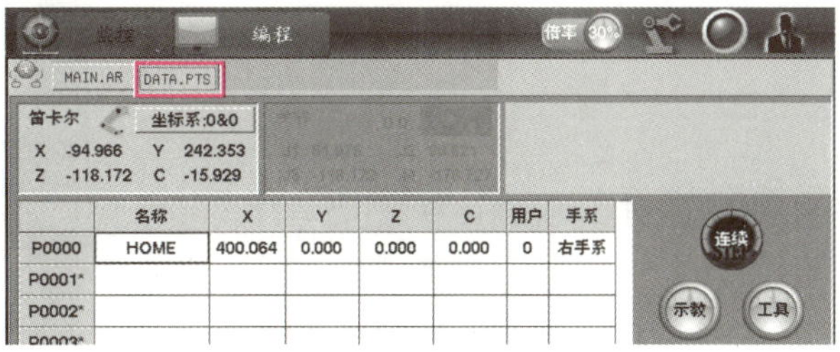
②手动操纵 SCARA 四轴工业机器人移动至导锥目标点（Area1_1），如右图所示	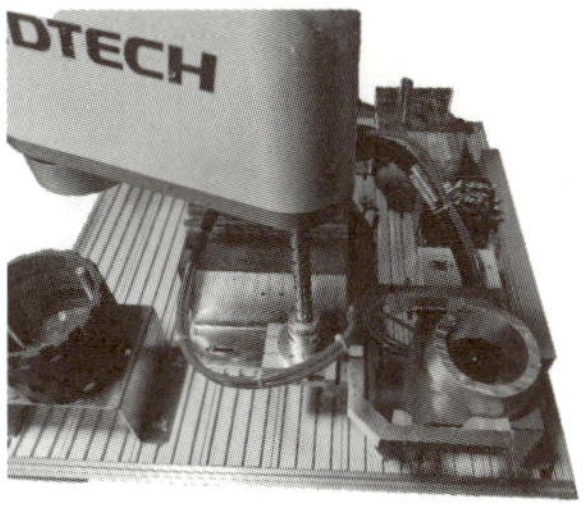

续表

操作步骤	示意
③选中点位列表中的"P0004"所在行,点击"示教"并点击"保存"(如右图所示)。 完成导锥目标点 Area1_1 的示教和点位信息的保存	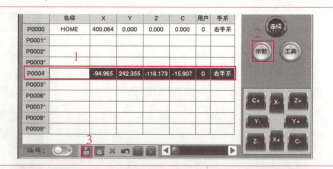
④参照导锥目标点 Area1_1 的示教方法,完成其余点位的示教。 注意:点位示教时保证对应关系正确,且示教后须保存	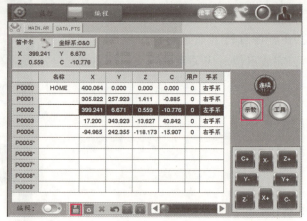
⑤SCARA 四轴工业机器人程序的运行是从首行开始往下执行,故可在 function main(主函数)中调用"MGetTool"子函数。 MotOn( ):_____指令;未处于使能状态工业机器人不运动	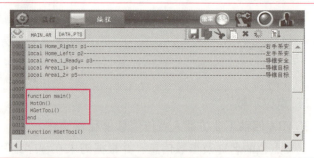
⑥点击"_____",验证程序无误后,点击"保存"	
⑦将钥匙打到自动挡后,可进行程序的运行	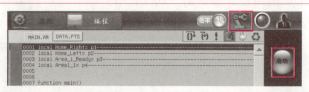

续表

任务评价

1. 任务评价表

评价项目	比例	配分	序号	评价要素	评分标准	自评	教师评价
6S职业素养	30%	30分	①	选用适合的工具实施任务，清理无须使用的工具	未执行扣6分		
			②	合理布置任务所需使用的工具，明确标识	未执行扣6分		
			③	清除工作场所内的脏污，发现设备异常立即记录并处理	未执行扣6分		
			④	规范操作，杜绝安全事故，确保任务实施质量	未执行扣6分		
			⑤	具有团队意识，小组成员分工协作，共同高质量完成任务	未执行扣6分		
四轴工业机器人基础编程	70%	70分	①	能根据安全操作要求，正确启动和关闭工业机器人系统	未掌握扣10分		
			②	能根据安全操作要求，设置SCARA四轴工业机器人运行速度	未掌握扣20分		
			③	能根据安全操作要求，标定SCARA四轴工业机器人的坐标系	未掌握扣20分		
			④	能根据安全操作要求，编写SCARA四轴工业机器人运动轨迹	未掌握扣20分		
合计							

2. 活动过程评价表

评价指标	评价要素	分数	得分
信息检索	能有效利用网络资源、工作手册查找有效信息；能用自己的语言有条理地去解释、表述所学知识；能将查找到的信息有效转换到工作中	10	
感知工作	是否熟悉各自的工作岗位，认同工作价值；在工作中，是否获得满足感	10	

续表

评价指标	评价要素	分数	得分
参与状态	与教师、同学之间是否相互尊重、理解、平等；与教师、同学之间是否能够保持多向、丰富、适宜的信息交流；探究学习、自主学习不流于形式，处理好合作学习和独立思考的关系，做到有效学习；能提出有意义的问题或能发表个人见解；能按要求正确操作；能够倾听、协作分享	20	
学习方法	工作计划、操作技能是否符合规范要求；是否获得了进一步发展的能力	10	
工作过程	遵守管理规程，操作过程符合现场管理要求；平时上课的出勤情况和每天完成工作任务情况；善于多角度思考问题，能主动发现、提出有价值的问题	15	
思维状态	是否能发现问题、提出问题、分析问题、解决问题	10	
自评反馈	按时按质完成工作任务；较好地掌握了专业知识点；具有较强的信息分析能力和理解能力；具有较为全面严谨的思维能力并能条理明晰表述成文	25	
总分		100	

任务 2.2　典型工艺流程程序开发

本任务以车轮装配案例所需实现的工艺任务为例,结合工业机器人程序规划、与外部设备通信规划和 SCARA 四轴工业机器人操作与编程,开发 SCARA 四轴工业机器人的工艺应用程序。

任务页——典型工艺流程程序开发

工作任务	典型工艺流程程序开发	教学模式	理实一体
建议学时	参考学时共 10 学时,其中相关知识学习 5 学时;学员练习 5 学时	需设备、器材	工业机器人集成应用设备,SCARA 四轴工业机器人,示教盒
任务描述	本任务以车轮装配案例所需实现的工艺任务为例,结合工业机器人程序规划、与外部设备通信规划和 SCARA 四轴工业机器人操作与编程,开发 SCARA 四轴工业机器人的工艺应用程序		
职业技能	2.1.1　能使用定时器、信号控制等指令,控制工序运行节奏和各单元间的动作时序。 2.1.2　能应用通信指令,实现工业机器人与周边设备的协同。 2.1.3　能使用循环、判断、跳转等指令,实现工业机器人程序的多分支逻辑控制。 2.1.4　能根据控制要求,进行子程序和中断程序的编制		

2.2.1　SCARA 四轴工业机器人安全机制程序的编写与调试

任务实施

1. 程序规划

当光栅被遮挡时将触发 SCARA 四轴工业机器人＿＿＿＿＿,SCARA 四轴工业机器人程序运行暂停且工业机器人进入运动停止状态。SCARA 四轴工业机器人的数字量输入信号 I_6（即 IN6）与 SCARA 四轴工业机器人单元数字量输出远程 I/O 模块 No.2 FR2108 的 Q50.5 已经完成硬件通信接线,输入信号 I_6 的功能见下表。

工业机器人信号名称	功能说明	对应硬件	PLC1 地址
I_6	触发暂停程序的信号。 当信号值为＿＿＿（即 ON）时,将触发程序的暂停,使工业机器人暂停程序;当信号值为＿＿＿（即 OFF）时,工业机器人可以正常启动	SCARA 四轴工业机器人单元数字量输出远程 I/O 模块 No.2 FR2108	Q50.5

续表

SCARA 四轴工业机器人安全机制是通过新增一个后台运行的线程任务（CPU2），实时监测信号 I_6 的状态，达到安全机制程序的触发目的。

2. 程序编写及调试

SCARA 四轴工业机器人安全机制程序的编写与调试方法步骤见下表。

SCARA 工业机器人安全机制程序的编写与调试

操作步骤	示意图
1）安全机制程序的编写	
①在示教盒编程界面，调出图示菜单，依次点击"新建—CPU"	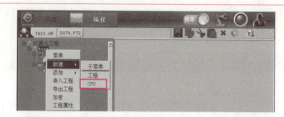
②完成图示新线程任务"＿＿＿＿"的新建	
③长按任务 CPU#2 下的程序"CPU_2.AR"，点击"打开"，进入该任务程序的编辑界面，进行安全机制程序的编写。 注意：任务 CPU#2 在启动程序后，将在后台连续运行	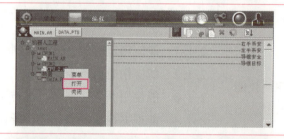
④根据安全机制程序功能编写图示任务程序。程序功能： 当 DI（6）==＿＿即读取 I_6 的值为 1 时，输出"grating was triggered"； 当 DI（6）==＿＿即读取 I_6 的值为 0 时，输出"Please confirm whether to continue the program"	
2）安全机制程序的调试	
①将钥匙打到自动挡后，点击"启动"运行 SCARA 四轴工业机器人程序。 注意：SCARA 四轴工业机器人的手动模式无法启动和运行程序。 SCARA 四轴工业机器人程序正常运行过程中，如光栅检测区域被遮挡时，工业机器人程序暂停，停止运动且示教盒 CPU2 的输出栏提示"＿＿＿＿"，如右图所示	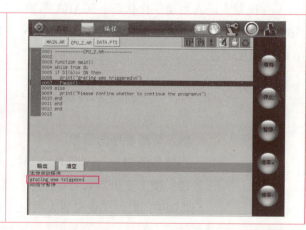

续表

操作步骤	示意图
②光栅检测区域被遮挡时，输入信号 I_6 的状态显示如右图所示（I_6 显示为蓝色）	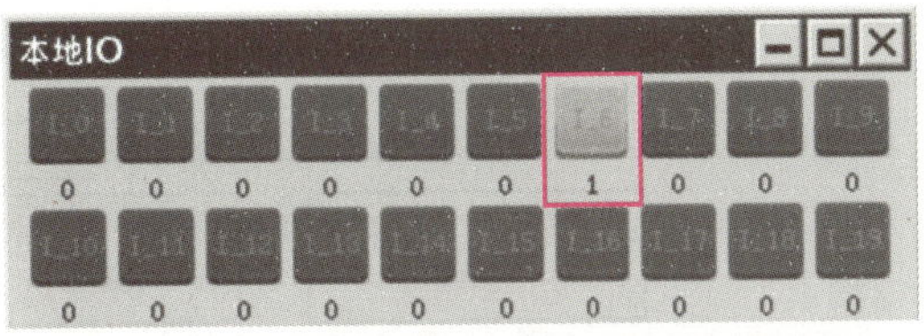 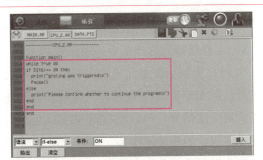
③若光栅检测区域未被遮挡时，点"启动"可从程序停止位置正常启动工业机器人程序的运行，示教盒 CPU2 的输出栏提示"Please confirm whether to continue the program"，如右图所示	
④光栅检测区域未被遮挡时，输入信号 I_6 的状态显示如右图所示（I_6 显示为灰色）	

⑤若观察到的工业机器人的动作以及信号 I_6 的变化与上述不符，需要依次排查程序编写是否正确、检查信号地址配置是否正确、排查硬件设备之间的接线是否正确，若不正确，需要重新修改程序、更改信号地址、或重新接线，直到程序功能测试正常

2.2.2 SCARA 四轴工业机器人工件上下料程序编写与调试

任务实施

1. 工业机器人程序规划

1）工艺流程规划

在车轮装配分拣案例中，初始条件如下：轮毂已完成车标安装，且车标内部的电子标签已经完成信息录入。

（1）压装单元轮胎上料及压装工艺流程。

SCARA 四轴工业机器人在接收到_____的通知信息（例如允许进入冲压放料）后，抓取导锥运送并安装到处于压装单元下料工位的轮毂上，然后按照 HMI 选择的轮胎仓位抓取轮胎安装到导锥上，完成轮胎的上料。SCARA 四轴工业机器人单元手动控制界面可以选择轮胎的仓位。

（2）车轮下料工艺流程。

接收到轮胎装配完成的信号后，SCARA 四轴工业机器人将抓取完成装配的车轮，搬运至安全点位。

2）SCARA 四轴工业机器人程序规划

根据 SCARA 四轴工业机器人的工艺流程规划如图 2-2 所示的工业机器人程序，实现轮胎的上料（压装）、车轮的下料。

续表

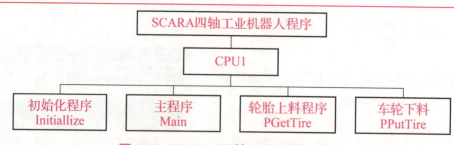

图 2-2 SCARA 四轴工业机器人程序

3）工业机器人与外部设备通信规划

当 PLC 控制压装单元完成车标压装流程，压装工位处于压装单元的正限位后，发送允许进入冲压放料信号；SCARA 四轴工业机器人在收到允许进入冲压放料信号后进行轮胎的放料，并在完成放料后发送冲压放料完成信号。PLC 在收到 SCARA 四轴工业机器人冲压放料完成信号后，控制压装单元完成轮胎的压装。完成轮胎压装的压装工位处于压装单元的正限位后，由 PLC 发送允许进入冲压取料信号；SCARA 四轴工业机器人在收到允许进入冲压取料信号后进行车轮的取料，并在完成取料后发送冲压取料完成信号。SCARA 四轴工业机器人再将完成压装的车轮搬运至安全点位。

根据上述 SCARA 四轴工业机器人与压装单元和分拣单元的通信，规划下表中所示 SCARA 四轴工业机器人 I/O 信号。

硬件设备	工业机器人 I/O 信号	功能描述	对应 PLC 的 I/O
SCARA 四轴工业机器人输入信号			
SCARA 四轴工业机器人数字量输入端口	IN-0	导锥感知信号（值为____则工位上有导锥，值为____则工位上无导锥）	—
PLC1 数字量输出模块（SCARA 四轴工业机器人 No.2-FR2108）	IN-1	允许进入冲压放料（值为____则进行轮胎的上料，值为____则不进行轮胎的上料）	Q50.0
	IN-2	允许进入冲压取料（值为____则进行轮胎的下料，值为____则不进行轮胎的下料）	Q50.1
	IN-3	轮胎取料仓位（值为 0，取轮胎 1；值为 1，取轮胎 2；值为 2，取轮胎 3；值为 3，取轮胎 4；值为 4，取轮胎 5；值为 5，取轮胎 6）	Q50.2
	IN-4		Q50.3
	IN-5		Q50.4
SCARA 四轴工业机器人输出信号			
PLC1 数字量输入模块（SCARA 四轴工业机器人 No.1-FR1108）	OUT-0	末端夹爪工具（值为 ON 时，夹紧夹爪；值为 OFF 时，张开夹爪。）	—
	OUT-1	冲压放料完成信号，用于启动轮胎的冲压流程（值为 ON 则进行轮胎的冲压流程，值为 OFF 则不进行轮胎的冲压流程）	I50.0
	OUT-2	冲压取料完成信号，用于告知 PLC 已完成取料动作	I50.1
	OUT-3	分拣放料完成信号，用于告知 PLC 车轮已放至分拣放料点位	I50.2

续表

4）工件上下料程序结构规划

智能制造单元系统集成应用平台中SCARA四轴工业机器人上下料程序，使用子函数定义的方式编程。SCARA四轴工业机器人轮胎的上料程序结构规划如图2-3所示。

图2-3 上料程序结构规划

车轮的下料程序结构规划如图2-4所示。

5）工件上下料案例点位、坐标系及变量规划

案例程序工件上下料程序中的空间轨迹点位、所使用的坐标系及变量见下表。

注意：SCARA四轴工业机器人点位信息单独存储在DATA.PTS的文件夹中，示教点位时切记保存。

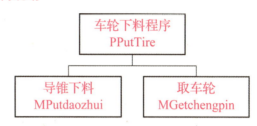

图2-4 下料程序结构规划

名称	对应点位序号	功能描述
工业机器人空间轨迹点		
Home	P0000	工业机器人工作原点安全姿态（出厂默认设定的工业机器人零位点，不可修改）
Home_Right	P0001	工业机器人右手系安全姿态（大臂与小臂夹角呈右手肘弯曲姿态）
Home_Left	P0002	工业机器人左手系安全姿态（大臂与小臂夹角呈左手肘弯曲姿态）
Area0300R	P0003	压装单元临近点（安全过渡点）
Area0303W	P0004	导锥放料点（压装单元）
Area0304W	P0005	冲压放料点（轮胎）
Area0305W	P0006	冲压取料点（车轮成品）
Area0700R	P0009	导锥取料安全点（SCARA四轴工业机器人单元）
Area0701W	P0010	导锥取料点（SCARA四轴工业机器人单元）
Area0702R	P0011	1号仓位取料安全点
Area0703R	P0012	2号仓位取料安全点
Area0704R	P0013	3号仓位取料安全点
Area0705W	P0014	轮胎1取料点
Area0706W	P0015	轮胎2取料点
Area0707W	P0016	轮胎3取料点
Area0708W	P0017	轮胎4取料点

续表

名称	对应点位序号	功能描述
Area0709W	P0018	轮胎 5 取料点
Area0710W	P0019	轮胎 6 取料点
工具坐标系		
0&0	—	系统默认工具坐标系 0 和用户坐标系 0
变量		
TireNumber	—	轮胎取料位计数器（值为 0：轮胎 1 的取料位（默认）；为 1：轮胎 2 的取料位；为 2：轮胎 3 的取料位；为 3：轮胎 4 的取料位；为 4：轮胎 5 的取料位；为 5：轮胎 6 的取料位；）

2. 工件上下料程序编写

在同个工程的同一 CPU（任务中）完成案例上下料流程中的各子（函数）程序的编写以及点位的示教，示例参考程序见下表。

序号	示例程序
	轮胎的上料
1	导锥的上料（子函数）程序： function MGetdaozhui() 　　MovP(Home_Right)！工业机器人运动至右手系安全点 　　MovP(Area0700R)！工业机器人运动至导锥取料安全点 　　MovL(Area0701W+Z(50))直线方式运动至目标点 Z 向上方 50 mm 处 (过渡点) 　　MovL(Area0701W)！工业机器人运动至导锥取料点 (SCARA 四轴工业机器人单元) 　　DO(0,ON)！夹爪_____,完成导锥的抓取 　　Delay(1000)！等待 1S 　　MovL(Area0701W+Z(50)) 　　MovP(Area0700R) 　　MovP(Area0300R)！工业机器人经导锥取料安全点运动至压装单元临近点 　　MovL(Area0303W+Z(50)) 　　MovL(Area0303W)！运动至导锥放料点 (压装单元) 　　DO(0,OFF)！夹爪_____,完成导锥的放料 　　Delay(1000) 　　MovL(Area0303W+Z(50)) 　　MovP(Area0300R) 　　MovP(Home_Right)！工业机器人经压装单元临近点运动回右手系安全点 end
2	取轮胎（子函数）程序： function MGetluntai() 　　while TireNumber > 5　do

续表

序号	示例程序
| 2 | ```
        print("It is the error tirenumber")
        Delay(1000)
        TireNumber=DI({3,4,5})
end！使用while指令判断轮胎取料位选择是否正确,若正确则跳出while往下执行,选择错误时输出"It is the error tirenumber"错误信息并每隔1s获取TireNumber的值
  TireNumber=DI({3,4,5})！读取输入端口3,4,5的状态赋值给TireNumber,实现所选轮胎取料位信息的获取
    DO(0,OFF)
      if TireNumber == 0 then！取1号仓位的轮胎1
        MovP(Home_Right)
        MovP(Area0702R)
        MovL(Area0705W+Z(50))
        MovL(Area0705W)
    DO(0,ON)
        Delay(1000)
        MovL(Area0705W+Z(50))
        MovP(Area0702R)
        MovP(Home_Right)
    end
      if TireNumber == 1 then！取1号仓位的轮胎2
        MovP(Home_Right)
        MovP(Area0702R)
        MovL(Area0706W+Z(50))
        MovL(Area0706W)
        DO(0,ON)
        Delay(1000)
        MovL(Area0706W+Z(50))
        MovP(Area0702R)
        MovP(Home_Right)
    end
      if TireNumber == 2 then！取2号仓位的轮胎3
        MovP(Home_Left)
        MovP(Area0703R)
        MovL(Area0707W+Z(50))
        MovL(Area0707W)
        DO(0,ON)
        Delay(1000)
``` |
```

续表

序号	示例程序

2	MovL(Area0707W+Z(50))
	MovP(Area0703R)
	MovP(Home_Left)
	end
	if TireNumber == 3 then! 取2号仓位的轮胎4
	    MovP(Home_Left)
	    MovP(Area0703R)
	    MovL(Area0708W+Z(50))
	    MovL(Area0708W)
	    DO(0,ON)
	    Delay(1000)
	    MovL(Area0708W+Z(50))
	    MovP(Area0703R)
	    MovP(Home_Left)
	    MovP(Home_Right)
	end
	if TireNumber == 4 then! 取3号仓位的轮胎5
	    MovP(Home_Left)
	    MovP(Area0703R)
	    MovP(Area0704R)
	    MovL(Area0709W+Z(50))
	    MovL(Area0709W)
	    DO(0,ON)
	    Delay(1000)
	    MovL(Area0709W+Z(50))
	    MovP(Area0704R)
	    MovP(Area0703R)
	    MovP(Home_Left)
	end
	if TireNumber == 5 then! 取3号仓位的轮胎6
	    MovP(Home_Left)
	    MovP(Area0703R)
	    MovP(Area0704R)
	    MovL(Area0710W+Z(50))
	    MovL(Area0710W)
	    DO(0,ON)
	    Delay(1000)
	    MovL(Area0710W+Z(50))

续表

序号	示例程序
2	MovP(Area0704R) 　　　　MovP(Area0703R) 　　　　MovP(Home_Left) 　　end
3	放轮胎（子函数）程序： function MPutluntai() 　　MovP(Home_Right) 　　MovP(Area0300R) 　　MovL(Area0304W+Z(20)) 　　MovL(Area0304W)！经压装单元临近点运动至冲压放料点(轮胎) 　　DO(0,OFF) 　　Delay(1000) 　　MovL(Area0304W+Z(20)) 　　MovP(Area0300R) 　　DO(1,ON)！工业机器人发送冲压放料完成信号,启动轮胎压装流程 　　MovP(Home_Right) end
4	轮胎的上料（流程）程序： function PGetTire() 　　WDI(1,ON)！允许进入_____ 　　MGetdaozhui()！将导锥放在压装单元轮毂上 　　MGetluntai()！_____ 　　MPutluntai()！将轮胎放在压装单元导锥上,并启动轮胎压装流程 end
	车轮的下料
5	导锥的下料（子函数）程序： function MPutdaozhui() DO(0,OFF) MovP(Home_Right)！工业机器人运动至右手系安全点 　　　　MovP(Area0300R)！工业机器人运动至压装单元临近点 MovL(Area0303W+Z(50)) 　　　　MovL(Area0303W)！工业机器人运动至导锥放料点(压装单元) 　　DO(0,ON) 　　　　Delay(1000) 　　　　MovL(Area0303W+Z(50)) MovP(Area0300R)！工业机器人抓取导锥运动至压装单元临近点 　　　　MovP(Area0700R) 　　　　MovL(Area0701W+Z(50))

续表

序号	示例程序
5	MovL(Area0701W) DO(0,OFF)！工业机器人将导锥放回导锥取料点(SCARA 四轴工业机器人单元) Delay(1000) MovL(Area0701W+Z(50)) MovP(Area0700R) MovP(Home_Right)！工业机器人回右手系安全点 end

6	取车轮成品（子函数）程序：
	function MGetchengpin()
	    MovP(Home_Right)
	    DO(0,OFF)
	    MovP(Area0300R)
	    MovL(Area0305W+Z(50))
	    MovL(Area0305W)
	    DO(0,ON)！工业机器人经压装单元临近点运动至冲压取料点(车轮成品)进行轮胎的抓取
	    Delay(1000)
	    MovL(Area0305W+Z(50))
	    MovP(Area0300R)
	    DO(2,ON)！工业机器人已取走车轮成品,发送冲压取料完成信号
	    MovP(Home_Right)
	end

7	车轮的下料（流程）程序：
	function PPutTire()
	    WDI(2,ON)！允许进入冲压取料
	    MPutdaozhui()！将导锥放回原处(SCARA 四轴工业机器人单元)
	    MGetchengpin()！将轮胎(成品)从压装单元取走
	end

	初始化程序（Initialize）

8	function Initialize()
	    TireNumber = 0
	    DO(0,OFF)
	    DO(1,OFF)
	    DO(2,OFF)
	    WDI(0,ON)
	    MovP(Home_Right)
	    MotOn()！电机____,进入使能状态(使能状态下执行运动指令,工业机器人才发生动作)
	end

续表

3. 工件上下料程序的调试

在调试工业机器人案例 SCARA 四轴工业机器人上下料流程程序时，需先确定设备调试前的初始状态，确保工业机器人当前姿态在右手系安全点，压装单元的滑台已完成回原点且运动至压装单元的下料工位，SCARA 四轴工业机器人单元的导锥和轮胎仓位上的工件已正确摆放（如图 2-5 所示）。

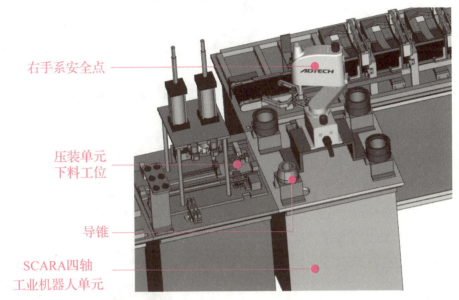

SCARA 工业机器人工件
上下料程序的编写与调试

图 2-5 工业机器人轮胎上下料流程程序调试初始化状态系统图

注意：SCARA 四轴工业机器人的程序需切换至自动模式下运行（手动模式无法启动程序）。

在自动模式下启动程序进行调试时，应设置较低的倍率。以轮胎上料流程程序的调试为例，详细介绍调试工件上下料程序的方法。具体的操作步骤见表。

操作步骤	图示
①SCARA 四轴工业机器人工件上下料的流程程序编写在工程 CPU#1 的 main.AR 中，如右图所示	
②在程序 main.AR 中参照前表的定义完成图示点位的引用（如 local Home_Right=p1）。 建议：变量和引用从程序首行开始进行定义	

续表

操作步骤	图示
③在 CPU#1 的程序中添加主函数"function main"并嵌套调用初始化程序 Initiallize 和流程程序 PGetTire（轮胎的上料） 注意：PGetTire（轮胎的上料）中嵌套调用的各子函数（如 MGetdaozhui）需已添加在 CPU#1 的 main 程序（即 main. AR）中	
④编辑主函数"function main"，完成图示指令语句的编写 功能：工业机器人初始化所有信号输出端口和变量定义值，确认导锥正确放置在单元工位上后，进入使能状态。在使能状态下执行 PGetTire() 的指令语句，执行完后结束程序的运行	
⑤点击保存按钮保存程序后，再点击编译按钮，检查程序的正确性，如右图所示	
⑥将钥匙开关转到_____模式，如右图所示	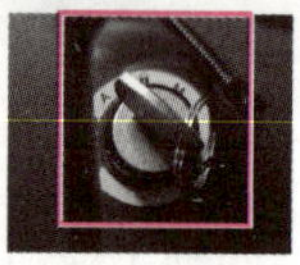
⑦点击图示按钮，逐语句运行程序，以验证并确保程序点位的准确性。可采用此方法完成程序 main. AR 的调试。 注意：程序会从首行开始逐语句运行程序	
⑧为了调试安全考虑，点击倍率键减低运行速度（建议使用____%的倍率）。然后单步运行程序，完成验证后，点击示教盒界面的图示"启动"按钮运行工业机器人程序 注意：自动模式下运行程序的过程中，若突发事件可按下急停开关或停止按钮以防止机器人动作和程序的运行。	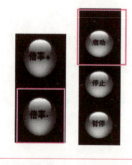

续表

任务评价

1. 任务评价表

评价项目	比例	配分	序号	评价要素	评分标准	自评	教师评价
6S职业素养	30%	30分	①	选用适合的工具实施任务，清理无须使用的工具	未执行扣6分		
			②	合理布置任务所需使用的工具，明确标识	未执行扣6分		
			③	清除工作场所内的脏污，发现设备异常立即记录并处理	未执行扣6分		
			④	规范操作，杜绝安全事故，确保任务实施质量	未执行扣6分		
			⑤	具有团队意识，小组成员分工协作，共同高质量完成任务	未执行扣6分		
典型工艺流程程序开发	70%	70分	①	能使用定时器、信号控制等指令，控制工序运行节奏和各单元间的动作时序（如触发暂停程序的信号）	未掌握扣20分		
			②	能应用通信指令，实现工业机器人与周边设备的协同（如压装单元轮胎上料及压装工艺）	未掌握扣20分		
			③	能使用循环、判断、跳转等指令，实现工业机器人程序的多分支逻辑控制（如压装单元轮胎上料及压装工艺）	未掌握扣20分		
			④	能根据控制要求，进行子程序和中断程序的编制（如压装单元轮胎上料及压装工艺）	未掌握扣10分		
合计							

2. 活动过程评价表

评价指标	评价要素	分数	得分
信息检索	能有效利用网络资源、工作手册查找有效信息；能用自己的语言有条理地去解释、表述所学知识；能将查找到的信息有效转换到工作中	10	

续表

评价指标	评价要素	分数	得分
感知工作	是否熟悉各自的工作岗位，认同工作价值；在工作中，是否获得满足感	10	
参与状态	与教师、同学之间是否相互尊重、理解、平等；与教师、同学之间是否能够保持多向、丰富、适宜的信息交流；探究学习、自主学习不流于形式，处理好合作学习和独立思考的关系，做到有效学习；能提出有意义的问题或能发表个人见解；能按要求正确操作；能够倾听、协作分享	20	
学习方法	工作计划、操作技能是否符合规范要求；是否获得了进一步发展的能力	10	
工作过程	遵守管理规程，操作过程符合现场管理要求；平时上课的出勤情况和每天完成工作任务情况；善于多角度思考问题，能主动发现、提出有价值的问题	15	
思维状态	是否能发现问题、提出问题、分析问题、解决问题	10	
自评反馈	按时按质完成工作任务；较好地掌握了专业知识点；具有较强的信息分析能力和理解能力；具有较为全面严谨的思维能力并能条理明晰表述成文	25	
	总分	100	

任务 2.3 机电集成系统离线仿真

工作站的离线仿真是指在离线编程软件内搭建工作站模型,并根据工艺任务需求进行工艺程序的虚拟仿真,达到优化工业机器人工作路径和程序的目的。本任务以实现汽车轮胎装配分拣案例的典型工作站为例,进行工艺模块单元的建模和工艺模块单元程序的虚拟仿真。

任务页——机电集成系统离线仿真

工作任务	机电集成系统离线仿真	教学模式	理实一体
建议学时	参考学时共 8 学时,其中相关知识学习 4 学时;学员练习 4 学时	需设备、器材	工业机器人集成应用设备,离线仿真软件
任务描述	本任务以实现汽车轮胎装配分拣案例的典型工作站为例,进行工艺模块单元的建模和工艺模块单元程序的虚拟仿真		
职业技能	2.4.1 能导入搬运码垛、焊接、打磨、抛光等典型应用工作站模型。 2.4.2 能按照工作站应用要求,调试工业机器人程序,进行工作站应用的虚拟仿真		

2.3.1 典型工艺应用工作站建模

任务实施

在 PQArt 虚拟仿真软件完成图 2-6 所示典型工作站的布局,可以实现车轮装配及分拣,工作站组件的创建及定义方式参见工业机器人集成应用(中级)的工作站虚拟仿真任务中的方法,典型工作站的搭建流程见下表。

典型工艺应用
工作站建模

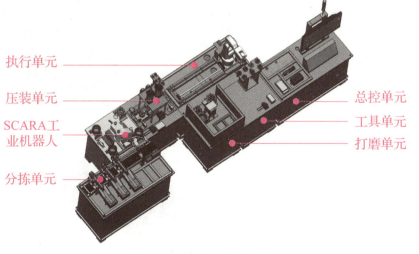

图 2-6 典型工作站布局

续表

操作步骤	图示
①新建工程文件，完成典型工作站各工艺单元模块场景元素（CAD模型）的导入。根据图2-6所示工作站的规划布局，完成图示场景模型的布局	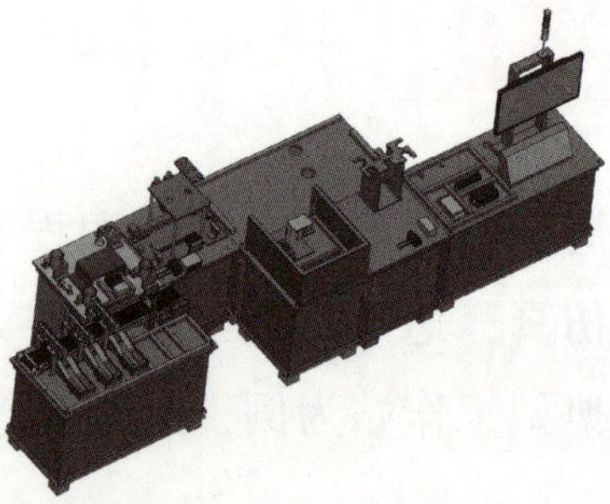
②在图示自定义功能模块中，选择合适的菜单项对典型工作站中的工具、零件、状态机和机构进行定义或导入	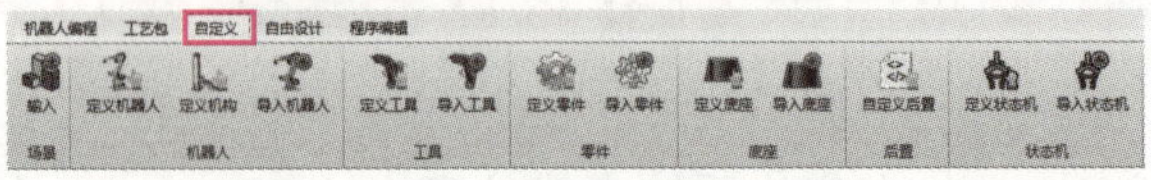
③点击工业机器人编程功能模块的"_____"，完成案例工作站所用工业机器人的下载/插入	
④选择图示SCARA四轴工业机器人进行下载/插入，品牌为_____，型号为_____	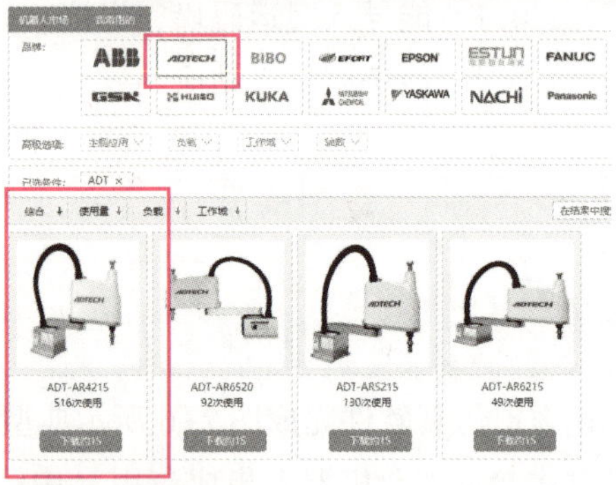
⑤完成图示SCARA四轴工业机器人单元的工作单元的创建。注意：四轴工业机器人末端执行器（夹爪工具）为法兰工具	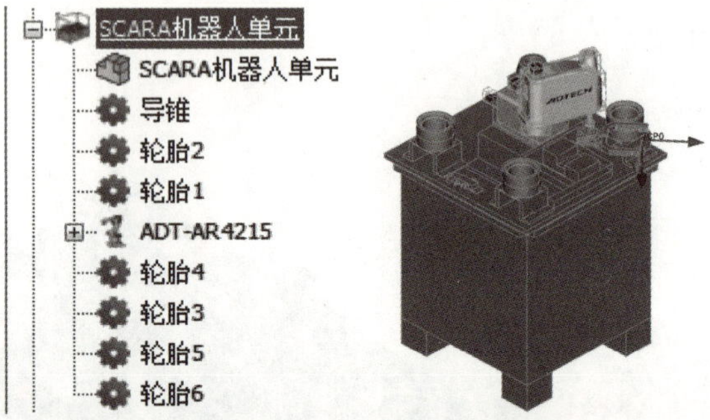
⑥根据工作站实际布局和装配关系，使用三维球移动相应的工作单元完成图示工作站的布局和搭建	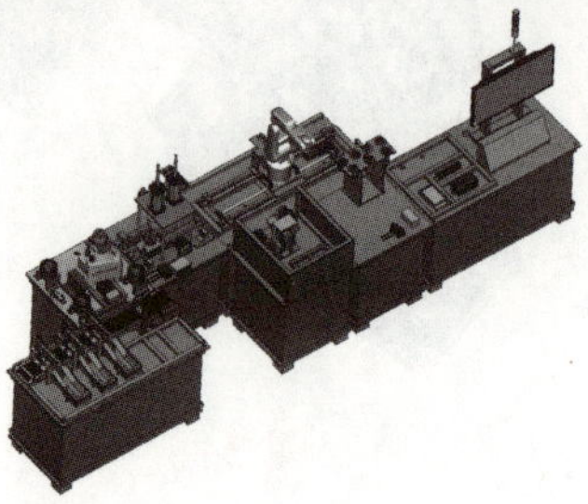

续表

2.3.2 工艺应用程序虚拟仿真

任务实施

首先在虚拟仿真软件 PQArt 中，示教并创建 SCARA 四轴工业机器人的轮胎上料工艺流程的轨迹（工业机器人轨迹+压装单元滑台轨迹）。工业机器人的轮胎上料工艺流程如图 2-7 所示，工艺流程的工作点位如图 2-8 所示。

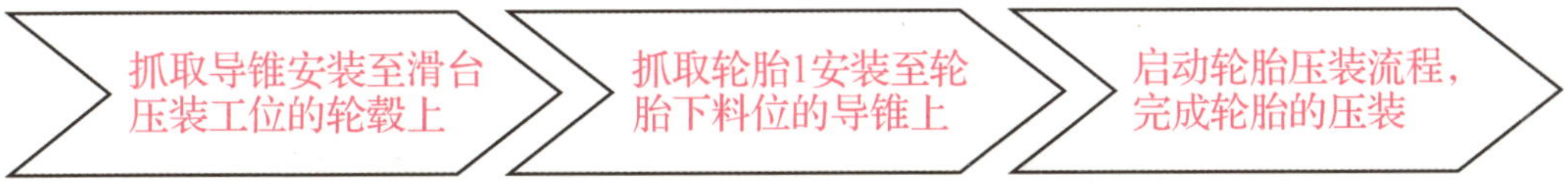

抓取导锥安装至滑台压装工位的轮毂上 ▶ 抓取轮胎1安装至轮胎下料位的导锥上 ▶ 启动轮胎压装流程，完成轮胎的压装

图 2-7 轮胎 1 的上料工艺流程

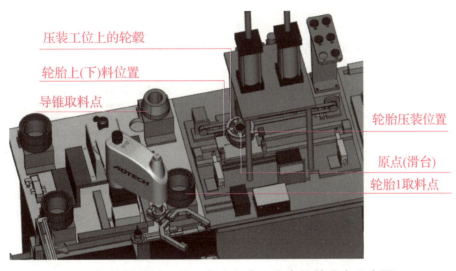

图 2-8 轮胎 1 上料工艺流程中工作点位的分布示意图

在 PQArt 软件中虚拟仿真工艺模块单元程序的方法和步骤见下表。

操作步骤	图示
1) 轮胎上料的离线轨迹（程序"PPutTire"）	
①首先完成压装单元滑台（导轨）轨迹点的添加，如图右所示	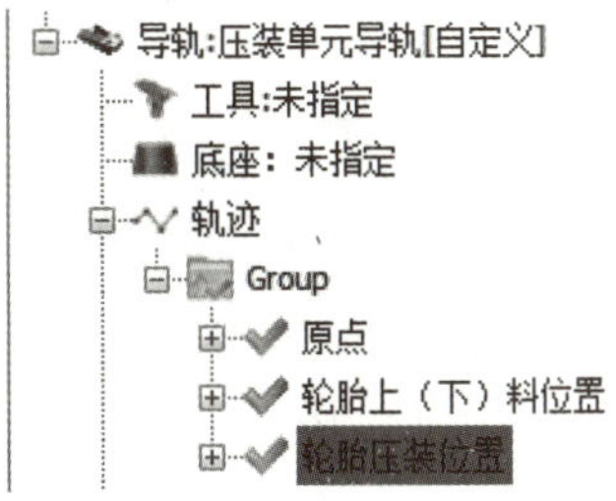
②将压装单元的滑台调节至"＿＿＿＿＿＿＿＿"，然后编辑四轴工业机器人将导锥安装到滑台压装工位的轨迹（即导锥的上料）	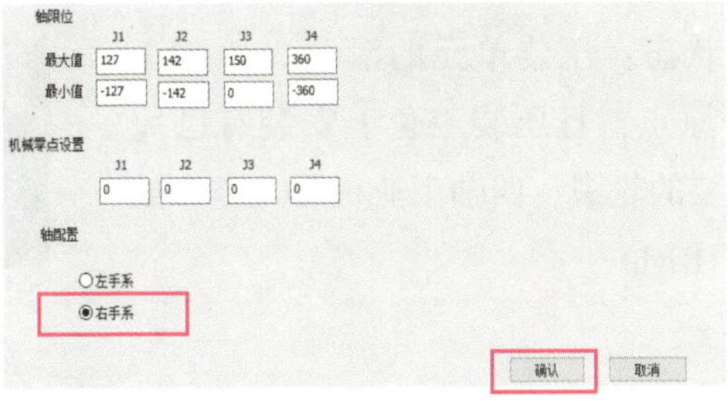

操作步骤	图示
③将工业机器人轴配置设定为"_____系"且完成TCP设置后，进行四轴工业机器人轨迹程序"MGetdaozhui"的创建和示教，实现四轴工业机器人将导锥安装到滑台压装工位	
④工业机器人从右手系安全点运动至轮胎1取料点完成轮胎的取料，示教并创建对应四轴工业机器人取轮胎1的运动轨迹（"MGetluntai"），如右图所示。 注意：轨迹（组）中各点所使用的均是右手系	
⑤工业机器人抓取轮胎1从右手系安全点运动至滑台压装工位并将轮胎安装到导锥上，示教并创建对应四轴工业机器人的运动轨迹（"MPutluntai"），如右图所示	
⑥到此已完成轮胎的上料程序对应的轮胎1上料工艺流程中所涉及离线轨迹的示教和创建	

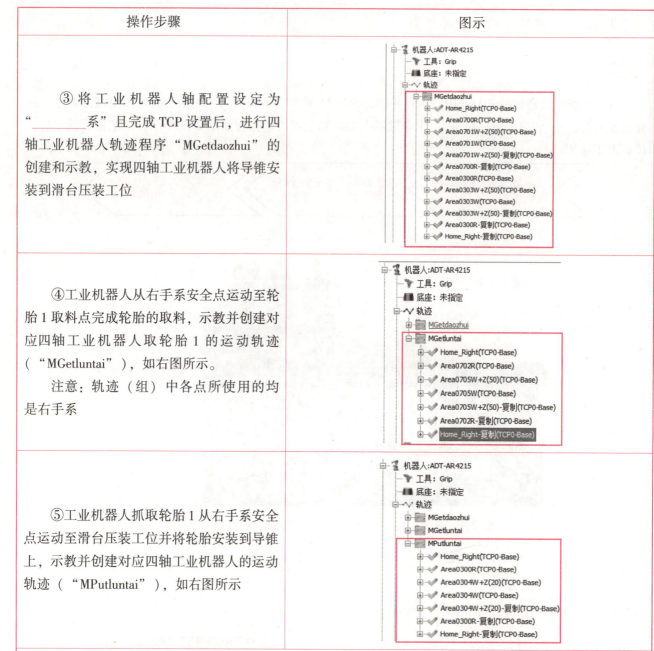

2）轮胎1上料工艺流程仿真事件的添加

①在完成轨迹的创建和示教后，根据上料工艺流程的应用需求进行仿真事件/自定义事件的添加。

起始状态：压装单元的滑台（压装工位）处于原点，且压装工位上安装有已完成车标压装的轮毂；四轴工业机器人姿态处于Home_Right

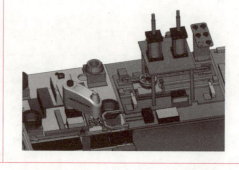

SCARA 工业机器人
轮胎的上料流程
虚拟仿真

续表

操作步骤	图示
②在案例工艺流程中已完成车标压装的轮毂与压装单元的滑台要实现_____，则需先轮毂抓取芯片，再由压装单元导轨抓取轮毂	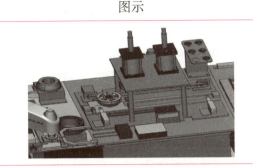
③参照图示工业机器人在 Home_Right 起始状态的逻辑，完成对应仿真事件的添加	
④在轨迹（组）"MGetdaozhui"的 Home_Right 添加图示仿真事件（均为点后执行），实现四轴工业机器人起始状态的仿真。 功能：工业机器人发送信号：____告知压装单元导轨运动至原点，并等待压装单元导轨运动到位的信号（即图示中的压装单元导轨发送 0）	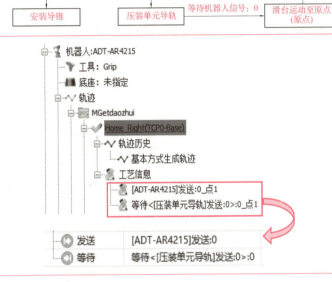
⑤然后在压装单元导轨的轨迹"_____"上添加图示仿真事件，实现滑台起始状态的仿真。 功能：压装单元导轨接收到工业机器人发送信号：0 后滑台运动至原点，并在运动到位后发送信号：0。 注意：图示中添加的等待事件是点前执行	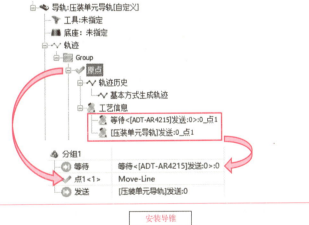
⑥参照图示安装导锥流程的逻辑，完成对应仿真事件的添加	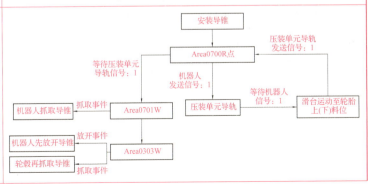

续表

操作步骤	图示
⑦轨迹"MGetdaozhui"的Area0700R轨迹点添加的仿真事件（均为点后执行），如右图所示。 功能：工业机器人发送信号：1告知压装单元导轨运动至轮胎上（下）料位，并等待压装单元导轨发送信号：1（即图示中的压装单元导轨发送：1）	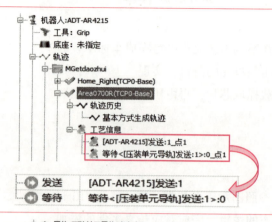
⑧在压装单元导轨的"轮胎上（下）料位置"轨迹点上添加的仿真事件，如右图所示。 功能：压装单元导轨接收到工业机器人发送信号：＿＿后运动至轮胎上（下）料位，并在运动到位后发送信号：＿＿。 注意：图示中添加的等待事件是点前执行	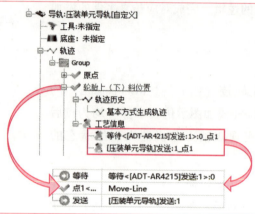
⑨轨迹点"Area0701W"上添加图示仿真事件，实现导锥的抓取。 注意：放开/抓取事件的添加须运动至对应的放开/抓取点后，再在对应的放开/抓取点上进行添加	
⑩轨迹点"Area0303W"上添加图示仿真事件（均为点后执行），功能：先让四轴工业机器人放开＿＿，再由轮毂抓取导锥，进而实现导锥的安装	

续表

操作步骤	图示
⑪参照图示轮胎1安装至导锥流程的逻辑，完成对应仿真事件的添加	
⑫轨迹点"Area0705W"上添加图示仿真事件，实现轮胎1的抓取。 注意：放开/抓取事件的添加须运动至对应的放开/抓取点后，再在对应的放开/抓取点上进行添加	
⑬轨迹点"Area0304W"上添加图示仿真事件（均为点后执行），功能：先让四轴工业机器人放开轮胎1，再由导锥抓取轮胎1完成轮胎1安装至导锥的动作	
⑭参照图示启动轮胎压装流程的逻辑，完成对应仿真事件的添加	
⑮在压装单元导轨的"_____ _____"轨迹点上添加的仿真事件，如右图所示。 功能实现：接收到工业机器人发送信号：2后，滑台运动至轮胎压装位置。 注意：图示中添加的等待事件是点前执行	

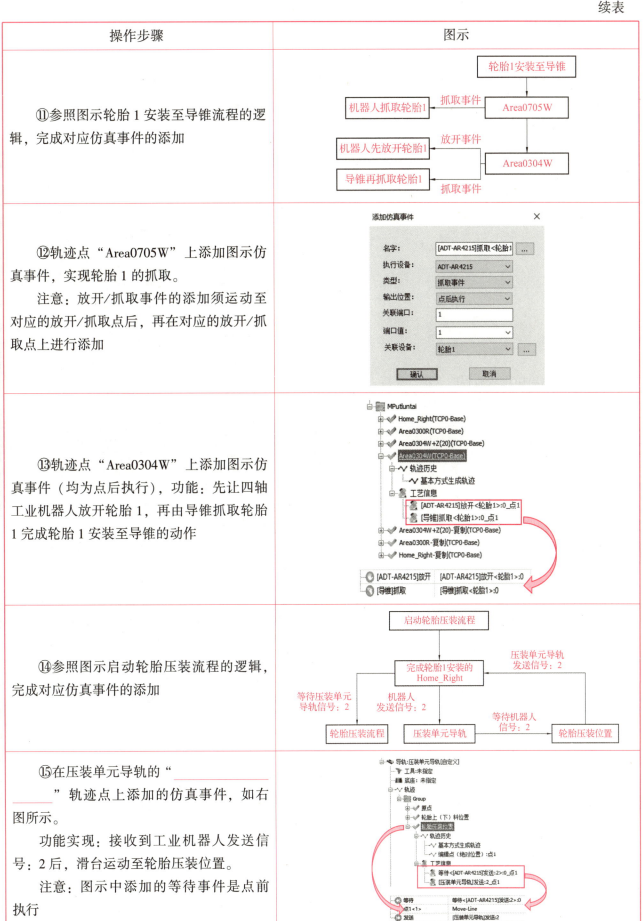

操作步骤	图示
⑯在轨迹（组）"MPutluntai"的"Home_Right-复制"点添加图示仿真事件（均为点后执行），功能：四轴工业机器人接收到压装单元导轨信号：2后执行轮胎压装流程	
⑰参照图示轮胎压装流程的逻辑，完成对应仿真事件和自定义事件的添加	
⑱在轨迹（组）"MPutluntai"的"Home_Right-复制"点添加图示仿真事件和自定义事件，功能：四轴工业机器人在完成轮胎1安装至_____的Home_Right点执行轮胎压装流程，完成轮胎的压装	
⑲完成编译后点击图示仿真按钮进行仿真。参照机电集成应用（中级）介绍的工业机器人运动轨迹的优化方法，完成工艺模块单元程序对应轨迹的优化	

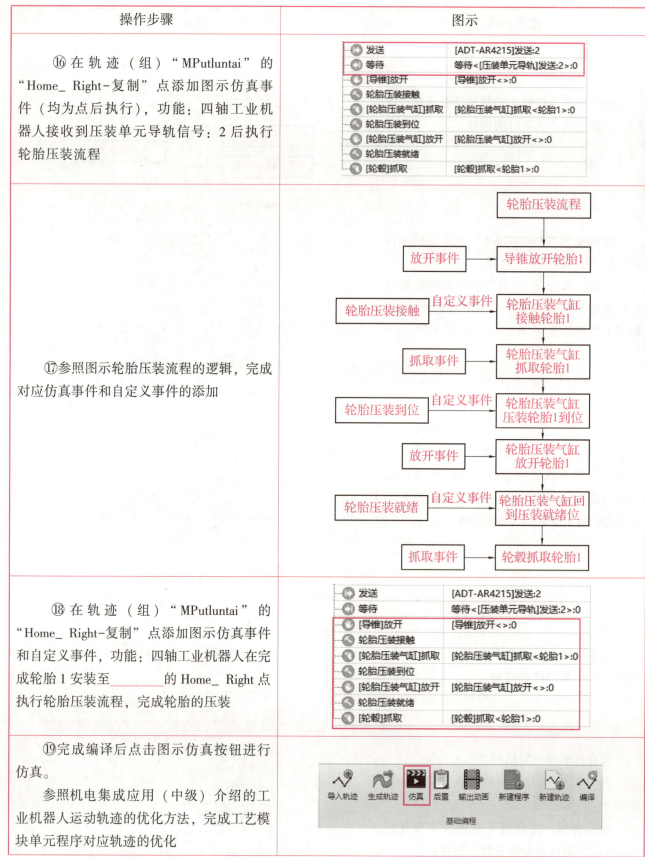

续表

任务评价

1. 任务评价表

评价项目	比例	配分	序号	评价要素	评分标准	自评	教师评价
6S职业素养	30%	30分	①	选用适合的工具实施任务，清理无须使用的工具	未执行扣6分		
			②	合理布置任务所需使用的工具，明确标识	未执行扣6分		
			③	清除工作场所内的脏污，发现设备异常立即记录并处理	未执行扣6分		
			④	规范操作，杜绝安全事故，确保任务实施质量	未执行扣6分		
			⑤	具有团队意识，小组成员分工协作，共同高质量完成任务	未执行扣6分		
机电集成系统离线仿真	70%	70分	①	能导入搬运码垛、焊接、打磨、抛光等典型应用工作站模型（如汽车轮胎装配分拣案例）	未掌握扣35分		
			②	能按照工作站应用要求，调试工业机器人程序，进行工作站应用的虚拟仿真（如汽车轮胎装配分拣案例）	未掌握扣35分		
合计							

2. 活动过程评价表

评价指标	评价要素	分数	得分
信息检索	能有效利用网络资源、工作手册查找有效信息；能用自己的语言有条理地去解释、表述所学知识；能将查找到的信息有效转换到工作中	10	
感知工作	是否熟悉各自的工作岗位，认同工作价值；在工作中，是否获得满足感	10	
参与状态	与教师、同学之间是否相互尊重、理解、平等；与教师、同学之间是否能够保持多向、丰富、适宜的信息交流；探究学习、自主学习不流于形式，处理好合作学习和独立思考的关系，做到有效学习；能提出有意义的问题或能发表个人见解；能按要求正确操作；能够倾听、协作分享	20	
学习方法	工作计划、操作技能是否符合规范要求；是否获得了进一步发展的能力	10	

续表

评价指标	评价要素	分数	得分
工作过程	遵守管理规程，操作过程符合现场管理要求；平时上课的出勤情况和每天完成工作任务情况；善于多角度思考问题，能主动发现、提出有价值的问题	15	
思维状态	是否能发现问题、提出问题、分析问题、解决问题	10	
自评反馈	按时按质完成工作任务；较好地掌握了专业知识点；具有较强的信息分析能力和理解能力；具有较为全面严谨的思维能力并能条理明晰表述成文	25	
总分		100	

项目评测

项目二　工业机器人系统程序开发工作页

项目知识测试

一、单选题

1. SCARA 四轴工业机器人的钥匙开关可用于自动、锁定和（　　）三种模式的切换。
   A. 急停　　　　　　B. 运行　　　　　　C. 手动　　　　　　D. 暂停

2. 三档位开关用于在手动模式下给工业机器人启动使能，轻触压至二档可以使电机使能（　　）。
   A. 关闭　　　　　　B. 急停报警　　　　C. 复位　　　　　　D. 开启

3. 下列哪个指令不属于 SCARA 四轴工业机器人的基本运动指令（　　）。
   A. MovP　　　　　　B. MovL　　　　　　C. AccJ　　　　　　D. MSpline

4. SCARA 四轴工业机器人中，（　　）是圆弧运动指令。
   A. MArc　　　　　　B. Mcircle　　　　　C. MArchP　　　　　D. MSpline

5. TireNumber=DI（{3,4,5}），变量 TireNumber 取值范围（　　）。
   A. ON 和 OFF　　　　　　　　　　　　　　B. 1 到 8
   C. 0 到 7　　　　　　　　　　　　　　　　D. TRUE 和 FALSE

二、多选题

1. SCARA 四轴工业机器人的运行模式有（　　）。
   A. 锁定模式　　　　B. 自动模式　　　　C. 手动模式　　　　D. 暂停模式

2. 在手动运行模式下，SCARA 四轴工业机器人又可细分为（　　）和使能模式。
   A. 非使能模式　　　B. 报警模式　　　　C. 暂停模式　　　　D. 轻拽模式

3. SCARA 四轴工业机器人的运动方式有（　　）。
   A. 点到点方式　　　B. 关节移动方式　　C. 直线方式　　　　D. 曲线方式

4. 关于 Delay 指令，下列说法正确的有（　　）。
   A. Delay 延时指令的单位为毫秒　　　　　B. Delay 延时指令的单位为秒
   C. Delay（1000）指延时 1 秒　　　　　　D. Delay（1）指延时 1 秒

5. SCARA 四轴工业机器人点到点方式运动指令有（　　）。
   A. MovPR　　　　　B. MovJ　　　　　　C. MovLR　　　　　D. MovP

三、判断题

1. 在工业机器人编程中，虽然时间等待指令和事件等待指令功能不同，但是在某些场合下可以相互替代。（　　）

2. 在工业机器人低优先级中断程序的执行过程中，即使高优先级的中断源出现，也不能终止当前程序的执行。（　　）

3. 视觉检测系统可以将工件的颜色、条码、尺寸、形状等要素转化为相关数据，并利用该数据来控制工业机器人运行相关的任务流程。（　　）

4. 通用型工业机器人仿真软件 PQArt 可以在仿真过程中优化机器人的运动姿态，并自动生成运动轨迹的程序数据。（　　）

续表

 职业技能测试

工业机器人系统程序开发

1. 中断程序开发

要求：当光栅被遮挡时将触发 SCARA 四轴工业机器人安全机制，SCARA 四轴工业机器人程序运行暂停且工业机器人进入运动停止状态。

2. 工业机器人与外部设备通信规划

要求：当 PLC 控制压装单元完成车标压装流程，压装工位处于压装单元的正限位后，发送允许进入冲压放料信号；SCARA 四轴工业机器人在收到允许进入冲压放料信号后进行轮胎的放料，并在完成放料后发送冲压放料完成信号。PLC 在收到 SCARA 四轴工业机器人冲压放料完成信号后，控制压装单元完成轮胎的压装。完成轮胎压装的压装工位处于压装单元的正限位后，由 PLC 发送允许进入冲压取料信号；SCARA 四轴工业机器人在收到允许进入冲压取料信号后进行车轮的取料，并在完成取料后发送冲压取料完成信号。SCARA 四轴工业机器人再将完成压装的车轮搬运至安全点位。

项目三

机电集成系统周边设备程序开发

项目导言

本项目分别通过执行单元伺服滑台控制、压装单元定点运动控制、分拣单元基于电子标签的分拣和 SCARA 四轴工业机器人单元轮胎仓位选择的生产案例,执行 PLC 程序规划及编制、人机交互(HMI)方案规划及编程、视觉检测方案与模板制作等工作过程,其核心目标是根据集成系统的功能需求,针对性地开发适用的程序,使各模块单元实现预期功能。

工业机器人集成应用职业等级标准对照表

	工作领域	工业机器人系统程序开发			
项目实施	工作任务	PLC 控制程序开发		人机交互程序及视觉检测程序开发	
	任务分解	PLC 程序结构规划	PLC 程序编制	工作站人机交互方案规划与编程	轮毂视觉检测方案规划与模板制作
	职业能力	3.2.1 能编制典型工艺任务的 PLC 控制程序。 3.2.2 能编制典型工艺任务的人机交互程序。 3.2.3 能进行传感器参数配置,完成数据信息采集。 3.2.4 能编制典型工艺设备协同运行程序。 3.3.1 能识别工件颜色、条码、尺寸和形状。 3.3.2 能确定静态物件的坐标位置			

任务 3.1　PLC 控制程序开发

可编程逻辑控制器（PLC）是工业机器人集成系统中最常用到的设备之一，可以实现集成系统中各模块的密切合作。本任务以西门子 S7-1200 系列 PLC 为对象，基于智能制造单元系统集成应用平台结合执行单元伺服滑台控制、压装单元定点运动控制、分拣单元基于电子标签的分拣和 SCARA 四轴工业机器人单元轮胎仓位选择生产案例开发 PLC 控制程序。

任务页——PLC 控制程序开发

工作任务	PLC 控制程序开发	教学模式	理实一体
建议学时	参考学时共 12 学时，其中相关知识学习 6 学时；学员练习 6 学时	需设备、器材	工业机器人集成应用平台、博途软件
任务描述	本任务以西门子 S7-1200 系列 PLC 为对象，基于智能制造单元系统集成应用平台结合执行单元伺服滑台控制、压装单元定点运动控制、分拣单元基于电子标签的分拣和 SCARA 四轴工业机器人单元轮胎仓位选择生产案例开发 PLC 控制程序		
职业技能	2.2.1　能编制典型工艺任务的 PLC 控制程序。 2.2.2　能编制典型工艺任务的人机交互程序。 2.2.3　能进行传感器参数配置，完成数据信息采集。 2.2.4　能编制典型工艺设备协同运行程序		

3.1.1　PLC 程序结构规划

任务实施

智能制造单元系统集成应用平台的总控单元配备有两个带有 PROFINET 网口的 S7-1200 系列 PLC（后文统称为 PLC1、PLC2）和以太网交换机，执行单元单独配备了一个 S7-1200 系列的 PLC（后文统称为 PLC3）。任务案例中，仅使用了 PLC3，对应智能制造单元系统集成应用平台的通信关系如图 3-1 所示。

续表

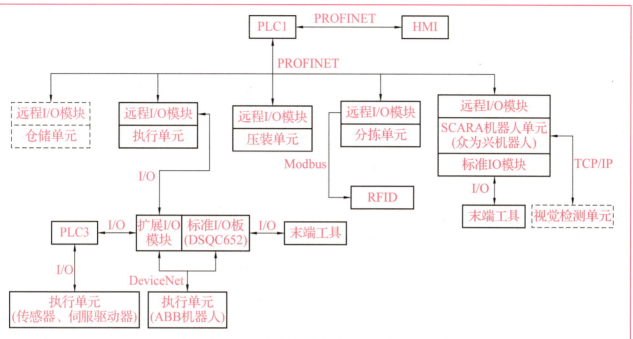

图 3-1　智能制造单元系统集成应用平台的通信关系

1. 程序功能规划

根据生产任务需求进行案例 PLC 程序的编制，可实现对执行单元伺服滑台的控制、压装单元压装流程的控制、分拣单元分拣流程的控制，具体控制程序功能如下：

1）执行单元伺服滑台控制程序

执行单元的 PLC 程序应包含以下基本功能：可以设定伺服滑台_____、设定伺服滑台_____、控制伺服滑台的移动方向（伺服电机正转或反转）以及伺服滑台运行模式（自动模式/手动模式）的切换。自动模式下，在指定移动速度和位置后，伺服滑台按指定速度自动运行到指定位置。手动模式下，可以控制伺服滑台的移动方向，可以控制伺服滑台回原点以及实现伺服滑台运行模式的切换。

在进行 PLC 程序编写时，需要根据智能制造单元系统集成应用平台电路图上的硬件 I/O 信号地址以及实际的编程需求建立相应的输入/输出信号变量表。案例中执行单元伺服滑台控制程序中需使用的 PLC 输入/输出信号见下表。

续表

硬件设备	PLC I/O 点	信号名称（功能描述）	对应硬件
PLC 输入			
执行单元 PLC3-S7 1212 板载数字量输入	I0.0	滑台正极限	传感器
	I0.1	滑台原点	
	I0.2	滑台负极限	
	I0.3	伺服动作完成	伺服驱动器
	I0.4	伺服准备就绪	
	I0.5	伺服报警	
	I8.0~I9.1	工业机器人底座位置	ABB IRB 120 工业机器人
	I9.2	伺服回原点	
	I9.3	伺服正转	
	I9.4	伺服反转	
	I9.5	伺服定位使能	
	I9.6	伺服停止	
执行单元 PLC3-S7 1212 板载模拟量输入	IW64	速度输入	
PLC 输出			
执行单元 PLC3-S7 1212 板载数字量输出	Q0.0	伺服脉冲	伺服驱动器
	Q0.1	伺服方向	
	Q0.2	伺服复位	
	Q0.3	伺服启动	
	Q0.4	滑台到位	ABB IRB 120 工业机器人

2）压装单元流程控制程序

压装单元的 PLC 程序应包含以下基本功能：可以控制压装工位（即滑台）的运动方向和定点目标位置。压装单元工位有四个，如图 3-2 所示，分别为上料工位（负极限位）、车标位、轮胎位和正极限位。压装单元步进电机回到原点时，压装工位处于原点位置即正极限位与轮胎位之间的位置。

PLC 接收到 ABB 工业机器人发送的信号（如 ToPDigHubSlide1）后，压装滑台运动至　　　　；PLC 接收到 ABB 工业机器人发送的信号（如 ToPDigRequestPress）后，控制压装单元完成　　　　。

完成车标压装后，PLC 控制压装工位运动至压装单元的正限位；压装工位运动到位后，由 PLC 发送　　　　信号至 SCARA 四轴工业机器人，SCARA 四轴工业机器人在收到允许进入冲压放料信号后执行轮胎的放料，并在完成放料后发送　　　　信号至 PLC。

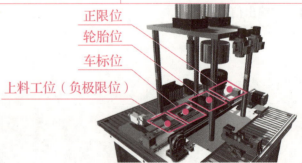

图 3-2 压装单元工位

续表

当 PLC 收到 SCARA 四轴工业机器人发送的＿＿＿＿＿＿后，控制压装工位运动至轮胎压装工位完成轮胎的压装，完成轮胎压装后压装工位运动至压装单元的正限位；压装工位运动到位后，由 PLC 发送＿＿＿＿＿＿信号至 SCARA 四轴工业机器人；SCARA 四轴工业机器人接收到允许进入冲压取料信号后进行轮胎的取料，并在完成取料后发送冲压取料完成信号至 PLC。

在进行 PLC 程序编写时，需要根据案例工作站电路图上的硬件 I/O 信号地址以及实际的编程需求建立相应的输入/输出信号变量表。案例压装单元 PLC 输入/输出信号见下表。

硬件设备	PLC I/O 点	（信号名称）功能描述	对应硬件
PLC 输入			
PLC1-S7 1212 板载数字量输入	I100.5	步进电机原点	压装单元步进电机
	I100.7	步进电机报警	
PLC1 数字量输入模块（压装 No.1-FR1108）	I40.0	步进输送产品检知	＿＿＿
	I40.1	压装车标气缸上到位	磁性开关
	I40.2	压装轮胎气缸上到位	磁性开关
	I40.3	压力传感报警	＿＿＿
	I40.4	步进（压装工位）正极限	行程开关
	I40.5	步进（压装工位）负极限	
PLC1 数字量输入模块（压装 No.2-FR1108）	I41.0	压装车标气缸下到位	磁性开关
	I41.1	压装轮胎气缸下到位	磁性开关
PLC1 数字量输入模块（SCARA 四轴工业机器人 No.1-FR1108）	I50.0	冲压放料完成	SCARA 四轴工业机器人
	I50.1	冲压取料完成	
PLC 输出			
PLC1-S7 1212 板载数字量输出	Q100.4	步进电机脉冲（PULSE）	压装单元步进电机
	Q100.5	步进电机方向（DIR）	
PLC1 数字量输出模块（压装 No.3-FR2108）	Q40.0	压装车标气缸下位	
	Q40.1	压装车标气缸上位	
	Q40.2	压装轮胎气缸下位	
	Q40.3	压装轮胎气缸上位	
PLC1 数字量输出模块（SCARA 四轴工业机器人 No.2-FR2108）	Q50.0	允许进入冲压放料	SCARA 四轴工业机器人
	Q50.1	允许进入冲压放料	

3）分拣单元流程控制程序

分拣单元的 PLC 程序应包含以下基本功能：分拣单元传动带起始端的传感器检测到轮胎（轮毂）后，RFID 进行车标芯片信息的读取，分拣单元根据 RFID 信息读取结果进行分拣。车标芯片对应 6 种车标写入信息，PLC 对读取到的车标信息数值进行对 3 的取余运算，取余后的结果值 0、1、2 分别对应分拣单元的 1 号分拣道口、2 号分拣道口和 3 号分拣道口。

在手动模式下，可通过触摸屏（HMI）实现车标芯片信息的读取和写入功能，控制传送带的启停等。另外，分拣单元传送带的启动还能由SCARA四轴工业机器人单元I50.2（即分拣放料完成）触发。

车标名称	车标信息	分拣道口号（对3取余）
宝马	1	2
奔驰	2	3
奥迪	3	1
红旗	4	2
比亚迪	5	3
吉利	6	1

在进行PLC程序编写时，需要根据案例工作站电路图上的硬件I/O信号地址以及实际的编程需求建立相应的输入/输出信号变量表。案例分拣单元PLC输入/输出信号见下表。

硬件设备	PLC I/O 点	（信号名称）功能描述	对应硬件
PLC输入			
PLC1 数字量输入模块（分拣 No.1-FR1108）	I10.0	传送起始产品检知	___开关
	I10.1	1号分拣传送带到位检知	
	I10.2	2号分拣传送带到位检知	
	I10.3	3号分拣传送带到位检知	
	I10.4	1号分拣道口产品检知	
	I10.5	2号分拣道口产品检知	
	I10.6	3号分拣道口产品检知	
	I10.7	1号分拣机构推出到位	
PLC1 数字量输入模块（分拣 No.2-FR1108）	I11.0	1号分拣机构升降到位	___开关
	I11.1	2号分拣机构推出到位	
	I11.2	2号分拣机构升降到位	
	I11.3	3号分拣机构推出到位	
	I11.4	3号分拣机构升降到位	
	I11.5	1号分拣道口定位到位	
	I11.6	2号分拣道口定位到位	
	I11.7	3号分拣道口定位到位	
PLC1 数字量输入模块（分拣 No.3-FR1108）	I12.0	步进电机故障	___

续表

硬件设备	PLC I/O 点	（信号名称）功能描述	对应硬件
PLC 输出			
PLC1 数字量输出模块（分拣 No.4-FR2108）	Q10.0	1 号分拣机构推出气缸	气缸电磁阀
	Q10.1	1 号分拣机构升降气缸	
	Q10.2	2 号分拣机构推出气缸	
	Q10.3	2 号分拣机构升降气缸	
	Q10.4	3 号分拣机构推出气缸	
	Q10.5	3 号分拣机构升降气缸	
	Q10.6	1 号分拣道口定位气缸	
	Q10.7	2 号分拣道口定位气缸	
PLC1 数字量输出模块（分拣 No.5-FR2108）	Q11.0	3 号分拣道口定位气缸	
	Q11.1	传送带驱动电机启动	

4）SCARA 四轴工业机器人单元轮胎仓位选择程序

SCARA 四轴工业机器人单元（图 3-3）的 PLC 程序应包含以下基本功能：将在人机交互界面选择的取轮胎仓位信息反馈给四轴工业机器人。在进行 PLC 程序编写时，需要根据案例工作站电路图上的硬件 I/O 信号地址以及实际的编程需求建立相应的输入/输出信号变量表。案例工作站 SCARA 四轴工业机器人单元 PLC 输入/输出信号见下表。

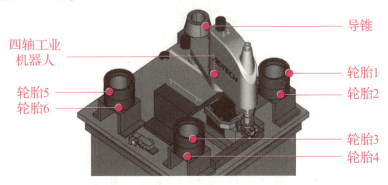

图 3-3　SCARA 四轴工业机器人单元

硬件设备	PLC I/O 点	（信号名称）功能描述	对应硬件
PLC 输入			
PLC1 数字量输入模块（SCARA 四轴工业机器人 No.1 FR1118）	I50.0	冲压放料完成	SCARA 四轴工业机器人
	I50.1	冲压取料完成	
	I50.2	分拣放料完成	
	I50.3	CCD 检测结果	

续表

硬件设备	PLC I/O 点	（信号名称）功能描述	对应硬件
PLC 输出			
PLC1 数字量输出模块（SCARA 四轴工业机器人 No. 2 FR2108）	Q50.0	允许进入冲压放料	SCARA 四轴工业机器人
	Q50.1	允许进入冲压取料	
	Q50.2　Q50.3　Q50.4	取轮胎的仓位（值为 0 时，取轮胎 1；值为 1 时，取轮胎 2；值为 2 时，取轮胎 3；值为 3 时，取轮胎 4；值为 4 时，取轮胎 5；值为 5 时，取轮胎 6。）	
	Q50.5	暂停 SCARA 四轴工业机器人程序	

2. PLC 程序结构规划

根据案例工业机器人集成系统中 PLC 与外部设备的通信关系以及控制流程要求，规划 PLC 程序的结构如图 3-4 所示。

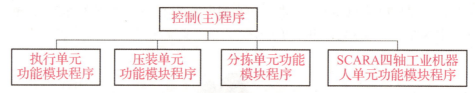

图 3-4　规划 PLC 程序结构

案例工业机器人集成系统中使用的 PLC 均是 S7-1200 系列的 CPU，在进行 PLC 程序的编制过程中推荐采用结构化编程的概念。将不同的程序规划成＿＿或＿＿块（函数块），然后在 OB1 块中反复嵌套调用函数块，开发高效整洁且易读的程序。

根据工作站通信关系分析可知，压装单元、分拣单元和 SCARA 四轴工业机器人单元的功能模块程序应在 PLC1 的 OB1 块（即 Main）中嵌套调用；执行单元功能模块程序是控制伺服滑台运动的，故应在 PLC3 的 OB1 块中调用。案例规划 PLC1 和 PLC3 的程序结构，如图 3-5 所示。

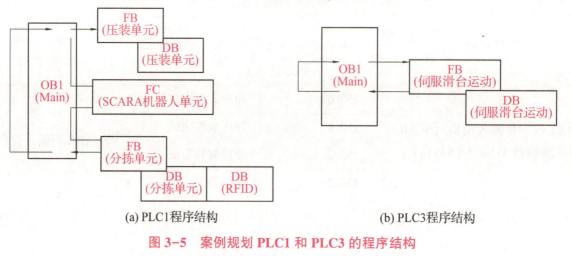

(a) PLC1 程序结构　　　　　　　　(b) PLC3 程序结构

图 3-5　案例规划 PLC1 和 PLC3 的程序结构

续表

3.1.2　PLC 程序编制

任务实施

1. PLC 硬件组态

在 PLC 编程软件"＿＿＿＿＿＿"中进行 PLC 编程，应根据设备实际硬件配置正确的组态。下面重点介绍执行单元（PLC3）的硬件组态，执行单元 PLC（PLC3）用于控制伺服滑台的运动，其 CPU 与数字量输入模块如图 3-6 所示。

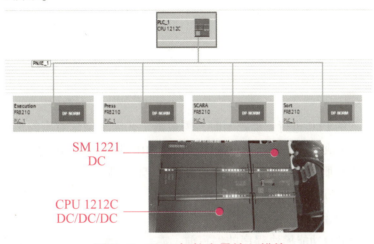

图 3-6　CPU 与数字量输入模块

操作步骤	图示
①打开完成 PLC3 网络组态的项目文件，添加与硬件设备一致的执行单元 PLC 设备以及数字量输入模块。 PLC 选择 CPU 1212C DC/DC/DC，订货尾号为 40-0XB0；数字量输入模块选择 6ES7 221-1BH32-0XB0	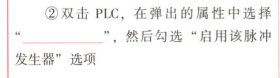
②双击 PLC，在弹出的属性中选择"＿＿＿＿＿＿"，然后勾选"启用该脉冲发生器"选项	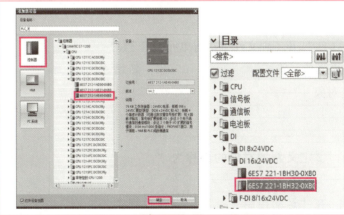

续表

操作步骤	图示
③选择信号类型为"_____", 硬件脉冲输出为 Q0.0, 方向输出为 Q0.1, 完成 PLC3 硬件组态	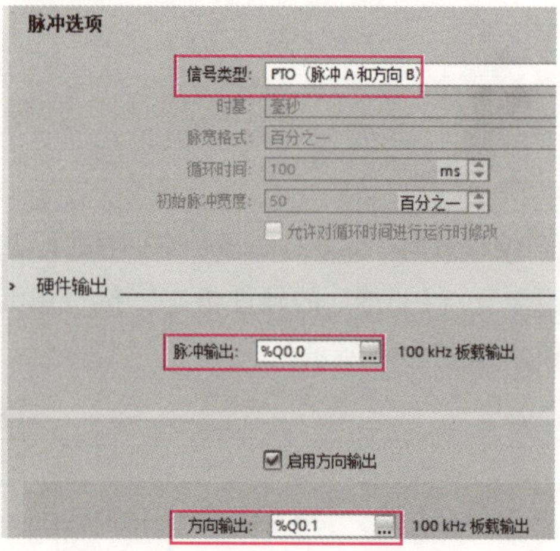

2. 功能模块程序编写

使用的 S7-1200 系列的 PLC 进行运动控制时，需根据工艺需求创建对应的工艺对象并完成工艺参数的组态。案例工业机器人集成系统中伺服滑台的运动控制和压装单元移动滑台的运动控制均采用了工艺对象"_____"实现伺服滑台和压装单元移动滑台的定位控制。

1) 执行单元功能模块程序（伺服滑台的控制）

（1）伺服滑台工艺参数组态。

在进行执行单元伺服滑台功能模块程序的编写前，需完成伺服滑台（轴）工艺参数的组态，详细步骤见下表。

操作步骤	图示
①打开工程文件中执行单元展开 PLC_3 的菜单，点击"_____"，新增工艺对象	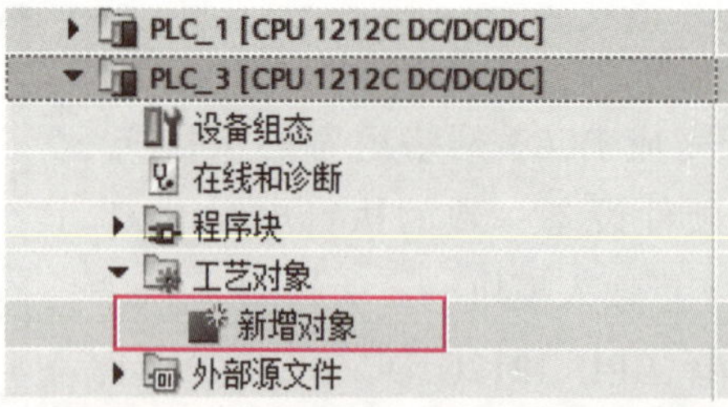
②定义新增对象的名称为"_____"。在"运动控制"选项中设置控制类型为"TO_PositioningAxis"	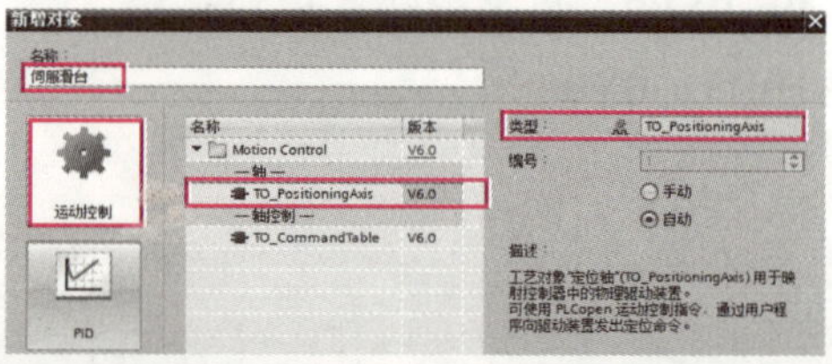
③在新增工艺对象的功能图界面中，设置驱动器为_____，测量单位为 mm	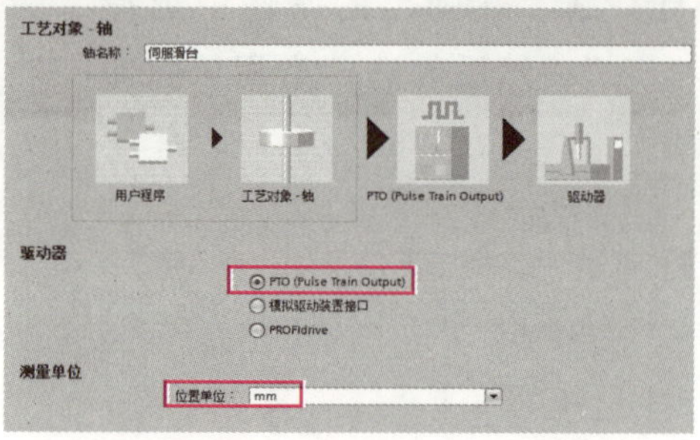

续表

操作步骤	图示
④在驱动器设置界面中，设置脉冲发生器为 Pulse_1，信号类型为 PTO（脉冲 A 和方向 B）。 根据前表案例工作站执行单元伺服滑台 PLC 输入/输出信号表的定义，脉冲输出和方向输出分别设定为 Q0.0 和 Q0.1，使能输出的端口为 Q0.3，就绪输入的端口为 I0.4（如右图所示）	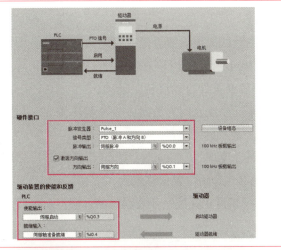
⑤在扩展参数—机械参数设置界面中，设置电机每转的脉冲数为_____，电机每转的负载位移为_____ mm，所允许的旋转方向为双向即默认值，如右图所示	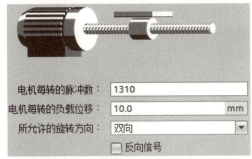
⑥在位置限制参数设置界面，勾选"_____"，设置下限位开关输入为 I0.2、上限位开关输入为 I0.0，两者电平均为低电平，如右图所示	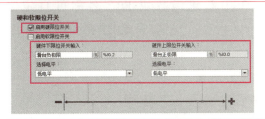
⑦在动态—常规参数设置界面中，设置速度限值单位为 mm/s、最大转速 25 mm/s 以及加/减速时间 0.2 s，系统将自动计算出_____和_____。 注意：案例伺服滑台的最大速度设定为 25 mm/s	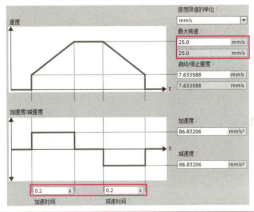
⑧在急停参数设置界面，确认急停最大转速为 25 mm/s，设置急停时间为 0.1 s，系统将自动计算出_____减速度（如右图所示）	

续表

操作步骤	图示
⑨在主动回原点设置界面，设置输入原点开关为 I0.1，设置电平为高电平，勾选"允许硬限位开关处自动反转"选项； 设置逼近原点方向为负向，参考点开关设为上侧； 设置逼近速度____mm/s，回原点速度为____mm/s，起始位置偏移量为____。 注意："回原点速度"不宜设置的过快。	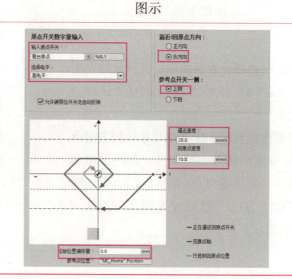

（2）伺服滑台控制程序编制。

完成伺服滑台工艺参数组态后，根据伺服滑台控制需求进行 PLC 程序的编制，具体步骤见下表。

操作步骤	图示
①在工作站工程文件的项目树中展开设备 PLC_3，在 PLC_3 中新建函数块 FB，名称可自定义为"_____"，完成设置后单击"确定"	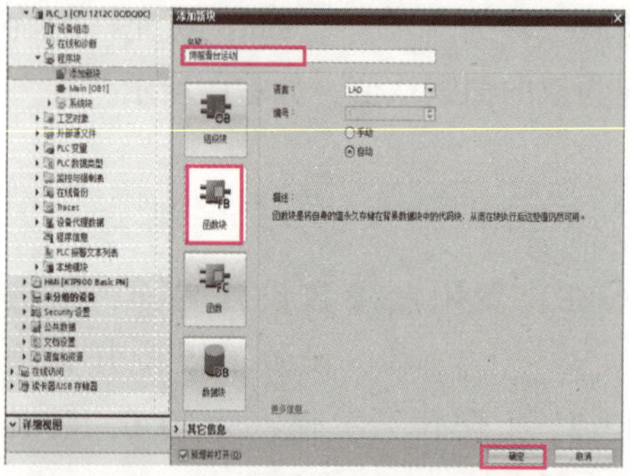
②确认已启用系统存储器和时钟存储器，以便在后续编程过程中使用（如右图所示）	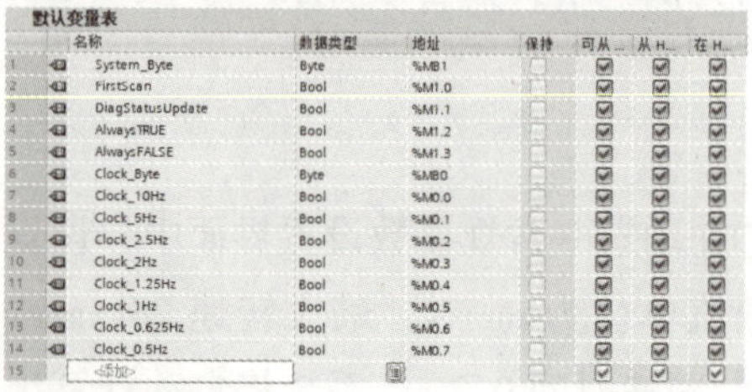
③根据执行单元伺服滑台的输入/输出信号表，建立图示的输入/输出变量表	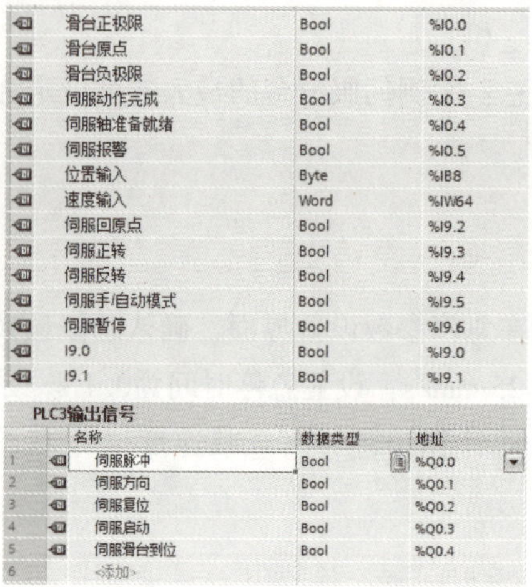

续表

操作步骤	图示
④编程过程中为满足功能需求，还会在同一个变量表中建立____变量，以便查看并避免重复占用。 如右图所示为伺服滑台运动程序编制过程中所使用的中间变量（仅为示意参考）	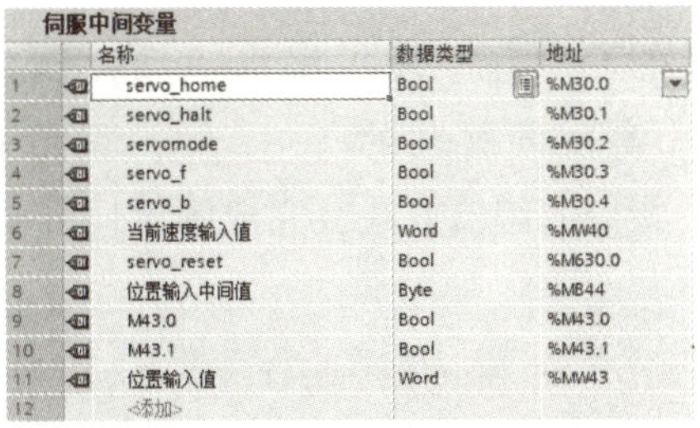
⑤在编程过程中可根据功能需求在 FB 程序块中即时建立____，如右图所示（示意参考）	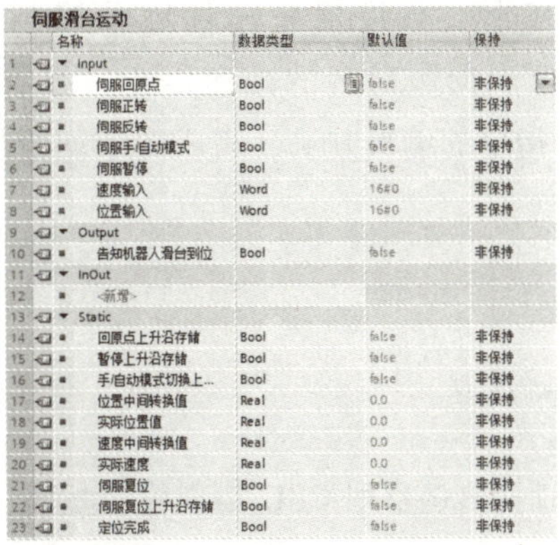
⑥下面在函数块 FB 中编写伺服滑台的控制程序。 在程序段 1 中添加运动控制指令"MC_Power"，即工艺类别指令 Motion Control 下的"MC_Power"指令（块），如右图所示	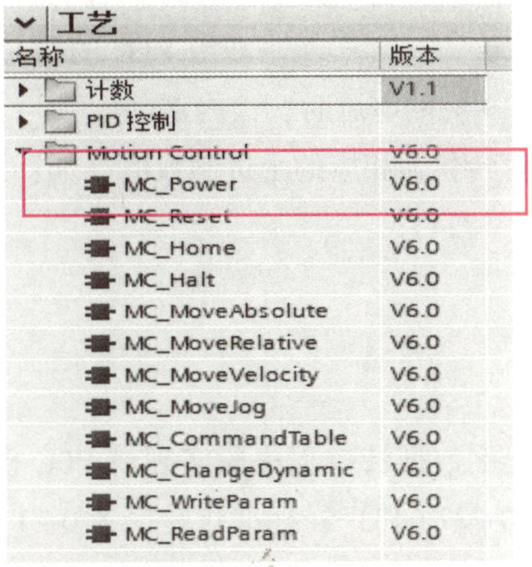
⑦将工艺对象"伺服滑台 [DB1]"拖至指令的____接口，即添加伺服滑台 [DB1] 为运动控制指令的轴工艺对象。 StartMode 选择 1 即启用位置受控的定位轴，StopMode 选择 0 即设置轴停止，其设置的方式为以组态急停减速度进行制动	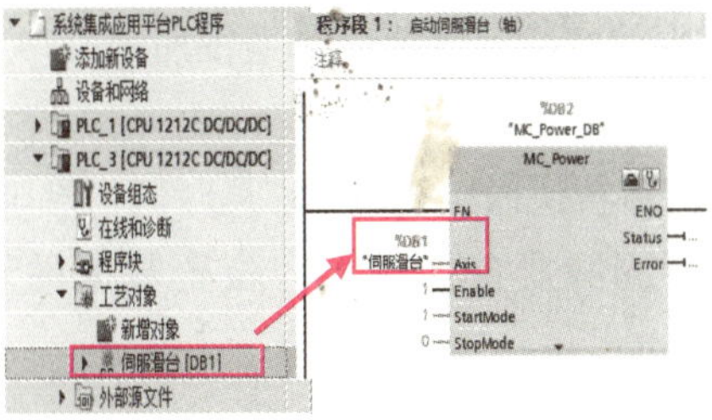
⑧在下一程序段中添加运动控制指令"MC_Reset"，用于确认故障、重新启动工艺对象。 参照上述"MC_Power"指令的编辑方法，完成图示伺服复位程序段的编写	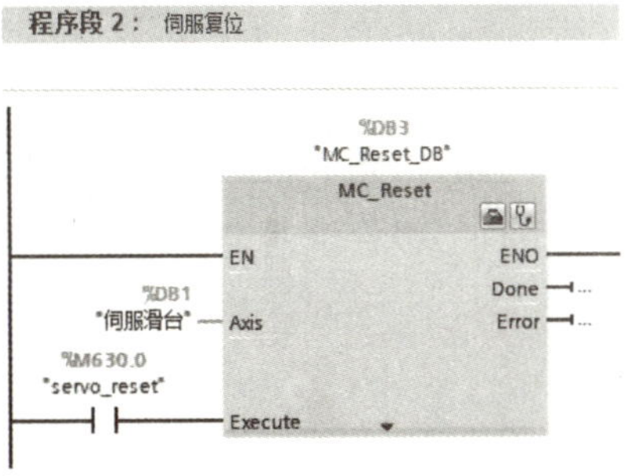

续表

操作步骤	图示
⑨在下一程序段中添加运动控制指令"MC_Home",实现伺服轴的_____,参照上述"MC_Power"指令的编辑方法,完成图示伺服滑台程序段的编写	
⑩在下一程序段中添加运动控制指令"MC_Halt",实现伺服滑台的减速停止。参照上述"MC_Power"指令的编辑方法,完成图示伺服暂停程序段的编写	
⑪S7-1200 系列 CPU 集成模拟量输入信号对应电压值为 0～10 V,对应读取的数值范围(量程)为_____。即当 PLC 的模拟量输入块接收到 0～10 V 的电压时,经内部的_____转换,芯片将电压值转化为相应的十进制数值(如:5 V 对应的数字值为 13 824)	
⑫速度数据转换程序段实现将 PLC 模拟量输入值(范围:0～27 648)经标准化转换为 0～1 的浮点数据,然后再将该 0～1 的浮点数据经缩放后,转换输出为 0～25 范围内的实际速度值(如右图所示)	
⑬使用转换操作指令"_____"(转换值)进行伺服滑台(输入)位置数据的转换程序段,如右图所示	
⑭添加"MC_MoveAbsolute"绝对定位指令,编写自动模式下伺服滑台绝对定位运动的程序段	

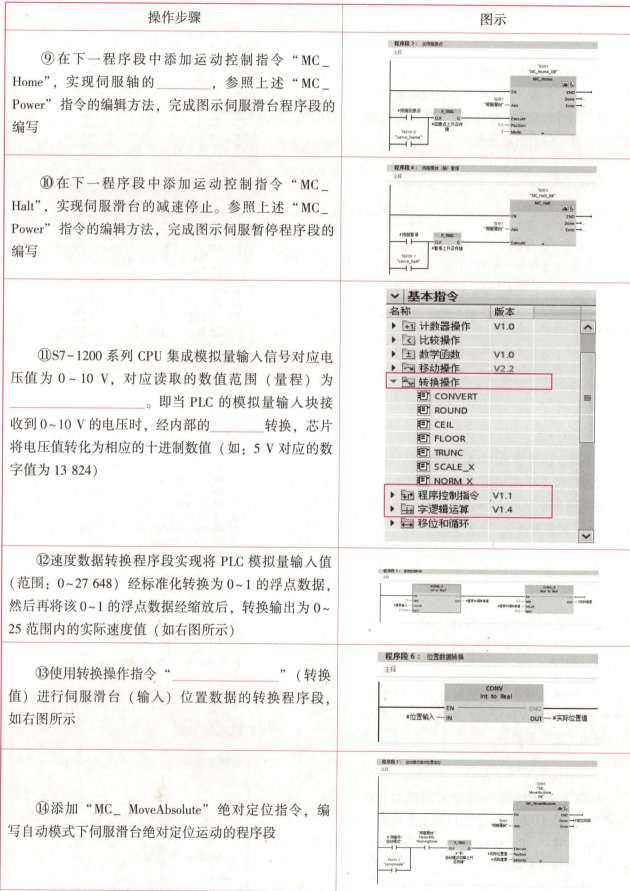

续表

操作步骤	图示
⑮添加运动控制指令"MC_ MoveJog",实现对手动控制伺服电机_____、_____功能。 在手动(点动)模式下,伺服轴以指定的速度(15 mm/s)连续移动滑台	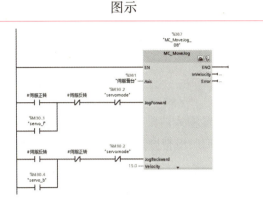
⑯编辑滑台到位反馈功能,程序段如右图所示。 伺服滑台在绝对定位运动模式下,"#定位完成"、"伺服滑台".ActualPosition 与设定值(即"#实际位置值")相等以及____模式下回原点完成后均可触发到位信号	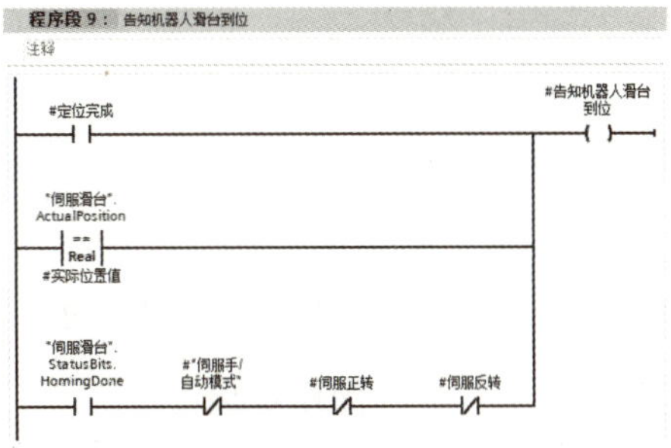 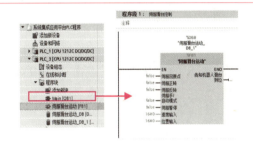
⑰将上述新建的函数块 FB1 拖入组织块 OB1(Main)中,如右图所示	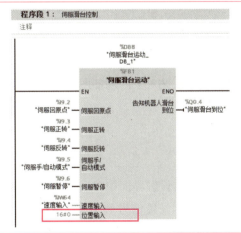
⑱按照前表案例工作站执行单元伺服滑台 PLC 输入/输出信号表中的定义,依次匹配输入输出端口,如右图所示。 其中,位置输入是由数字量组信号(输入)值决定,需要进行高低位的映射	
⑲编写图示位置输入值数据的高低位映射程序段,实现位置输入数值的设定	

续表

操作步骤	图示
⑳位置输入匹配为"_____"（位置输入值），到此完成伺服滑台控制程序的编制	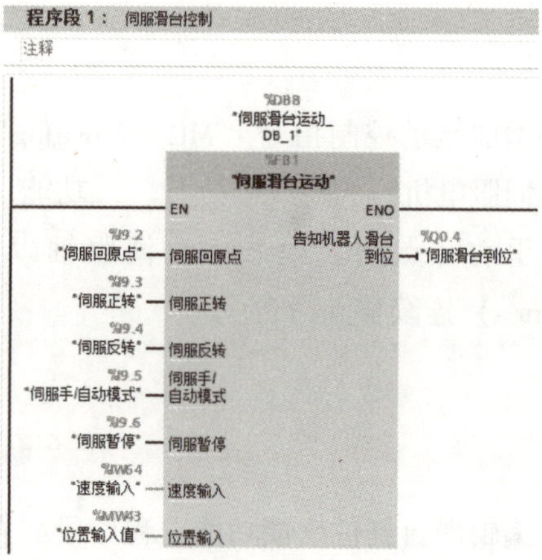

2）压装单元功能模块程序（压装流程控制）

（1）压装单元步进电机工艺参数组态。

在进行压装单元功能模块程序编写前，需完成步进电机（轴）的工艺参数组态，详细步骤见下表。

操作步骤	图示
①在PLC1的展开菜单下点击"新增对象"，新增工艺对象	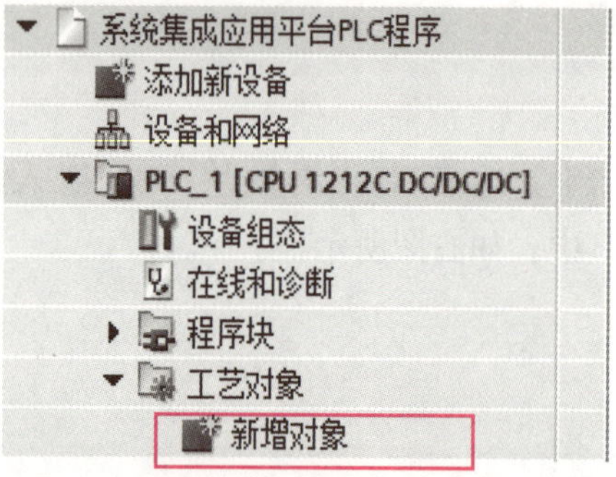
②在新增工艺对象的功能图界面中，设置驱动器为PTO，测量单位为_____	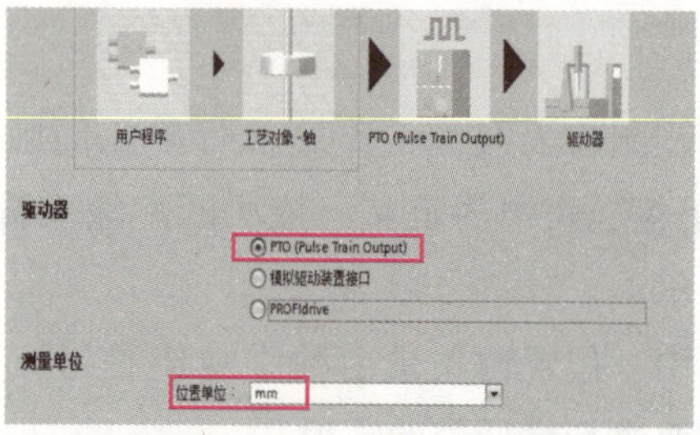
③在驱动器设置界面中，设置硬件接口中脉冲发生器为Pulse_1，设置信号类型为PTO（脉冲A和方向B），根据前表定义，脉冲输出和方向输出分别设定为Q_____和Q_____（如右图所示）	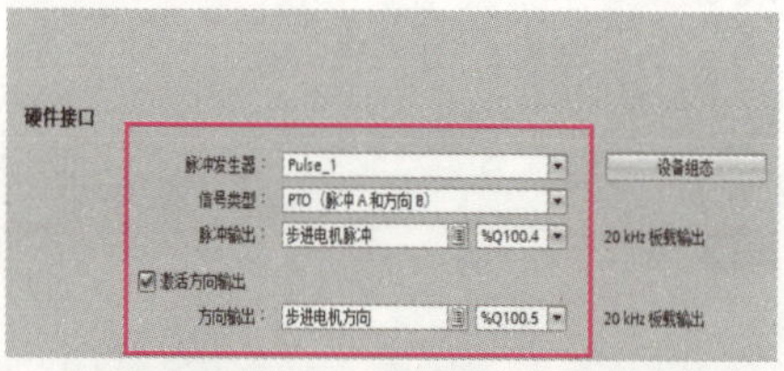
④在扩展参数—机械参数设置界面中，设定脉冲数为_____，负载位移为_____mm，旋转方向双向（默认值），如右图所示	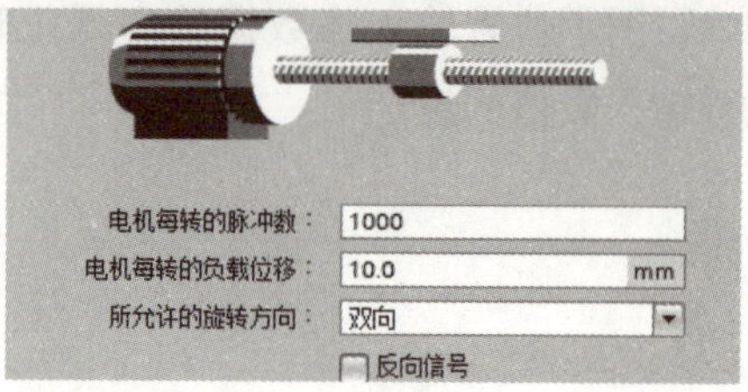

续表

操作步骤	图示
⑤在位置限制参数设置界面，勾选以启用软限位开关，设定软限位开关下限位置_____ mm，软限位开关上限位置_____ mm，如右图所示	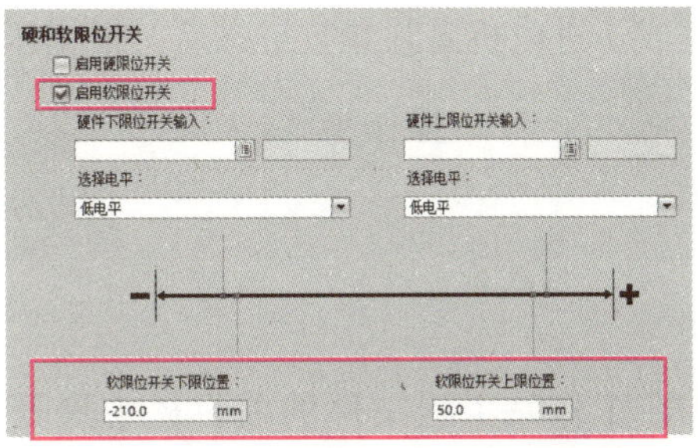
⑥在动态—常规参数设置界面中，设置速度限值单位为 mm/s、最大转速_____ mm/s 以及加/减速时间____ s，系统将自动计算出加速度和减速度。 注意：案例压装滑台的最大速度设定为 25 mm/s	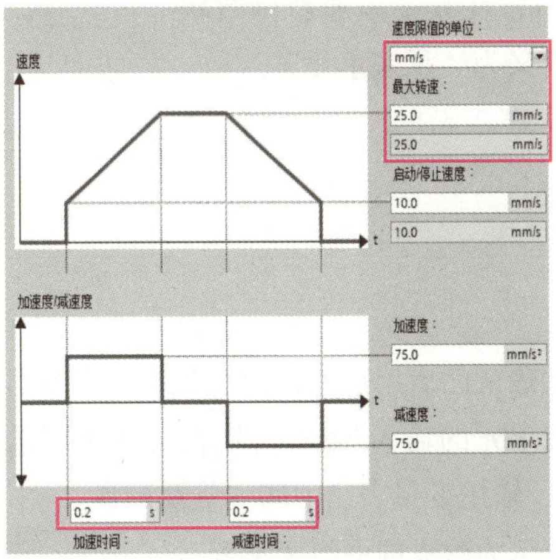
⑦在急停参数设置界面，确认急停最大转速为 25 mm/s，设置急停时间为 0.2 s，系统将自动计算出紧急减速度（如右图所示）	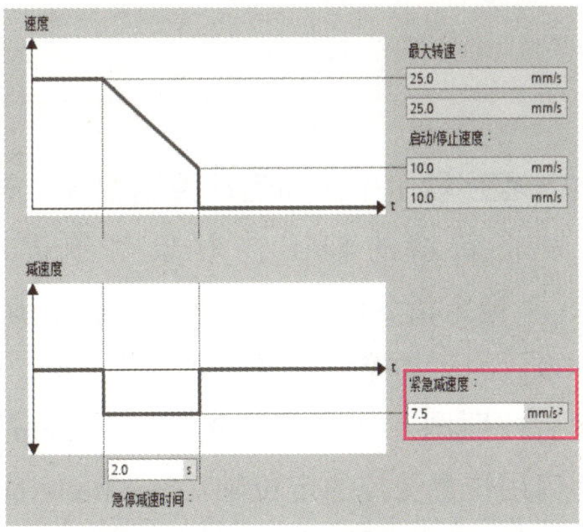
⑧在主动回原点设置界面，按照图示进行相关参数的设置，到此完成步进电机（轴）工艺参数的组态	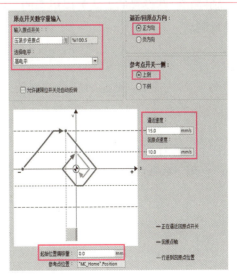

续表

<table>
<tr><td colspan="2">（2）压装流程控制程序的编制。
完成步进电机工艺参数组态后，根据压装流程控制需求进行 PLC 程序的编制，具体步骤见下表。</td></tr>
<tr><td>操作步骤</td><td>图示</td></tr>
<tr><td>①在工作站工程文件的项目树中展开设备 PLC_ 1，在其中添加新函数块________，名称可自定义为“压装单元”</td><td>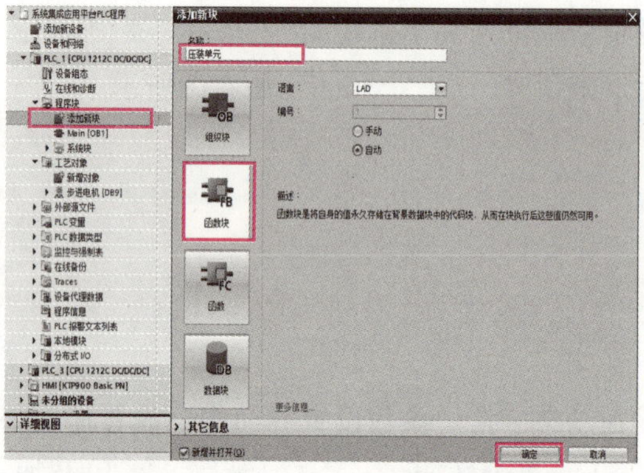
</td></tr>
<tr><td>②确认已启用系统存储器和时钟存储器；根据压装单元的输入/输出信号表及功能需求，建立输入/输出变量表、中间变量及形参。
图示为建立的中间变量表</td><td>压装中间变量表

<table>
<tr><th></th><th>名称</th><th>数据类型</th><th>地址</th></tr>
<tr><td>1</td><td>步进正转</td><td>Bool</td><td>%M20.1</td></tr>
<tr><td>2</td><td>步进反转</td><td>Bool</td><td>%M20.2</td></tr>
<tr><td>3</td><td>step_rest</td><td>Bool</td><td>%M600.0</td></tr>
<tr><td>4</td><td>step_f</td><td>Bool</td><td>%M600.1</td></tr>
<tr><td>5</td><td>step_b</td><td>Bool</td><td>%M600.2</td></tr>
<tr><td>6</td><td>manual_home</td><td>Bool</td><td>%M605.0</td></tr>
<tr><td>7</td><td>manual_halt</td><td>Bool</td><td>%M605.1</td></tr>
<tr><td>8</td><td>绝对定位运动</td><td>Bool</td><td>%M605.2</td></tr>
<tr><td>9</td><td>manual_上料位</td><td>Bool</td><td>%M605.3</td></tr>
<tr><td>10</td><td>manual_车标位</td><td>Bool</td><td>%M605.4</td></tr>
<tr><td>11</td><td>manual_轮胎位</td><td>Bool</td><td>%M605.5</td></tr>
<tr><td>12</td><td>manual_下料位</td><td>Bool</td><td>%M605.7</td></tr>
</table></td></tr>
<tr><td>③在程序段 1 中添加运动控制指令“MC_ Power”，将新增的轴工艺对象“步进电机［DB9］”拖至指令的____接口，即添加步进电机［DB9］为运动控制指令的轴工艺对象。
然后按照图示完成指令设置，StartMode 选择 1 即启用位置受控的定位轴，StopMode 选择 0 即设置轴停止，其设置的方式为以组态的急停减速度进行制动</td><td>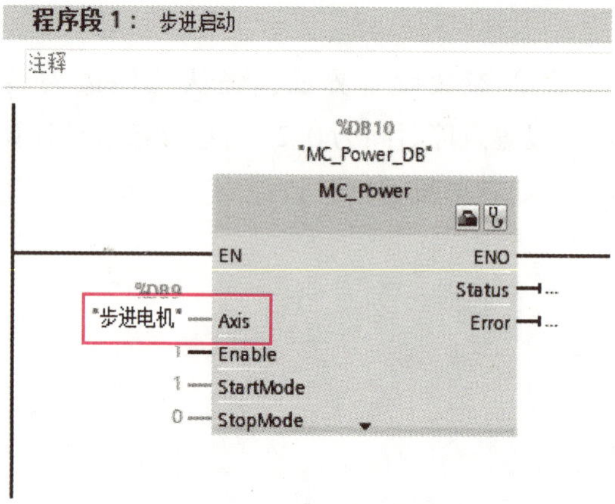
</td></tr>
<tr><td>④在下一程序段中添加运动控制指令“MC _ Reset”，用于确认故障、重新启动工艺对象</td><td>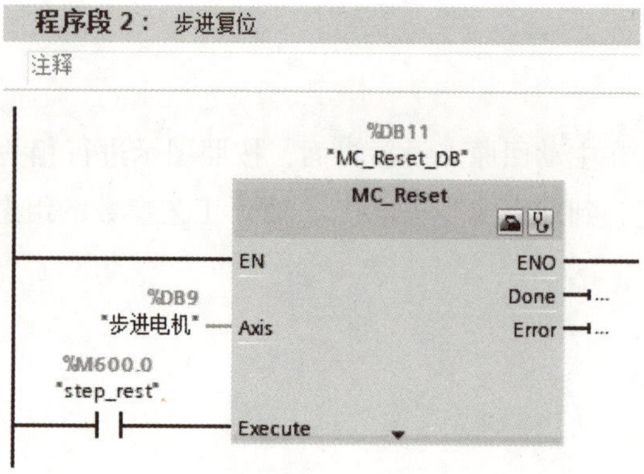
</td></tr>
</table>

续表

操作步骤	图示
⑤在下一程序段中添加运动控制指令"MC_Home",实现步进电机的回原点,完整程序段如右图所示	
⑥在下一程序段中添加"MC_Halt"指令,完成图示步进暂停程序段的编写	
⑦添加"MC_MoveAbsolute"绝对定位指令,用于实现压装滑台的_____运动,参照图示完成控制压装滑台定位运动的程序段	
⑧根据压装单元流程控制需求,编写图示控制压装滑台移动至_____位程序	
⑨根据压装单元流程控制的需求,编写图示压装单元车标位赋值程序	
⑩根据压装单元流程控制的需求,编写图示压装单元压车标的程序	

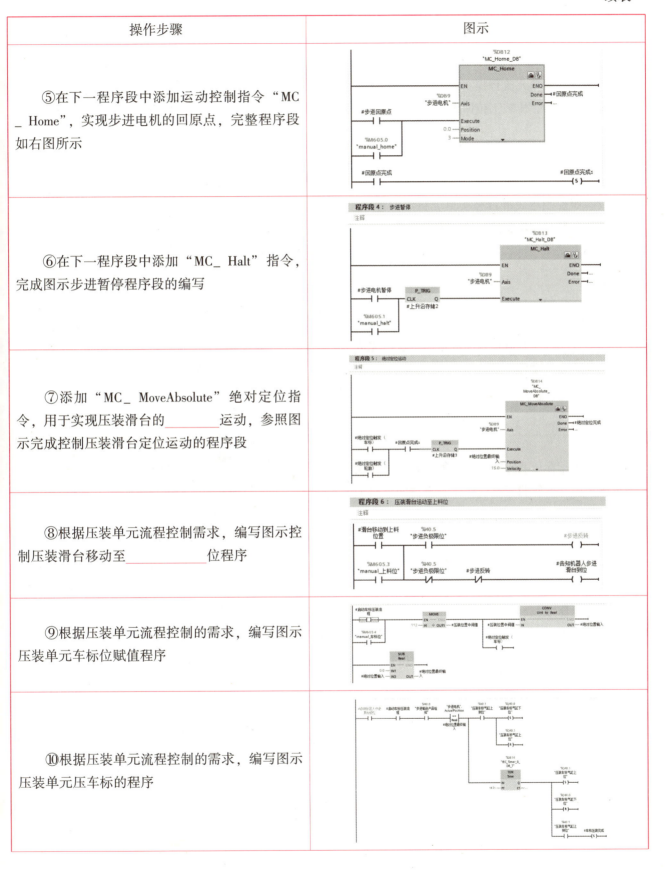

续表

操作步骤	图示
⑪根据压装单元流程控制的需求，编写图示完成压装车标后，压装工位回下料工位的程序	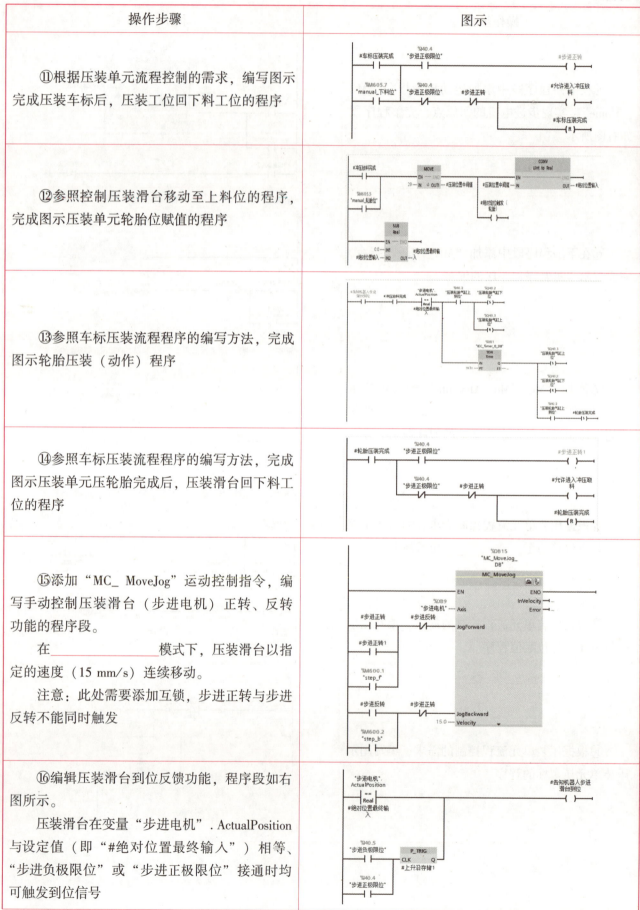
⑫参照控制压装滑台移动至上料位的程序，完成图示压装单元轮胎位赋值的程序	
⑬参照车标压装流程程序的编写方法，完成图示轮胎压装（动作）程序	
⑭参照车标压装流程程序的编写方法，完成图示压装单元压轮胎完成后，压装滑台回下料工位的程序	
⑮添加"MC_MoveJog"运动控制指令，编写手动控制压装滑台（步进电机）正转、反转功能的程序段。 在＿＿＿＿＿＿模式下，压装滑台以指定的速度（15 mm/s）连续移动。 注意：此处需要添加互锁，步进正转与步进反转不能同时触发	
⑯编辑压装滑台到位反馈功能，程序段如右图所示。 压装滑台在变量"步进电机".ActualPosition与设定值（即"#绝对位置最终输入"）相等、"步进负极限位"或"步进正极限位"接通时均可触发到位信号	

续表

操作步骤	图示
⑰将上述新建的函数块 FB3 拖入 PLC1 的组织块 OB1（Main）中，并按照前表中的定义，依次匹配输入/输出端口，如右图所示。 到此完成压装单元控制程序的编制	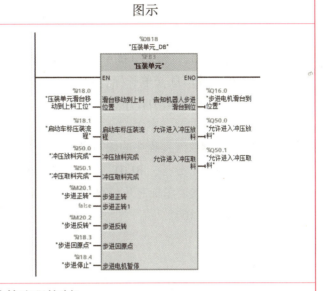

3）分拣单元功能模块程序（电子标签结果判断分拣流程控制）

根据分拣单元的控制程序的功能需求，进行分拣单元 PLC 程序的编制，具体步骤见下表。

操作步骤	图示
①在设备 PLC_1 中添加新函数块 FB "分拣_RFID"，在程序段中添加 "MB_CLIENT" 通信指令实现车标芯片信息的读取（如右图所示），指令参数的设定将在后续步骤中完成。	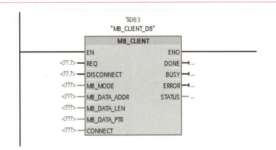
②确认已启用系统存储器和时钟存储器；根据压装单元的输入/输出信号表及功能需求，建立_____块、输入/输出变量表、中间变量及形参。 图示为新建的中间变量数	分拣中间变量表
③根据 RFID 读取数据的需求，完成右图所示 "MB_CLIENT" 指令块端口的设定。 注意：读取数据的长度被限制为 1 个字节，存储在 MW160.0 中	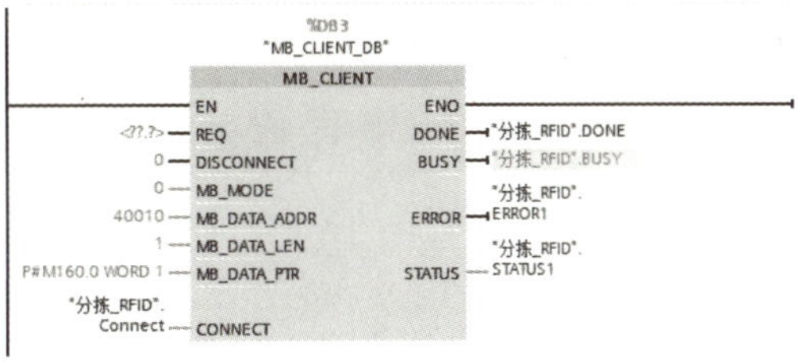

操作步骤	图示
④编写程序实现，当分拣单元传送带起始端的传感器检测到产品后触发分拣单元 RFID 模块启动读取车标芯片信息（电子标签）。"分拣_RFID".Step 用于表示当前程序运行的步数	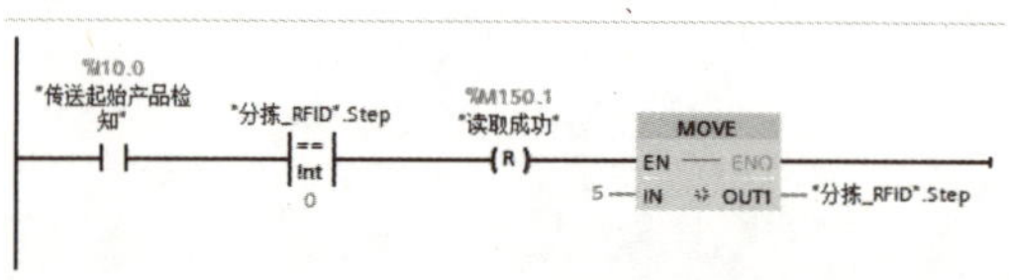
⑤在 RFID 读取流程程序的编写过程中，通过 int 型的中间量"分拣_RFID".Step 的值来实现 RFID 不间断读取车标芯片信息的功能（设定最大读取次数为 100）	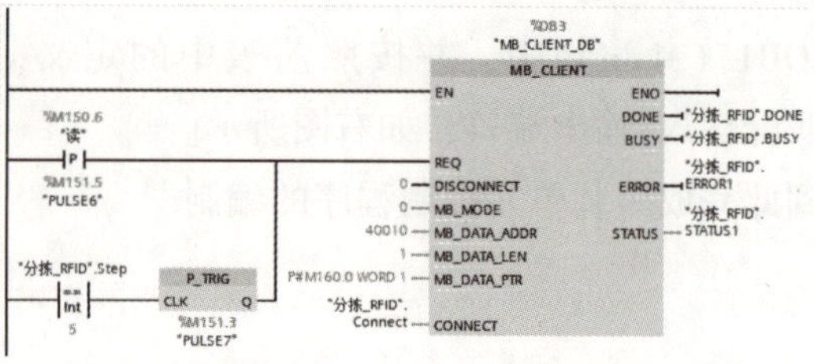
⑥RFID 开始车标芯片信息的读取，读取成功则反馈 RFID 读取完成，若 _____ s 内没有读取到后，继续读取车标芯片信息	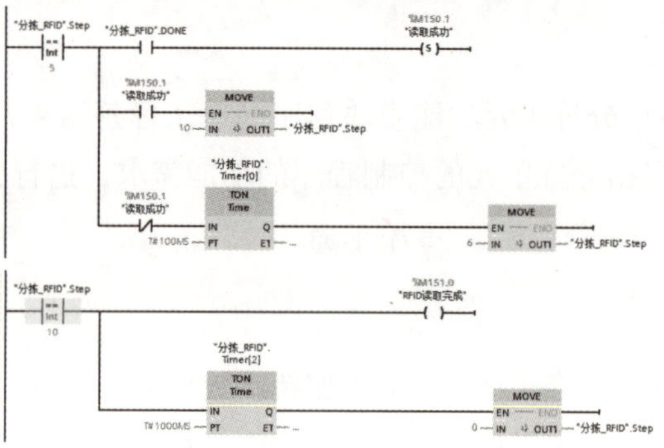
⑦RFID 读取车标芯片信息 _____ 次仍未读取成功时，复位"传动带驱动电机启动"，停止传送带的运动	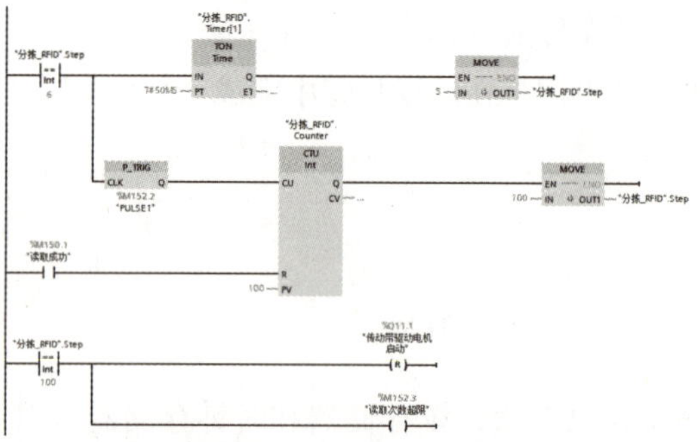
⑧编写图示程序段，对 RFID 读取到的车标芯片信息进行取余，实现分拣道口的判断。 功能实现：取余值 = ____，则分拣到 1 号口；值 = ____，则分拣到 2 号口；值 = ____，则分拣到 3 号口	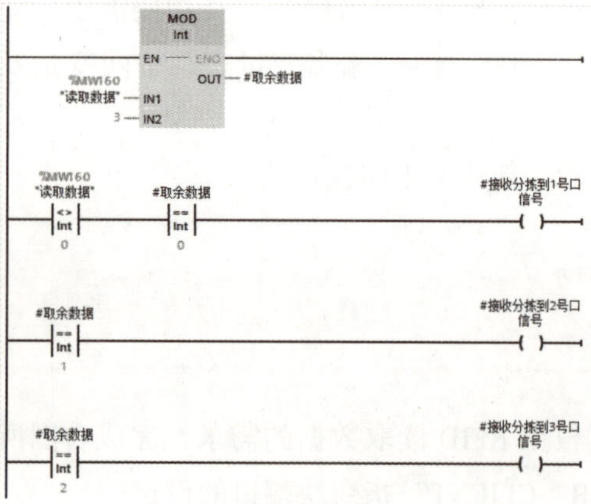

续表

操作步骤	图示
⑨根据车标芯片信息，编写PLC控制分拣道口实现轮胎（轮毂）的分拣动作流程程序。 右图所示为分拣到1号分拣道口的分拣动作流程程序1，实现将工件分拣到对应的道口，此时尚未精确定位	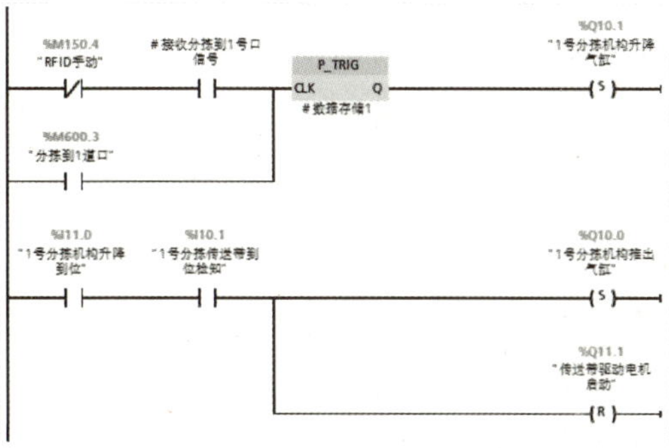
⑩根据车标芯片信息，编写PLC控制分拣道口实现轮胎（轮毂）的分拣动作流程程序。 右图所示为分拣到1号分拣道口的分拣动作流程程序2，实现将工件定位到对应的道口，此时精确定位，同时复位分拣机构及分拣机构的升降气缸	
⑪根据车标芯片信息，编写PLC控制分拣道口实现轮胎（轮毂）的分拣动作流程程序。 右图所示为分拣到1号分拣道口的分拣动作流程程序3，实现将工件完成分拣后道口定位气缸的_____复位	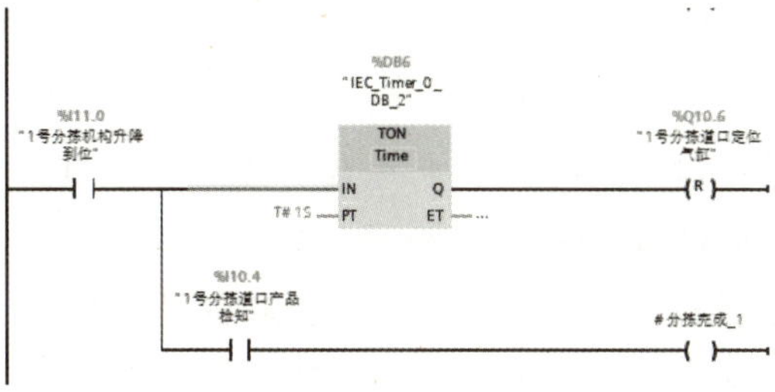
⑫编写图示程序段，实现手动模式下车标芯片信息的读取	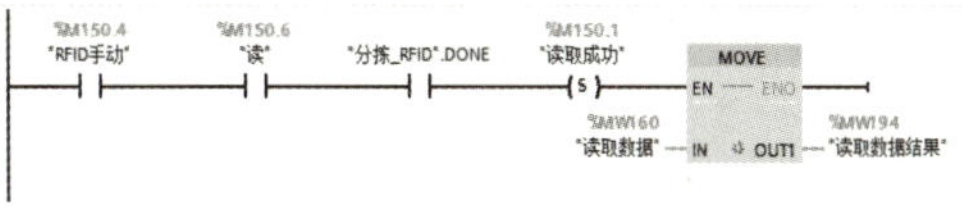
⑬编写图示程序段，保证读取数据结果的唯一性，在每次读取前清空读取数据的存储区	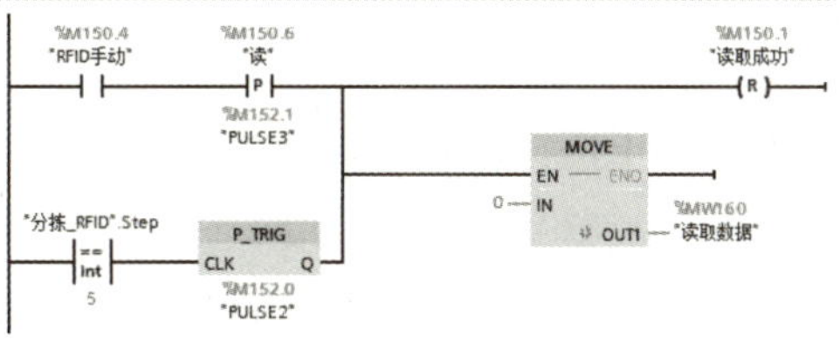
⑭参照RFID读取数据程序的编写方法，完成图示写入数据程序的编写。 注意：写入数据的长度被限制为1个字节，存储在MW180.0中	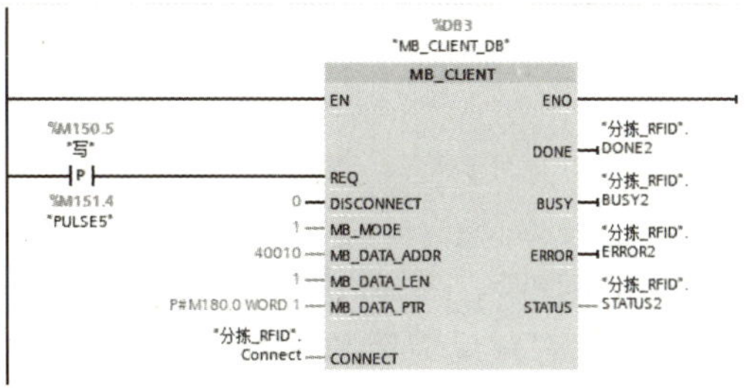
⑮编写芯片信息数据写入的程序段，如右图所示	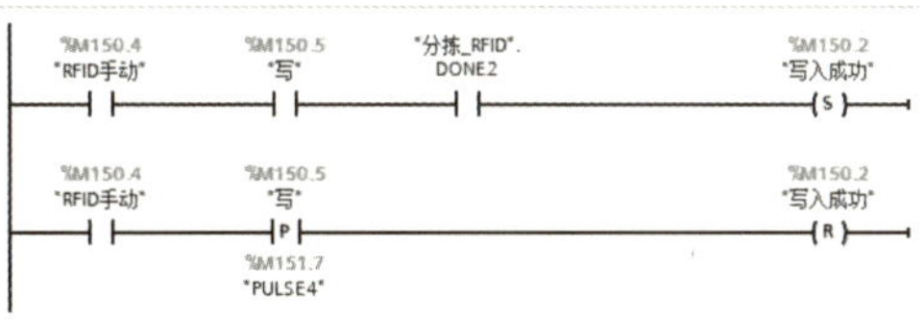

续表

操作步骤	图示
⑯分拣单元的传送带启动由 SCARA 四轴工业机器人单元的分拣完成放料信号触发，故可编写图示程序段	（梯形图：#分拣放料完成 / %M222.0 "启动传送带电机" → %Q11.1 "传动带驱动电机启动"(S)）
⑰将上述新建的函数块 FB4 拖入 PLC1 的组织块 OB1（Main）中，如右图所示。到此完成分拣单元功能模块程序的编制	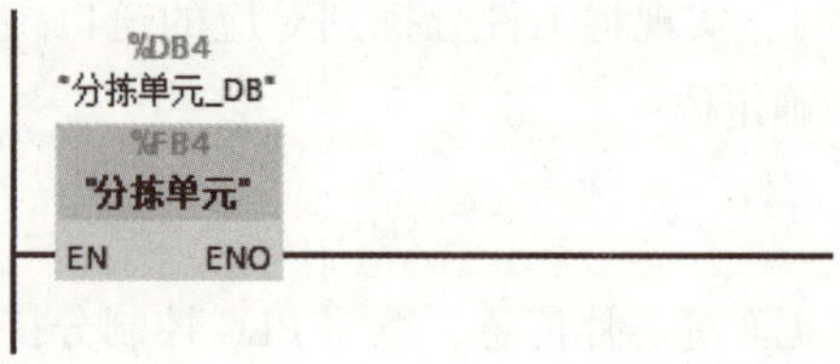 %DB4 "分拣单元_DB" / %FB4 "分拣单元" EN ENO

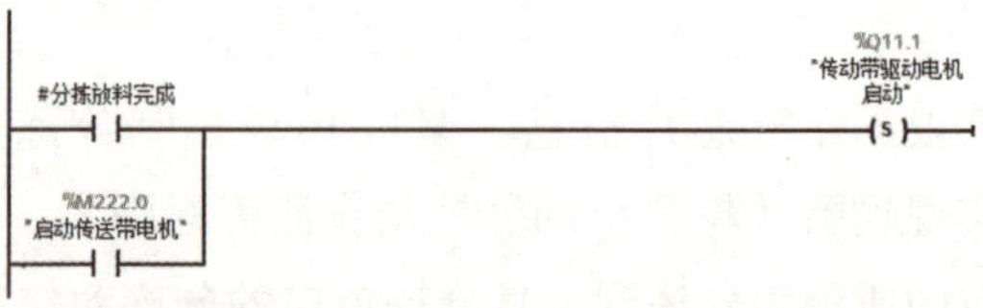

4) SCARA 四轴工业机器人单元功能模块程序（轮胎仓位选择）

根据 SCARA 四轴工业机器人单元功能模块程序的需求，编写 SCARA 四轴工业机器人单元的 PLC 程序，实现在人机交互界面选择的取轮胎仓位信息反馈给四轴工业机器人的功能。详细的编写方法和步骤见下表。

操作步骤	图示
①新建函数块 FC，名称自定义为"SCARA 四轴工业机器人单元"。 根据 SCARA 四轴工业机器人单元功能程序块的功能需求，在编程过程中建立图示变量表（仅为示意参考）	SCARA机器人单元变量表： 1 IN3 Bool %Q50.2 2 IN4 Bool %Q50.3 3 IN5 Bool %Q50.4 4 MB2 Byte %MB2 5 M2.0 Bool %M2.0 6 M2.1 Bool %M2.1 7 M2.2 Bool %M2.2 8 A1 Bool %M3.0 9 A2 Bool %M3.1 10 B1 Bool %M3.2 11 B2 Bool %M3.3 12 C1 Bool %M3.4 13 C2 Bool %M3.5
②在触摸屏上选择轮胎仓位后，要触发对应点的变化，故编写图示程序段。 功能实现：触摸屏上不同控件的状态，输出不同的值给到 MB2	%M3.0 "A1" — MOVE — 0 IN OUT1 → %MB2 "MB2" %M3.1 "A2" — MOVE — 1 IN OUT1 → %MB2 "MB2"
③编写图示程序，实现将触摸屏上选择轮胎仓位的信息（状态）反馈至 SCARA 四轴工业机器人单元	%M2.0 "M2.0" → %Q50.2 "IN3" %M2.1 "M2.1" → %Q50.3 "IN4" %M2.2 "M2.2" → %Q50.4 "IN5"

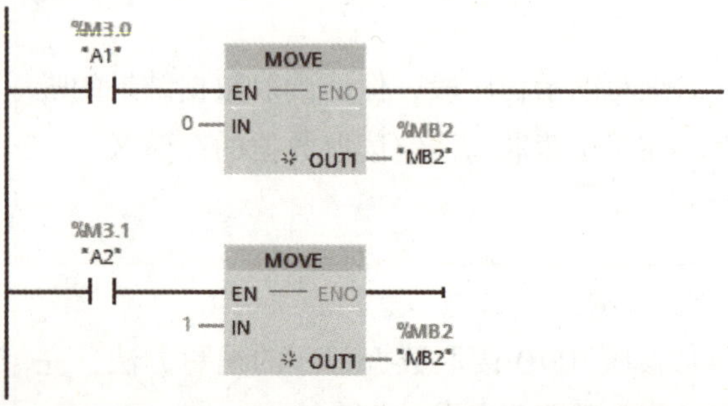

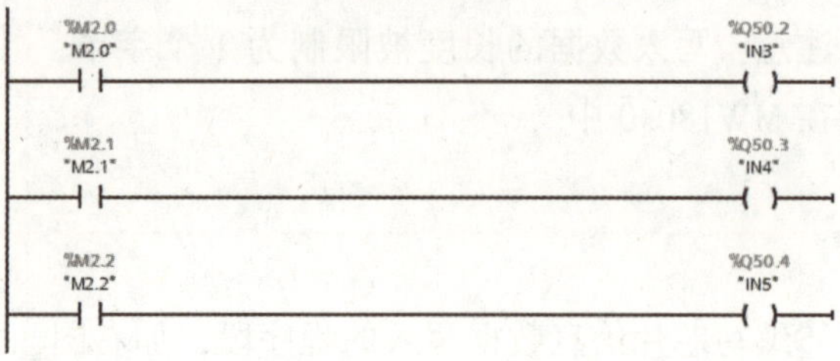

续表

操作步骤	图示
④完成轮胎3和轮胎4的仓位选择程序段的编写（如右图所示）	
⑤完成轮胎5和轮胎6的仓位选择程序段的编写（如右图所示）	
⑥为保证在触摸屏上未选择任一轮胎的仓位时，默认告知工业机器人取轮胎1（即A1），编写图示程序段	
⑦将上述新建的函数块FC1拖入PLC1的组织块OB1（Main）中，如右图所示。到此完成SCARA四轴工业机器人单元功能模块程序的编制	

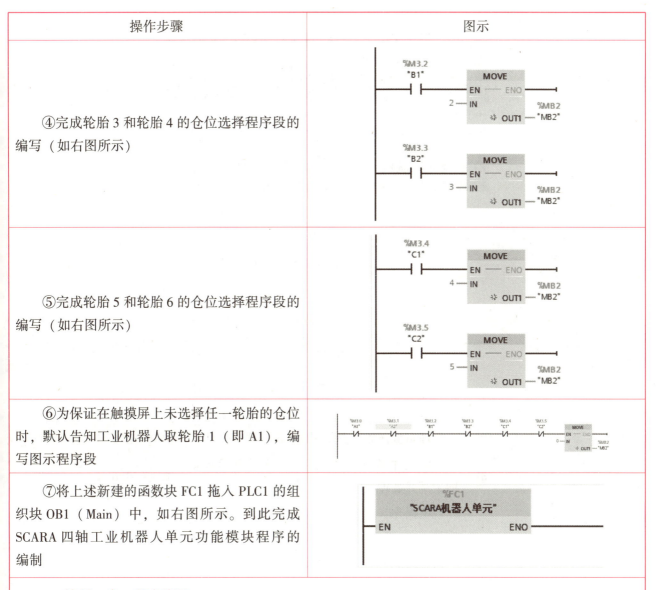

3. 控制（主）程序编写

在功能模块程序的编制过程中，都已将各功能程序调用进Main程序的OB块中，即已完成控制（主）程序的编制。其中，在PLC1的Main中（图3-7）调用压装单元、分拣单元和SCARA四轴工业机器人单元的功能模块程序。

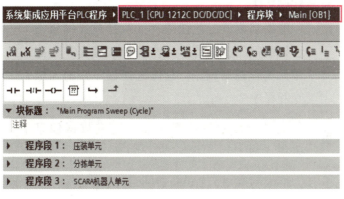

图3-7　PLC1的Main

在 PLC3 的 Main 中（图 3-8）调用执行单元的功能模块程序（伺服滑台运动控制）。

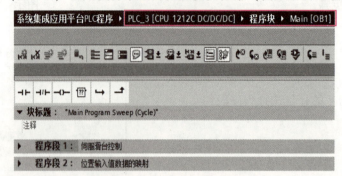

图 3-8 PLC3 的 Main

任务评价

1. 任务评价表

评价项目	比例	配分	序号	评价要素	评分标准	自评	教师评价
6S 职业素养	30%	30 分	①	选用适合的工具实施任务，清理无须使用的工具	未执行扣 6 分		
			②	合理布置任务所需使用的工具，明确标识	未执行扣 6 分		
			③	清除工作场所内的脏污，发现设备异常立即记录并处理	未执行扣 6 分		
			④	规范操作，杜绝安全事故，确保任务实施质量	未执行扣 6 分		
			⑤	具有团队意识，小组成员分工协作，共同高质量完成任务	未执行扣 6 分		
PLC 控制程序开发	70%	70 分	①	能编制典型工艺任务（如执行单元伺服滑台控制程序、压装单元流程控制程序、分拣单元流程控制程序、仓位选择程序）的 PLC 控制程序	未掌握扣 20 分		
			②	能编制典型工艺任务（如执行单元伺服滑台控制程序、压装单元流程控制程序、分拣单元流程控制程序、仓位选择程序）的人机交互程序	未掌握扣 20 分		
			③	能进行传感器参数配置，完成数据信息采集	未掌握扣 20 分		
			④	能编制典型工艺设备协同运行程序	未掌握扣 10 分		
合计							

续表

2. 活动过程评价表

评价指标	评价要素	分数	得分
信息检索	能有效利用网络资源、工作手册查找有效信息；能用自己的语言有条理地去解释、表述所学知识；能将查找到的信息有效转换到工作中	10	
感知工作	是否熟悉各自的工作岗位，认同工作价值；在工作中，是否获得满足感	10	
参与状态	与教师、同学之间是否相互尊重、理解、平等；与教师、同学之间是否能够保持多向、丰富、适宜的信息交流；探究学习、自主学习不流于形式，处理好合作学习和独立思考的关系，做到有效学习；能提出有意义的问题或能发表个人见解；能按要求正确操作；能够倾听、协作分享	20	
学习方法	工作计划、操作技能是否符合规范要求；是否获得了进一步发展的能力	10	
工作过程	遵守管理规程，操作过程符合现场管理要求；平时上课的出勤情况和每天完成工作任务情况；善于多角度思考问题，能主动发现、提出有价值的问题	15	
思维状态	是否能发现问题、提出问题、分析问题、解决问题	10	
自评反馈	按时按质完成工作任务；较好地掌握了专业知识点；具有较强的信息分析能力和理解能力；具有较为全面严谨的思维能力并能条理明晰表述成文	25	
总分		100	

任务 3.2　人机交互程序及视觉检测程序开发

人机接口（或人机交互界面，简称 HMI）和视觉检测系统是工业机器人集成系统中最常用到的设备，任务将结合具有仓位选择功能的 SCARA 四轴工业机器人单元手动控制界面编程案例开发人机交互程序以及视觉检测程序。

任务页——人机交互程序及视觉检测程序开发

工作任务	机电集成系统设备选型	教学模式	理实一体
建议学时	参考学时共 8 学时，其中相关知识学习 4 学时；学员练习 4 学时	需设备、器材	智能制造单元系统集成应用平台、博途软件
任务描述	本任务将结合具有仓位选择功能的 SCARA 四轴工业机器人单元手动控制界面编程案例开发人机交互程序以及视觉检测程序		
职业技能	2.3.1　能识别工件颜色、条码、尺寸和形状。 2.3.2　能确定静态物件的坐标位置。 2.3.3　能编制典型工艺任务的人机交互程序		

3.2.1　工作站人机交互方案规划与编程

任务实施

1. 功能规划

通过对案例工作站包含执行单元、压装单元、分拣单元和 SCARA 四轴工业机器人单元共 4 部分的人机交互界面的规划，实现对单元设备的手动控制。

任务需建立的触摸屏控制界面如图 3-9 所示。

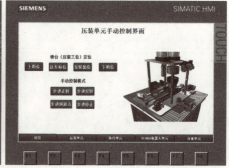

图 3-9　触摸屏控制界面

续表

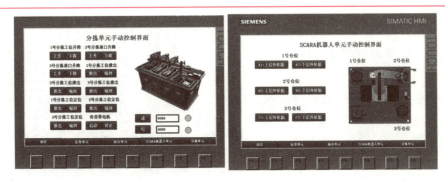

图3-9 触摸屏控制界面（续）

2. 程序编写

工作站人机交互程序的编写方法，详细步骤见下表。

工作站触摸屏程序编写

操作步骤	示意
①首先完成触摸屏_____的硬件组态	
②完成图示画面（SCARA四轴工业机器人单元手动控制界面）元件的添加和布局	
③分析图示PLC程序，1号仓位轮胎选择的两个元件对应关联_____（A1：上层轮胎）、_____（A2：上层轮胎）	

续表

操作步骤	示意
④选择"A1：上层轮胎"按钮元件，完成图示事件的添加。 事件功能：单击"A1：上层轮胎"按钮时，置位 M3.0，复位 M3.1～M3.5，即保证在进行轮胎的选择时，有且仅能选中 1 个	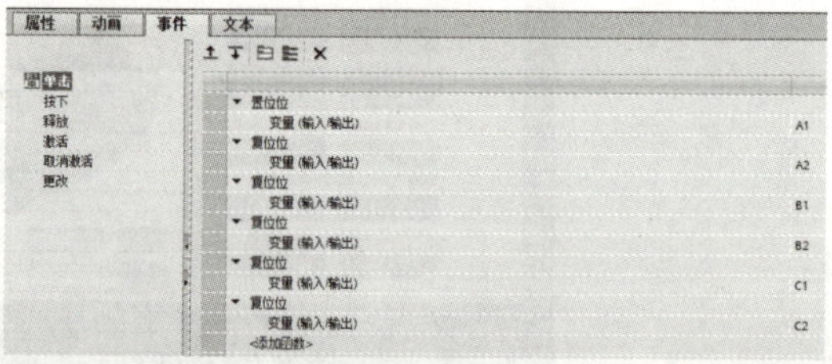
⑤参照"A1：上层轮胎"按钮所添加的事件，完成"A2：上层轮胎"按钮事件的添加（如右图所示）	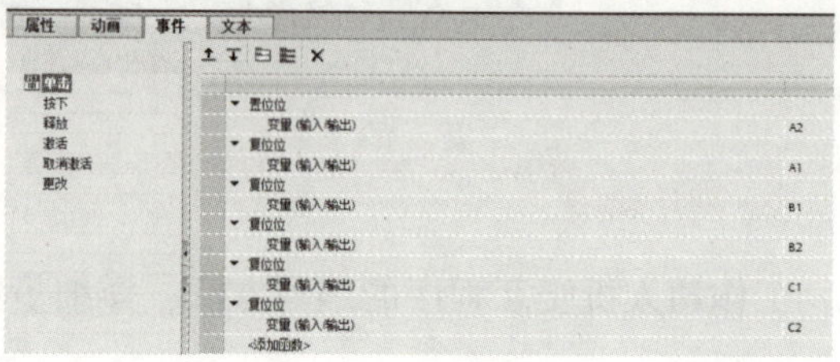
⑥根据图示 PLC 程序段，参照 1 号仓位的轮胎选择按钮事件添加的方法，完成 2 号仓位和 3 号仓位轮胎选择按钮事件的添加。 到此完成人机交互界面——SCARA 四轴工业机器人单元手动控制界面的编程	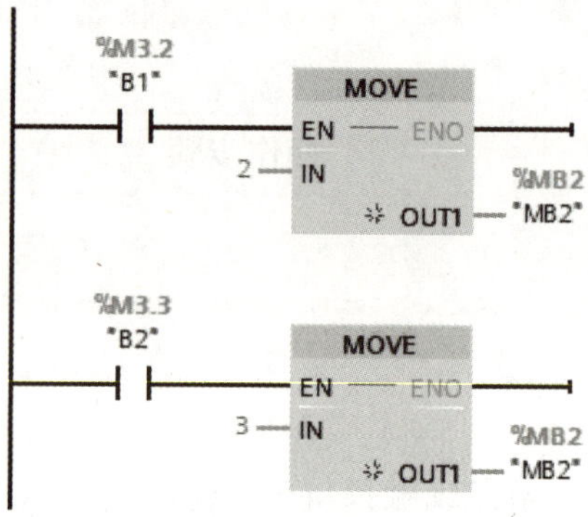 2 号仓位 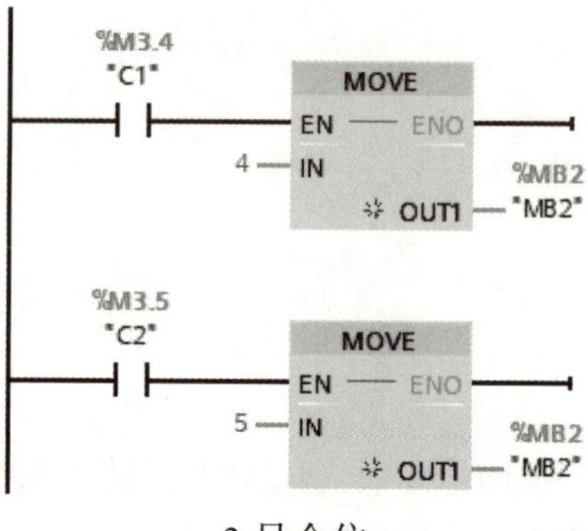 3 号仓位

3.2.2 轮毂视觉检测方案规划与模板制作

任务实施

1. 视觉检测方案规划

案例视觉检测对象为 3 种车标，如图 3-10 所示。车标上印刻有奔驰标志图案、宝马标志图案和奥迪标志图案，这 3 种不同的车标已经被安装到了 3 个轮毂上面，需要对不同车标上的标志图案进行形状的检测，从而实现根据车标进行分拣的工艺要求。

续表

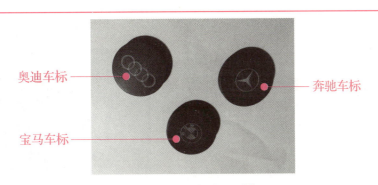

图 3-10 视觉检测对象

本案例中,需分别设定 3 个不同的视觉场景(下表),实现对图示 3 种车标图案视觉检测模板的制作。

场景组号+场景号	检测对象
场景组 1+场景 0	宝马车标
场景组 1+场景 1	奔驰车标
场景组 1+场景 2	奥迪车标

2. 视觉检测模板制作

车标视觉检测模板设置方法见下表。

车标视觉检测模板制作及测试

操作步骤	示意图
①进入场景切换界面,点击"＿＿＿＿"选择场景组 1,场景选择场景 0,点击"确定"。 切换至宝马车标对应的检测场景中进行视觉检测模板的制作	
②手动操纵 SCARA 四轴工业机器人,将装有宝马车标的轮胎移动至视觉检测点位(如右图所示)。 注意:由于工业机器人视觉检测点位会影响被检测物在视觉检测显示屏中成像的大小,故视觉检测系统的调试时,注意与工业机器人视觉检测点位的确定(示教)一同进行	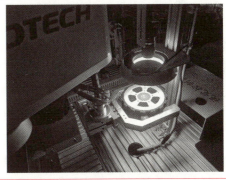
③完成视觉传感器的调试,使得视觉检测点位所拍摄得到的被测车标图案成像清晰且大小、亮度适中,如右图所示	

续表

操作步骤	示意
④采用形状检测进行宝马车标图案的视觉检测。 宝马车标图案检测流程中追加"＿＿＿＿＿"，使用椭圆选取并设定图示搜索区域	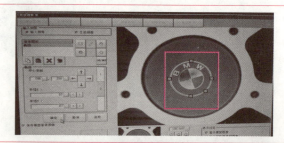
⑤完成"＿＿＿＿＿"选项、"＿＿＿＿"选项的设定。 如右图所示，测量参数中的相似度设定 80 至 100，即与登录模型图像相似度在 [＿＿，＿＿] 区间内的形状搜索Ⅲ检测的结果均为 OK	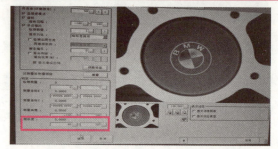
⑥完成"串行数据输出"流程的添加和编辑。 在输出格式中，设定通信方式为"＿＿＿＿"，输出结果的整数位数和小数位数设定两位数，其余参数保持不变，点击确定（如右图所示）	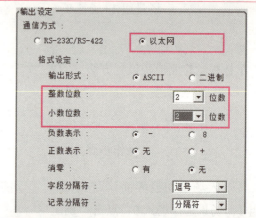
⑦到此完成宝马车标检测模板的制作，点击"执行测量"，可进行该视觉检测模板的验证。 如右图所示，车标图案为宝马车标，检测结果为 OK；车标图案不为宝马车标时，检测结果为 NG。 注意：在界面右下角可查看视觉检测流程中各流程测量结果的数据（如串行数据输出流程的结果）	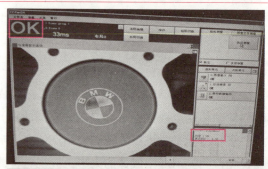

续表

操作步骤	示意
⑧进入场景切换界面，点击"_____"选择场景组1，场景选择场景1，点击"确定"。 切换至奔驰车标对应的检测场景中，参照宝马车标检测模板制作的方法完成奔驰车标视觉检测模板的制作	
⑨进入场景切换界面，点击"切换"选择场景组1，场景选择场景2，点击"确定"。 切换至奥迪车标对应的检测场景中，参照宝马车标检测模板制作的方法完成奥迪车标视觉检测模板的制作	

任务评价

1. 任务评价表

评价项目	比例	配分	序号	评价要素	评分标准	自评	教师评价
6S职业素养	30%	30分	①	选用适合的工具实施任务，清理无须使用的工具	未执行扣6分		
			②	合理布置任务所需使用的工具，明确标识	未执行扣6分		
			③	清除工作场所内的脏污，发现设备异常立即记录并处理	未执行扣6分		
			④	规范操作，杜绝安全事故，确保任务实施质量	未执行扣6分		
			⑤	具有团队意识，小组成员分工协作，共同高质量完成任务	未执行扣6分		
人机交互程序及视觉检测程序开发	70%	70分	①	能识别工件颜色、条码、尺寸和形状（如轮毂视觉检测）	未掌握扣30分		
			②	能编制典型工艺任务（如轮毂视觉检测）的人机交互程序	未掌握扣20分		
			③	能确定静态物件（如轮毂上的车标）的坐标位置	未掌握扣20分		
合计							

续表

2. 活动过程评价表

评价指标	评价要素	分数	得分
信息检索	能有效利用网络资源、工作手册查找有效信息；能用自己的语言有条理地去解释、表述所学知识；能将查找到的信息有效转换到工作中	10	
感知工作	是否熟悉各自的工作岗位，认同工作价值；在工作中，是否获得满足感	10	
参与状态	与教师、同学之间是否相互尊重、理解、平等；与教师、同学之间是否能够保持多向、丰富、适宜的信息交流；探究学习、自主学习不流于形式，处理好合作学习和独立思考的关系，做到有效学习；能提出有意义的问题或能发表个人见解；能按要求正确操作；能够倾听、协作分享	20	
学习方法	工作计划、操作技能是否符合规范要求；是否获得了进一步发展的能力	10	
工作过程	遵守管理规程，操作过程符合现场管理要求；平时上课的出勤情况和每天完成工作任务情况；善于多角度思考问题，能主动发现、提出有价值的问题	15	
思维状态	是否能发现问题、提出问题、分析问题、解决问题	10	
自评反馈	按时按质完成工作任务；较好地掌握了专业知识点；具有较强的信息分析能力和理解能力；具有较为全面严谨的思维能力并能条理明晰表述成文	25	
总分		100	

项目评测

项目三 机电集成系统周边设备程序开发工作页

项目知识测试

一、单选题

1. S7-1200 系列 CPU 集成模拟量输入信号对应电压值为 0～10 V，对应读取的数值范围（量程）为 0～27 648，5 V 对应的数字值为（　　）。

　A. 27 648　　　　B. 0　　　　C. 13 824　　　　D. 65 535

2. 执行轴绝对定位运动时，轴的原点不能丢失，因此在进行伺服滑台绝对定位运动前应当（　　）。

　A. 需伺服滑台返回到原点　　　　B. 不需要启动轴

　C. 不需要伺服滑台返回原点　　　D. 不需要对伺服滑台组态

3. S7-1200 中，关于 MB_CLIENT 指令错误的理解是（　　）。

　A. 每个 MB_CLIENT 需要唯一的背景数据块

　B. 每个 MB_CLIENT 必须指定唯一的服务器 IP 地址

　C. 每个 MB_CLIENT 需要唯一的连接 ID

　D. 连接 ID 与数据块组合不需要成对

4. S7-1200 中，关于运动控制指令 MC_Halt 正确的说法有（　　）。

　A. 当 Done 输出为 FALSE 时，表示速度达到 0

　B. Execute 输入信号为 TRUE 时启动命令

　C. 执行命令期间未出错，则 Error 口输出为 TRUE

　D. 可停止所有运动，并以组态的速度停止所有轴

5. S7-1200 中，关于运动控制指令 MC_MoveAbsolute 不正确的有（　　）。

　A. Velocity 端口设置的是轴运动的速度值 10.0

　B. Velocity 端口速度的单位为 mm/s

　C. 轴运动的速度始终以 10.0 mm/s 运行

　D. Velocity 端口速度要小于等于最大速度

二、判断题

1. 视觉检测系统可以将工件的颜色、条码、尺寸、形状等要素转化为相关数据，并利用该数据来控制工业机器人运行相关的任务流程。　　　　（　　）

2. 西门子 PLC 可以很好地完成人机交互，西门子 PLC 指令可以实现数据的转化和传递。（　　）

职业技能测试

一、视觉检测模板制作

案例视觉检测对象为 3 种车标，如图 3-11 所示。车标上印刻有奔驰标志图案、宝马标志图案和奥迪标志图案，这 3 种不同的车标已经被安装到了 3 个轮毂上面，需要对不同车标上的标志图案进行形状的检测，从而实现根据车标进行分拣的工艺要求。

图 3-11　视觉检测对象

二、制作触摸屏控制界面

建立的触摸屏控制界面如图 3-12 所示。

图 3-12　触摸屏控制界面

项目四

机电集成系统的典型应用

项目导言

工业机器人典型集成系统应用是以实际的生产需求为背景,利用先进的工业机器人集成应用技术来实现复杂的加工工艺。本项目以智能制造单元系统集成应用平台为硬件基础,涵盖打磨和激光雕刻等典型应用,完成从布局规划、工艺规划、程序规划、综合调试和故障诊断与优化等一系列工作过程,从而实现机电集成系统的典型应用。

工业机器人集成应用职业等级标准对照表

工作领域	工业机器人典型集成系统应用实现							
工作任务	打磨工艺应用		激光雕刻应用			机电集成系统优化		
任务分解	打磨工艺规划与参数选择	打磨工作站程序规划	打磨工作站程序编制及调试	激光打标工艺规划与参数设置	激光打标工作站程序规划	激光打标工作站程序编制及调试	布局及点位优化	安全机制优化	故障诊断
项目实施 职业能力	4.1.1 能根据典型应用场景(搬运码垛、焊接、打磨、抛光、激光雕刻等)进行工艺参数匹配设置。 4.1.2 能根据典型应用场景进行视觉系统参数设置。 4.1.3 能根据典型应用场景进行 RFID 信息设置。 4.2.1 能编写典型应用工作站的工业机器人控制程序。 4.2.2 能编写典型应用工作站中 PLC、视觉、触摸屏、RFID 等控制程序。 4.2.3 能应用上位机软件进行数据采集和参数配置。 4.2.4 能完成典型应用工作站联机综合调试。 4.3.1 能优化典型应用工作站工业机器人工作节拍和效率。 4.3.2 能优化典型应用工作站人和设备的安全保障。 4.3.3 能优化典型应用工作站故障自诊断与排除流程								

任务 4.1 打磨工艺应用

当前，已经有相当一部分汽车的车轮是用轻合金制作的。其中，铝合金车轮毛坯大多是由铸造或者锻造而来的，这两种加工方法均不能保障轮毂零件应有的表面质量，因此车轮毛坯零件需要经过精确的表面加工处理，才能获得合格的外观尺寸及表面质量，从而满足后续的装涂要求。案例打磨工作站从实际的加工需求出发，通过工业机器人与各单元模块的配合，完成对车轮毛坯的全方位打磨、抛光处理。

任务页——打磨工艺应用

工作任务	机电集成方案设计	教学模式	理实一体
建议学时	参考学时共20学时，其中相关知识学习10学时；学员练习10学时	需设备、器材	智能制造单元系统集成应用平台
任务描述	当前，已经有相当一部分汽车的车轮是用轻合金制作的。其中，铝合金车轮毛坯大多是由铸造或者锻造而来的，这两种加工方法均不能保障轮毂零件应有的表面质量，因此车轮毛坯零件需要经过精确的表面加工处理，才能获得合格的外观尺寸及表面质量，从而满足后续的装涂要求。案例打磨工作站从实际的加工需求出发，通过工业机器人与各单元模块的配合，完成对车轮毛坯的全方位打磨、抛光处理		
职业技能	3.1.1 能根据典型应用场景（搬运码垛、焊接、打磨、抛光、激光雕刻等）进行工艺参数匹配设置。 3.2.1 能编写典型应用工作站的工业机器人控制程序。 3.2.2 能编写典型应用工作站中 PLC、视觉、触摸屏、RFID 等控制程序。 3.2.3 能应用上位机软件进行数据采集和参数配置		

4.1.1 打磨工艺规划与参数选择

任务实施

1. 工作站工艺规划

打磨工艺流程为下一步车胎的压装流程作铺垫，主要包括三个工艺来进行实施，分别为：_____→_____→_____。

1) 打磨工艺

打磨工艺的实施主要完成轮毂正面和背面轮辋边缘打磨，改善轮辋表面的粗糙度。如图4-1所示，由于轮毂的打磨方位较为全面，因此需要借助相应的变位装置方可执行。

续表

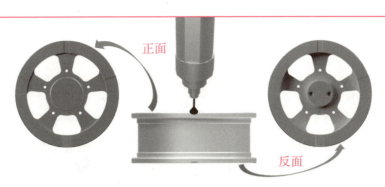

图 4-1　打磨工艺

2）吹屑工艺

吹屑工艺的实施主要将_____，避免后续实施抛光工艺时划伤金属表面。如图 4-2 所示，在吹屑工位处，吹气口可对轮毂零件喷出高流速气体。工业机器人（未显示）通过末端夹爪工具抓取轮毂零件，控制轮毂在吹屑工位进行上下移动和旋转运动，以便全方位地为轮毂零件去除金属碎屑。

3）抛光工艺

抛光工艺的实施主要完成轮毂正面和背面轮辋边缘抛光，保证在安装轮胎之前，使轮毂零件的轮辋边缘出现金属光泽（3 级）。同打磨工艺一样，由于轮毂的抛光方位较为全面，因此需要借助相应的变位装置方可执行。

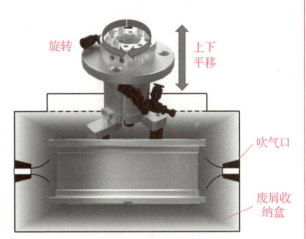

图 4-2　吹屑工艺

2. 工艺参数选择

1）选择打磨参数

打磨工作站选用工具型打磨工业机器人，打磨动作的实施及参数保证均由工业机器人来完成，具体打磨参数见表 4-1。打磨工作站的加工对象和批量化打磨工艺流程都已经确定，工业机器人工具均已固定，工具转速等参数已经在工业机器人系统中设置完成；打磨进给速度可由工业机器人 TCP 运行速度来决定。

表 4-1　打磨参数

参数	磨削压力	磨削深度	工具转速	进给速度
设定值	20 N	0.2 mm	3000 r/min	300 mm/s

2）选择抛光参数

与打磨工艺的实施方式相同，抛光动作的实施及参数保证也均由工业机器人来完成，具体抛光参数见表 4-2。

表 4-2　抛光参数

参数	抛光压力	抛光线速度	抛光膏	进给速度
设定值	10 N	18 m/s	红色抛光膏	60 mm/s

续表

4.1.2 打磨工作站程序规划

任务实施

1. 工作站生产流程规划

打磨工作站运行流程的典型示例如图 4-3 所示。该运行流程主要围绕汽车轮毂的双侧轮辋打磨为中心，通过取料、更换末端工具、安装轮胎、检测、分拣等工作流程最终完成轮毂打磨以及轮胎装配工艺。本流程要求轮毂初始姿态为正面朝上。

生产流程规划主要围绕与打磨单元相关流程（上料流程、打磨工艺流程、下料流程）为主，来规划通信架构、程序以及相关的调试。

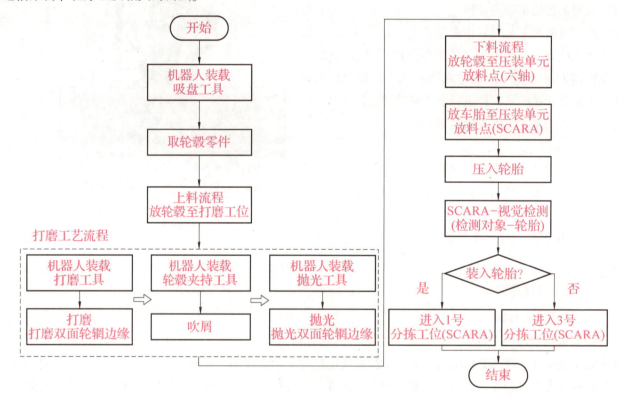

图 4-3 打磨工作站运行流程

2. 打磨工作站通信规划

打磨及抛光动作主要由六轴工业机器人装载对应的末端工具，针对打磨工艺相关功能的实现，此处只展示与打磨、抛光、吹屑、上下料相关的信号及功能，分为以下 3 部分。

1）打磨工作站的控制结构

如图 4-4 所示，在打磨工作站中，将 PLC_1 作为工作站的核心控制者，以此展示工业机器人集成应用的另一种控制策略，即工作站的主生产流程由 PLC 端控制，两台工业机器人时刻准备接收 PLC 发出的控制指令，并执行相应的动作流程，执行结束后反馈完成信号至 PLC。

为便于数据管理，减少信息的通信路径，保证信号处理效率，此处设定检测单元与 PLC 基于 TCP 进行通信。此时 PLC 作为_____，视觉控制器作为_____，配合完成视觉检测任务。打磨单元、分拣单元等其他单元模块的动作流程同样由 PLC 直接控制。

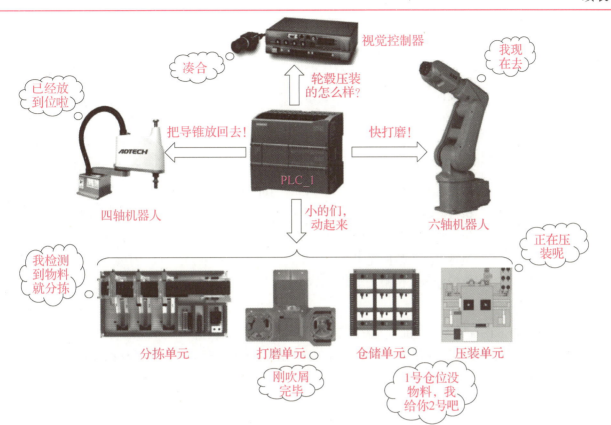

图 4-4 打磨工作站的控制结构

2) 六轴工业机器人的工具控制类信号

六轴工业机器人工具主要分为 3 类：吸盘类型、夹爪类型以及电动类型的工具，相关信号分配见表 4-3。

表 4-3 六轴工业机器人工具控制信号分配表

序号	类型	信号名称	功能	对应设备
1	DI	FrRVaccumTest	真空检知，吸取物料反馈____电位	真空发生器
2	DO	ToRDigQuickChange	控制快换装置动作，置位装置____	快换装置
3	DO	ToRDigSucker	控制吸盘类工具动作，置位____	大、小吸盘
4	DO	ToRDigGrip	控制夹爪类工具动作，置位____	夹爪
5	DO	ToRDigPolish	控制电动类工具动作，置位____	打磨、抛光工具

3) PLC 与六轴工业机器人之间的 I/O 通信

PLC 与工业机器人之间采用"一问一答"形式进行数据交互，在此设置两对组信号来实现此通信方式。

（1）流程数据。

组信号"FrPGroData"为工业机器人接收从 PLC 发送过来的流程数据，此信号为某一数值时，可触发工业机器人一系列对应动作，如执行正面打磨；组信号"ToPGroData"为工业机器人反馈至 PLC 的流程数据，工业机器人一系列流程动作执行完毕后将置位该信号至某位数值，如正面打磨完毕。这对组信号主要控制（或反馈）以功能目标为主的工业机器人流程，各信号具体功能设定见表 4-4。

续表

表 4-4 流程数控各信号功能设定

PLC1→工业机器人 I/O 接口	功能	数值	工业机器人→PLC1 I/O 接口	功能
QB16→FrPGroData	放零件至打磨工位	41	ToPGroData→IB19	放零件至打磨工位完毕
	放零件至旋转工位	42		放零件至旋转工位完毕
	从打磨工位取零件	43		从打磨工位取零件完毕
	从旋转工位取零件	44		从旋转工位取零件完毕
	执行打磨工位打磨工艺	45		打磨工位打磨工艺完毕
	执行旋转工位打磨工艺	46		旋转工位打磨工艺完毕
	执行吹屑工艺	47		执行吹屑工艺完毕
	执行打磨工位抛光工艺	48		打磨工位抛光工艺完毕
	执行旋转工位抛光工艺	49		旋转工位抛光工艺完毕

(2) 过程参数。

组信号 "ToPGroPara" 为工业机器人发送至 PLC 的过程参数；组信号 "FrPGroPara" 为工业机器人接收从 PLC 反馈的过程参数。这对组信号主要控制（或反馈）运动过程中某具体动作的过程参数，各信号具体功能设定见表 4-5。

表 4-5 过程参数各信号功能设定

I/O 接口	数值	功能
QB17（PLC1）→FrPGroPara（工业机器人）	1	打磨工位夹具气缸已夹紧
	2	旋转工位夹具气缸已夹紧
	3	打磨工位夹具气缸已放松
	4	旋转工位夹具气缸已放松
	5	吹屑完毕
ToPGroPara（工业机器人）→IB19（PLC1）	1	工业机器人已至打磨工位
	2	工业机器人已至旋转工位
	3	工业机器人已至吹屑工位

另外，工业机器人在执行打磨/抛光等工艺时，需要在打磨单元和工具单元之间频繁移动，这就需要工业机器人与执行单元的伺服滑台控制器（PLC3）进行数据交互，具体信号具体功能设定见表 4-6。

表 4-6 数据交换各信号功能设定

类型	工业机器人信号名称	PLC3-I/O 接口	功能
GO	ToPGroData	IB8+I9.0+I9.1	数据范围 0-800，工业机器人在滑台的绝对位置
AO	ToPAnaVelocity	IW64	数据范围 0-50，滑台定位运动的速度
DO	ToPDigHome	I9.2	滑台回归伺服原点，高电位有效
	ToPDigServoMode	I9.3	滑台定位运动使能 0：手动模式；1：自动模式
	ToPDigServoStop	I9.4	滑台运动停止，高电位有效
DI	FrPDigServoArrive	Q0.4	滑台到位反馈信号

续表

4）PLC 与打磨单元之间的 I/O 通信

PLC 与打磨单元的 I/O 通信，主要为控制打磨单元中相关设备的动作以及状态反馈，所有信号均为高电位有效。具体功能设定见表 4-7。

表 4-7 PLC 与打磨单元之间 I/O 通信功能设定

PLC1-I/O	功能	PLC1-I/O	功能
I20.0	打磨工位产品检知	I20.7	翻转工装下降到位
I20.1	旋转工位产品检知	I21.0	翻转工装已至旋转工位
I20.2	打磨工位夹具松开	I21.1	翻转工装已至打磨工位
I20.3	打磨工位夹具夹紧	I21.2	旋转工位夹具松开
I20.4	翻转工装夹具松开	I21.3	旋转工位夹具夹紧
I20.5	翻转工装夹具夹紧	I21.4	旋转工位旋转原点
I20.6	翻转工装上升到位	I21.5	旋转工位旋转动作
Q20.0	打磨工位夹具气缸	Q20.5	翻转工装夹具气缸
Q20.1	翻转工装至旋转工位	Q20.6	旋转工位旋转气缸
Q20.2	翻转工装至打磨工位	Q20.7	旋转工位夹具气缸
Q20.3	翻转工装升降上位	Q21.0	吹屑
Q20.4	翻转工装升降下位	Q21.1	备用

3. 打磨工作站程序规划

1）程序功能定义

进行程序功能规划时，为使程序能够更灵活的被调用，需要针对打磨单元可能遇到的各种工况（不针对某一种工艺流程）定义打磨单元应具有的功能，具体分析如下。

（1）工艺独立：工作站的打磨单元与工业机器人配合可以执行三类工艺：＿＿＿＿＿工艺、＿＿＿＿＿工艺和＿＿＿＿＿工艺。为了实现不同工况下轮毂零件的制造，可能需要执行其中的一类工艺或几类工艺，并且不同工艺前后顺序和参数可能也会有所不同，因此有必要将三类工艺分别规划及编程；

（2）轮毂姿态转换：轮毂有正、反两面，如图 4-5 所示，对于打磨变位机构，不同的轮毂姿态应当放置在不同的工位。当轮毂正、反两面加工工艺不确定时，对轮毂姿态的变换就有需求。因此独立编制参数化程序实现轮毂姿态的调整也是有必要的；

图 4-5 轮毂不同工位

续表

(3) 上/下料独立：由于仓储单元存放轮毂姿态统一为正面朝上，在此可以暂不考虑打磨单元上料时的轮毂姿态的变化。在打磨流程之后，后续流程可能对轮毂的姿态有不同的需求，比如视觉检测单元，可能对轮毂正、反两面都有检测要求，在借助打磨单元进行轮毂姿态调整后，轮毂零件有可能在打磨工位，也有可能在旋转工位。不同的轮毂姿态对应的工业机器人取料点位和路径均不同，因此有必要将上/下料进行独立参数化编制；

(4) 对于打磨单元，无论上下料流程、工艺流程还是姿态转换动作，都需要 PLC 和工业机器人的共同配合才能完成，因此在编制每一段程序时，要着重考虑程序段的触发机制以及反馈机制。

2) 程序规划

(1) 工业机器人程序规划。

在打磨工作站中共有两种类型的工业机器人：六轴工业机器人和四轴工业机器人。根据单元模块功能规划，此处将以打磨工作站的全部流程为基础，对工业机器人的相关流程进行程序规划，见表 4-8。在后续工业机器人程序编制中，主要对打磨单元以及打磨工作站的流程程序做详细说明。

表 4-8　工业机器人单元模块功能规划

工业机器人	程序模块	对应单元模块	工业机器人程序	工业机器人功能
六轴工业机器人	Program	执行单元	CSlideMove	滑台定位运动
		工具单元	PGetTool	装载工具
			PPutTool	卸载工具
		仓储单元	PGetHub	拾取轮毂
			PPutHub	放置轮毂
		压装单元	PPutAssem	上料
		打磨单元	PGetPolish	下料
			PPutPolish	上料
			PDoPolish	执行打磨工艺
			PDoBuffing	执行抛光工艺
			PDoClean	执行吹屑工艺
	Module1	打磨工作站	Main	六轴工业机器人全流程
			Initialize	六轴工业机器人初始化
	Definition	打磨工作站	——	存储工业机器人全局数据
四轴工业机器人	Program	检测单元	PVisual	执行视觉检测
		分拣单元	PSort	分拣已完成装配车轮
		压装单元	PGetHub	下料
			PPutHub	上料
		四轴工业机器人单元	PGetTire	装载导锥和轮胎
	Module1	打磨工作站	Main	四轴工业机器人全流程

续表

(2) PLC 程序规划。

在打磨工作站中,共使用两个 PLC 控制器,在此将其命名为 PLC_1 和 PLC_3。根据单元模块功能规划以及控制结构,将各单元的功能进行划分,具体内容见表 4-9。

表 4-9 PCL 程序单元模块功能规划

PLC	程序块	单元模块	PLC 功能
PLC_1	FB 块	仓储单元	状态显示、控制零件的出库、入库
		工具单元	发送工业机器人相关的指令,完成工具的装载与卸载
		压装单元	控制传输带的运动以及压装动作的执行
		检测单元	作为客户端与视觉控制器建立 TCP 通信,完成车轮视觉检测
		分拣单元	根据视觉检测结果执行分拣
		打磨单元	控制打磨单元的上料、下料、工艺流程、零件翻转功能
	OB 块	打磨工作站	控制打磨工作站全局流程
PLC_3	FB 块 OB 块	执行单元	接收工业机器人的运动参数,控制伺服滑台进行定位运动

(3) 工业机器人与 PLC 的程序关系。

工业机器人与 PLC 需要互相配合,才能完成具体的功能流程。为说明工业机器人与 PLC 之间的程序配合关系,在此以打磨单元的功能流程为例,展示上料流程、下料流程、打磨工艺流程、吹屑工艺流程、抛光工艺流程等的参数对照以及程序对照,具体内容见表 4-10。

表 4-10 打磨单元的功能流程参数与程序对照

序号	PLC 接口	参数	功能	对应工业机器人程序	工业机器人功能
1	上料参数	——	上料流程	PPutPolish()	上料至打磨工位
2	下料参数	1	下料流程	PGetPolish(num i)	i=1:打磨工位取料
		2			i=2:旋转工位取料
3	工艺参数	1	打磨工艺流程	PDoPolish(num i)	i=1:打磨工位打磨
					i=2:旋转工位打磨
		2	吹屑工艺流程	PDoClean()	夹持零件进行吹屑
		3	抛光工艺流程	PDoBuffing(num i)	i=1:打磨工位抛光
					i=2:旋转工位抛光
4	变位流程	1	将轮毂零件由____工位翻转至____工位		
		2	将轮毂零件由____工位翻转至____工位		
		3	将轮毂零件旋转____		

续表

3）运动路径及点位规划

轮毂零件的打磨位置已确定，且打磨路径由工业机器人的_____来决定，因此合理使用偏移位置点非常必要。如图 4-6 所示，先测量轮辋边缘的半径尺寸，输入工业机器人系统即可精确计算出打磨工艺路径，抛光路径及其点位偏移。其他点位及释义见表 4-11。

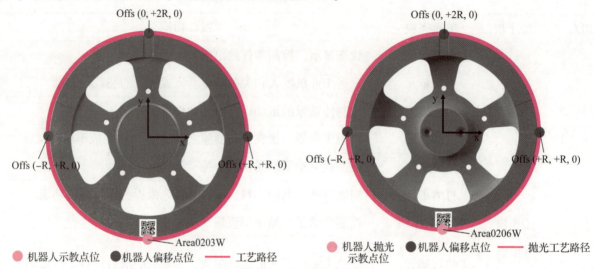

图 4-6 轮毂边缘尺寸

表 4-11 点位及释义

序号	点位名称	功能释义
1	Area0200R	打磨单元临近点
2	Area0201W	打磨工位取料/放料点
3	Area0202W	旋转工位取料/放料点
4	Area0203W	正面打磨点
5	Area0204W	反面打磨点
6	Area0205W	正面抛光点
7	Area0206W	反面抛光点
8	Area0207W	吹屑工位

4.1.3 打磨工作站程序编制及调试

任务实施

1. 工业机器人工作流程及程序编制

1）编制工业机器人打磨子程序

由工业机器人程序规划可知，工业机器人的动作流程主要包含上/下料流程、打磨工艺流程、吹屑工艺流程和抛光工艺流程等。PLC1 发出不同的流程数据，如图 4-7 中示意的"执行上料流程"，工业机器人即会执行不同的动作流程。

续表

① 上料流程。

如图4-7所示,根据PLC1发出的流程数据,工业机器人将当前所夹持轮毂零件放置在打磨单元的打磨工位上。在上料过程中,存在工业机器人与PLC1进行信息交互的过程,此处把交互的信息称之为"过程参数"。执行上料流程之前,工业机器人已经从仓储单元夹取轮毂零件。当工业机器人携轮毂运动至打磨工位时,将到位信息发送至PLC1,等待PLC1该工位夹具夹紧的信息反馈,工业机器人再松开当前夹持的轮毂零件,运动至打磨单元临近点,上料流程结束。

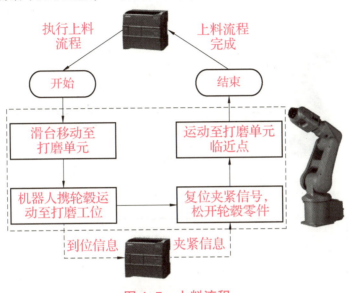

图4-7 上料流程

② 下料流程。

如图4-8所示,工业机器人换持夹爪工具后,根据_____发出的流程数据,执行打磨单元的下料流程。根据当前的下料输入参数,取出当前处于打磨单元打磨工位或旋转工位的轮毂零件。

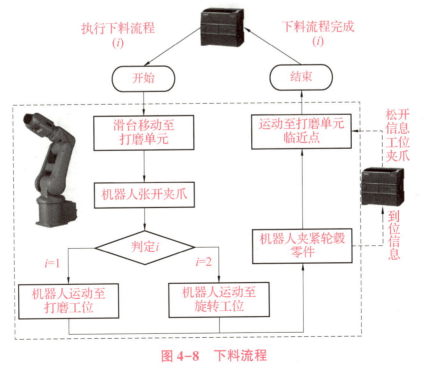

图4-8 下料流程

③ 打磨/抛光工艺。

如图4-9所示，工业机器人换持打磨工具/抛光工具后，根据PLC1发出的流程数据，执行。根据当前的工艺输入参数，对轮毂零件的正面或背面进行_____。

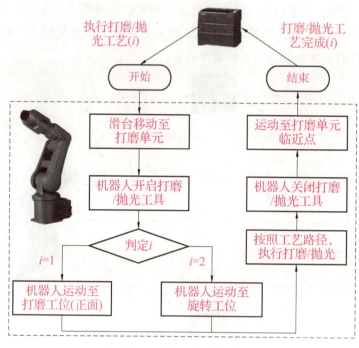

图4-9 打磨/抛光工艺

④ 吹屑工艺。

如图4-10所示，根据PLC1发出的流程数据，工业机器人换持夹爪工具，将轮毂零件转移至吹屑工位处，完成轮毂的吹屑。在吹屑过程中，工业机器人需要不断改变轮毂的_____，满足全方位吹屑要求。

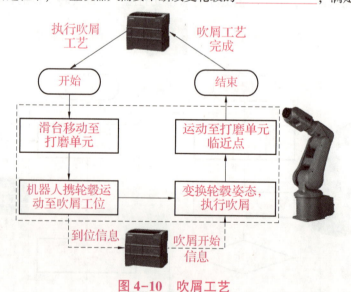

图4-10 吹屑工艺

(2) 操作步骤。

此处以打磨单元的下料流程、打磨工艺、吹屑工艺为例，编写工业机器人的取料、打磨、吹屑姿态转变的子程序，具体操作见下表。

续表

操作步骤	示意图
（1）编制打磨单元工业机器人下料流程程序	
①新建打磨单元取料程序，并为程序添加变量＿＿＿＿，依次对应打磨工位和旋转工位的取料功能	新例行程序 - T_ROB1 内的<未命名程序>/Program 例行程序声明 名称： PGetPolish ABC... 类型： 程序 参数： num i 数据类型： num 模块： Program
②程序运行之初，先使工业机器人回归Home点，控制滑台运动至打磨工位，并复位夹爪信号使工业机器人末端工具＿＿＿＿，为夹取物料做准备	PROC PGetPolish(num i) 　MoveAbsJ Home\NoEOffs, v1000, z50, tool0; 　CSlideMove 200, 25; 　MoveJ Area0200R, v1000, z50, tool0; 　Reset ToRDigGrip;
③利用"＿＿＿＿"指令，使其根据参数 i 的值分别执行不同的动作。当 i=1 时，工业机器人运动至打磨工位并置位夹爪信号，然后发送PLC1过程参数"1"，告知PLC1当前工业机器人状态，然后等待PLC1的过程反馈	TEST i CASE 1: 　MoveJ Offs(Area0201W,0,0,50), v100, z50, tool0; 　MoveL Area0201W, v40, fine, tool0; 　Set ToRDigGrip; 　SetGO ToPGroPara, 1; 　WaitGI FrPGroPara, 3; 　MoveL Offs(Area0201W,0,0,50), v100, z50, tool0;
④同上步骤，当 i=2 时，工业机器人运动至旋转工位并置位＿＿＿＿，然后发送PLC1过程参数"2"，告知PLC1当前工业机器人状态，然后等待PLC1的过程反馈	CASE 2: 　MoveJ Offs(Area0202W,0,0,50), v100, z50, tool0; 　MoveL Area0202W, v40, fine, tool0; 　Set ToRDigGrip; 　SetGO ToPGroPara, 2; 　WaitGI FrPGroPara, 4; 　MoveL Offs(Area0202W,0,0,50), v100, z50, tool0; ENDTEST
⑤根据执行不同工位处的取料过程，反馈给PLC1不同的流程数据。 提示：读者可参见下料流程的步骤5，便可深入了解PLC与工业机器人在作业流程上的紧密配合	MoveJ Area0200R, v1000, z50, tool0; TEST i CASE 1: 　SetGO ToPGroData, 43; CASE 2: 　SetGO ToPGroData, 44; ENDTEST
⑥反馈PLC相应的流程数据之后，添加延时时间＿＿＿＿s，将组信号"ToPGroData"赋值为＿＿＿＿，下料流程程序编制结束。从而为后续功能流程做准备	CASE 2: 　　SetGO ToPGroData, 44; 　ENDTEST 　WaitTime 5; 　SetGO ToPGroData, 0; ENDPROC
⑦参照下料流程程序，整理打磨单元上料流程如下： 　PROC PPutPolish(num i) 　　MoveAbsJ Home \NoEOffs,v1000,z50,tool0; 　　CSlideMove 200,25; 　　MoveJ Area0200R,v1000,z50,tool0;	

续表

```
            TEST i
            CASE 1:
                MoveJ Offs(Area0201W,0,0,50),v100,z50,tool0;
                MoveL Area0201W,v40,fine,tool0;
                SetGO ToPGroPara,1;
                WaitGI FrPGroPara,1;
                Reset ToRDigGrip;
                MoveL Offs(Area0201W,0,0,50),v100,z50,tool0;
            CASE 2:
                MoveJ Offs(Area0202W,0,0,50),v100,z50,tool0;
                MoveL Area0202W,v40,fine,tool0;
                SetGO ToPGroPara,2;
                WaitGI FrPGroPara,2;
                Reset ToRDigGrip;
                MoveL Offs(Area0202W,0,0,50),v100,z50,tool0;
            ENDTEST
            MoveJ Area0200R,v1000,z50,tool0;
            TEST i
            CASE 1:
                SetGO ToPGroData,41;
            CASE 2:
                SetGO ToPGroData,42;
            ENDTEST
            WaitTime 5;
            SetGO ToPGroData,0;
        ENDPROC
```

（2）打磨功能编制

①新建打磨单元打磨程序，并为程序添加变量 i，依次对应轮毂正面和轮毂反面的打磨功能，即 $i=$____时对应轮毂正面打磨，$i=$____时对应轮毂反面打磨

②程序运行之初，先使工业机器人回归 Home 点，控制滑台运动至打磨工位，并使工业机器人运动至打磨单元临近点

```
PROC PDoPolish(num i)
    MoveAbsJ Home\NoEOffs, v1000, z50, tool0;
    CSlideMove 200, 25;
    MoveJ Area0200R, v1000, z50, tool0;
```

续表

| ③利用"TEST"指令，使其根据参数 $i$ 的值分别执行不同的动作 | ```
TEST i
CASE 1:
    MoveJ Offs(Area0203W,0,0,50), v1000, z50, tool0;
    Set ToRDigPolish;
    MoveL Area0203W, v40, fine, tool0;
    MoveC Offs(Area0203W,-50,50,0), Offs(Area0203W,0,100,0), v10, fine, tool0;
    MoveC Offs(Area0203W,50,50,0), Area0203W, v10, fine, tool0;
    MoveL Offs(Area0203W,0,0,50), v100, z50, tool0;
``` |
| ④当 $i=$ ___ 时，工业机器人运动至旋转工位的打磨起始点的偏移位置，然后开启打磨装置，按照规划的打磨工艺路径执行轮毂背面的打磨 | ```
CASE 2:
    MoveJ Offs(Area0204W,0,0,50), v1000, z50, tool0;
    Set ToRDigPolish;
    MoveL Area0204W, v40, fine, tool0;
    MoveC Offs(Area0204W,-50,50,0), Offs(Area0203W,0,100,0), v10, fine, tool0;
    MoveC Offs(Area0204W,50,50,0), Area0203W, v10, fine, tool0;
    MoveL Offs(Area0204W,0,0,50), v100, z50, tool0;
ENDTEST
``` |
| ⑤打磨完成后，关闭打磨装置，并运动至打磨单元临近点。然后根据执行不同工位的打磨流程，反馈给 PLC1 不同的流程数据 | ```
Reset ToRDigPolish;
MoveJ Area0200R, v1000, z50, tool0;
TEST i
CASE 1:
    SetGO ToPGroData, 45;
CASE 2:
    SetGO ToPGroData, 46;
ENDTEST
``` |
| ⑥反馈 PLC1 相应的流程数据之后，添加延时时间 5 s，将组信号"ToPGroData"赋值为___，下料流程程序编制结束。从而为后续功能流程做准备 | ```
    CASE 2:
        SetGO ToPGroData, 46;
    ENDTEST
    WaitTime 5;
    SetGO ToPGroData, 0;
ENDPROC
``` |

⑦参照打磨工艺程序，整理抛光工艺程序如下：

```
PROC PDoBuffing(num i)
    MoveAbsJ Home\NoEOffs,v1000,z50,tool0;
    CSlideMove 200,25;
    MoveJ Area0200R,v1000,z50,tool0;
    TEST i
    CASE 1:
        MoveJ Offs(Area0205W,0,0,50),v1000,z50,tool0;
        Set ToRDigPolish;
        MoveL Area0205W,v40,fine,tool0;
        MoveC Offs(Area0205W,-50,50,0),Offs(Area0203W,0,100,0),v10,fine,tool0;
        MoveC Offs(Area0205W,50,50,0),Area0203W,v10,fine,tool0;
        MoveL Offs(Area0205W,0,0,50),v100,z50,tool0;
    CASE 2:
        MoveJ Offs(Area0206W,0,0,50),v1000,z50,tool0;
        Set ToRDigPolish;
        MoveL Area0206W,v40,fine,tool0;
        MoveC Offs(Area0206W,-50,50,0),Offs(Area0203W,0,100,0),v10,fine,tool0;
        MoveC Offs(Area0206W,50,50,0),Area0203W,v10,fine,tool0;
        MoveL Offs(Area0206W,0,0,50),v100,z50,tool0;
```

```
        ENDTEST
        Reset ToRDigPolish;
        MoveJ Area0200R,v1000,z50,tool0;
        TEST i
        CASE 1:
            SetGO ToPGroData,48;
        CASE 2:
            SetGO ToPGroData,49;
        ENDTEST
        WaitTime 5;
        SetGO ToPGroData,0;
    ENDPROC
```

（3）吹屑功能编制

①新建打磨单元吹屑程序	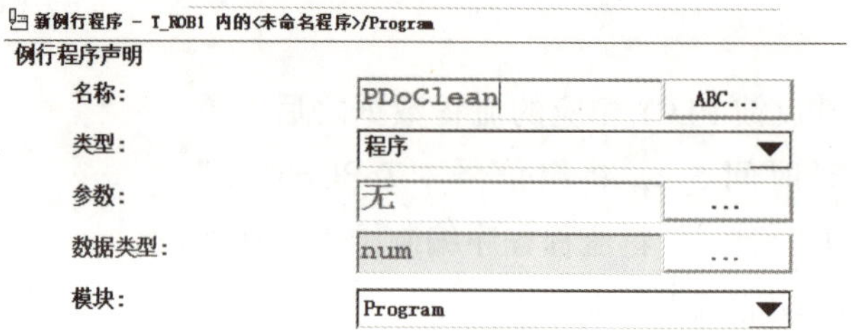 （新建例行程序对话框：名称 PDoClean，类型 程序，参数 无，数据类型 num，模块 Program）

②程序运行之初，先使工业机器人回归_____点，控制滑台运动至打磨工位，并使工业机器人运动至打磨单元_____点	`PROC PDoClean()`
	`    MoveAbsJ Home\NoEOffs, v1000, z50, tool0;`
	`    CSlideMove 200, 25;`
	`    MoveJ Area0200R, v1000, z50, tool0;`

③工业机器人夹持轮毂运动至吹屑点位，然后发送过程参数"_____"，告知PLC1当前工业机器人状态	`    MoveJ Offs(Area0207W,0,0,100), v400, z50, tool0;`
	`    MoveL Area0207W, v100, z50, tool0;`
	`    SetGO ToPGroPara, 3;`
	`    WaitTime 1;`

④开始吹屑后，工业机器人夹持物料绕坐标轴旋转，不断变换当前物料的姿态。直至等到PLC1发出过程参数"_____"，姿态转换完毕	`    MoveL RelTool(Area0207W,0,0,90), v10, fine, tool0;`
	`    MoveL RelTool(Area0207W,0,0,-90), v10, fine, tool0;`
	`    MoveL RelTool(Area0207W,0,0,0), v10, fine, tool0;`
	`    WaitGI FrPGroPara, 5;`

⑤工业机器人夹持物料运动至打磨单元临近点，反馈给PLC1流程数据"_____"，吹屑工艺执行完毕	`    WaitGI FrPGroPara, 5;`
	`    MoveL Offs(Area0207W,0,0,100), v100, z50, tool0;`
	`    MoveJ Area0200R, v400, z50, tool0;`
	`    SetGO ToPGroData, 47;`

⑥反馈PLC相应的流程数据之后，添加延时时间5s，将组信号"ToPGroData"赋值为_____，下料流程程序编制结束	`    SetGO ToPGroData, 47;`
	`    WaitTime 5;`
	`    SetGO ToPGroData, 0;`
	`ENDPROC`

2）编制工业机器人主程序

如图4-11所示，为打磨工作站工业机器人运行的部分主程序。流程的执行选择主要由PLC1发至工业机器人流程数据（FrPGroData）的值来决定。

续表

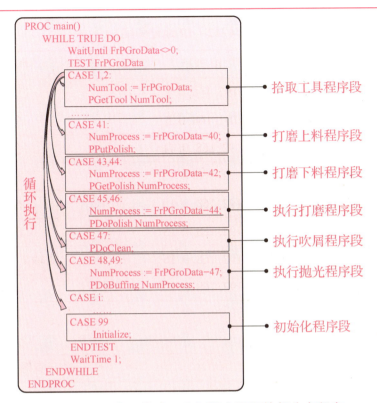

图 4-11 打磨工作站工业机器人运行的部分主程序

2. PLC 程序编制

1）打磨工作站硬件组态

如图 4-12 所示，将打磨工作站中 PLC（包含 PLC_1、PLC_3）以及各单元模块的远程 I/O 组态到设备网络中，并为每个单元的远程 I/O 分配固定的 IP 地址，如此各单元模块才能组态到 PLC_1 的 ProfiNet 通信网络中。注意这些 IP 地址需要处于同一网段的不同地址。具体分配地址见表 4-12。

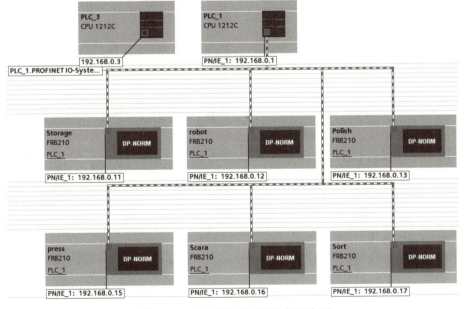

图 4-12 打磨工作站硬件组态图

续表

表 4-12　IP 地址分配

类型	组态名称	IP 地址	对应单元模块
控制器	PLC_1	192.168.0.1	总控单元
	PLC_3	192.168.0.3	总控单元
远程 I/O 模块	Storage	192.168.0.11	仓储单元
	Robot	192.168.0.12	执行单元
	Polish	192.168.0.13	打磨单元
	Press	192.168.0.15	压装单元
	Scara	192.168.0.16	四轴工业机器人单元
	Sort	192.168.0.17	分拣单元

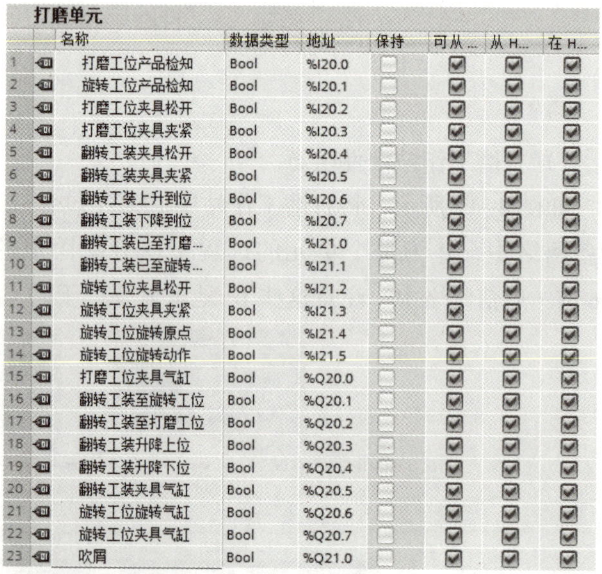

2）编制 PLC 打磨子程序（FB 块）

打磨单元 PLC 的具体编制方式见下表。

操作步骤	示意图
①根据打磨单元的硬件接线图以及系统的信号分配情况，添加打磨单元的 I/O 变量表。其中，名称可由编程者根据功能自定义命名	（打磨单元 I/O 变量表）
②在项目文件 PLC_1 的程序块中新建 FB 函数块，并重命名为"打磨单元"。然后在该函数块中，输入该单元所需要的输入型参变量和输出型参变量	（打磨单元 FB 函数块参数表）

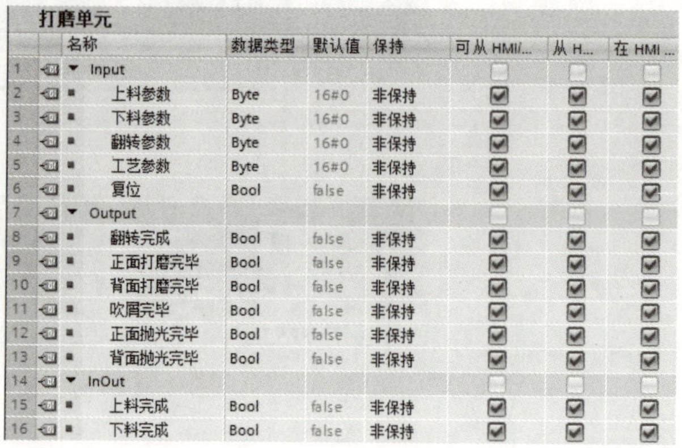

续表

操作步骤	示意图
（1）打磨单元下料流程编制	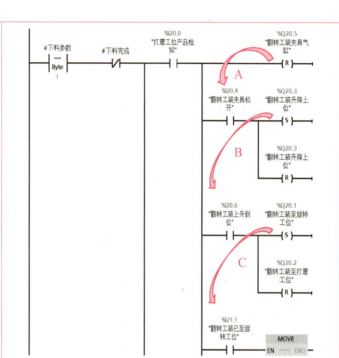
①此处以执行打磨工位下料流程为例：当检测到打磨工位有物料时，即松开翻转工装（过程A）； 当检测到翻转工装夹具松开后，触发翻转工装＿＿＿（过程B）；检测到翻转工装上升到位后，随即触发翻转工装翻转至旋转工位	
②当翻转工装运动至旋转工位时（过程C），即已满足工业机器人取料要求，即可发送流程数据"43"至工业机器人（过程D），意为告知工业机器人开始执行打磨工位下料流程。 取料过程中，当工业机器人运动至打磨工位时，会反馈过程参数"＿＿＿"（过程E），触发打磨工位夹具松开，并将该状态通过过程参数"3"发送给工业机器人（过程F）	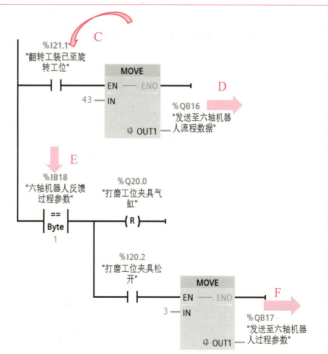
③工业机器人完成取料，将完成的流程数据"43"反馈至PLC（过程G），触发PLC将流程数据赋值为"＿＿＿"（过程H），从而使工业机器人重新处于待命状态	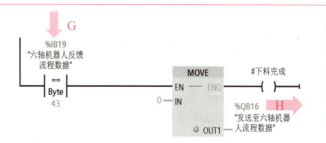

续表

操作步骤	示意图
(2) 打磨工艺流程编制	
①当工艺参数为"1"时，执行打磨流程。当打磨工位检测到物料时，即可发送流程数据"_____"至工业机器人（过程I），意为告知工业机器人执行该工位的打磨流程。打磨完毕后，工业机器人反馈流程数据"45"（过程J），触发PLC将流程数据赋值为"_____"（过程K），从而使工业机器人重新处于待命状态	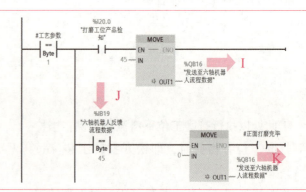
②当旋转工位检测到物料时，即可发送流程数据"_____"至工业机器人（过程L），意为告知工业机器人执行该工位的打磨流程。打磨完毕后，工业机器人反馈流程数据"46"（过程M），触发PLC将流程数据赋值为"_____"（过程N），从而使工业机器人重新处于待命状态 同时置位"背面打磨完毕"的状态输出	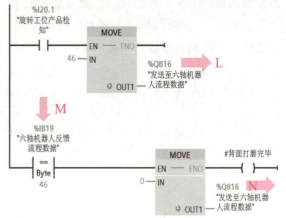
(3) 吹屑工艺流程编制	
①当工艺参数为"_____"时，PLC发送流程数据"47"至工业机器人（过程O），工业机器人运动至吹屑工位时，反馈过程参数"3"（过程P），PLC开启吹屑	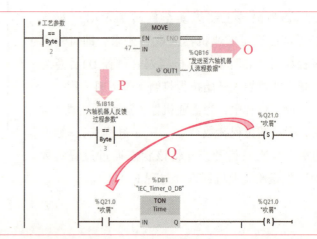
②吹屑开启后（过程Q），延时5s后关闭吹屑功能，并发送过程参数"_____"至工业机器人（过程R），工业机器人即离开吹屑工位，到指定位置后反馈流程数据"47"（过程S），并触发PLC将流程数据赋值为"0"（过程T），从而使工业机器人重新处于待命状态	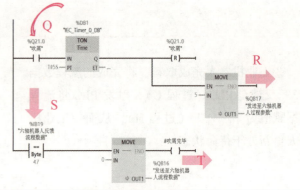

续表

操作步骤	示意图
（4）打磨单元变位流程编制	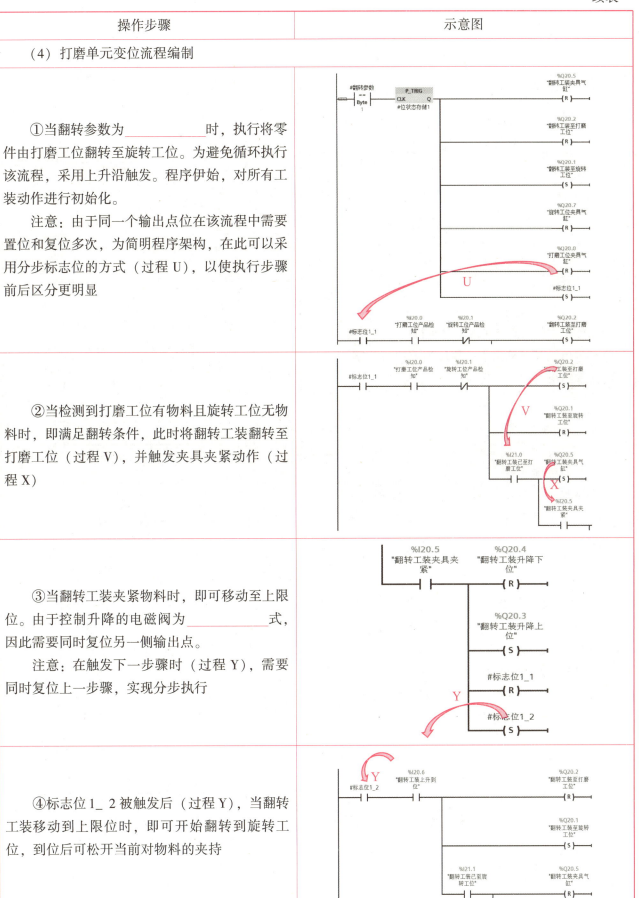
①当翻转参数为_____时，执行将零件由打磨工位翻转至旋转工位。为避免循环执行该流程，采用上升沿触发。程序伊始，对所有工装动作进行初始化。 注意：由于同一个输出点位在该流程中需要置位和复位多次，为简明程序架构，在此可以采用分步标志位的方式（过程 U），以使执行步骤前后区分更明显	
②当检测到打磨工位有物料且旋转工位无物料时，即满足翻转条件，此时将翻转工装翻转至打磨工位（过程 V），并触发夹具夹紧动作（过程 X）	
③当翻转工装夹紧物料时，即可移动至上限位。由于控制升降的电磁阀为_____式，因此需要同时复位另一侧输出点。 注意：在触发下一步骤时（过程 Y），需要同时复位上一步骤，实现分步执行	
④标志位1_2被触发后（过程 Y），当翻转工装移动到上限位时，即可开始翻转到旋转工位，到位后可松开当前对物料的夹持	

续表

操作步骤	示意图
⑤当松开对当前物料的夹持后,翻转工装即可返回打磨工位,开启下一步骤(过程Z)并且复位当前步骤	
⑥旋转工位对翻转来的工具进行夹紧,同时复位打磨单元其他输出点,复位当前执行步骤,翻转流程结束	
(5) 打磨单元复位流程编制	
①添加"_____"接口的动合触点,为防止打磨单元被重复复位,可添加上升沿触发指令	
②首先要保证PLC发送至工业机器人的"_____"和"_____"没有与打磨单元相关的参数,即通信复位; 其次要保证当前打磨单元的输入参数(包含上料参数、下料参数、工艺参数、翻转参数)均为_____,即参数复位	
③程序执行过程中,产生的标志位数据代表着程序当前执行的进程,在复位时也需要清除掉	

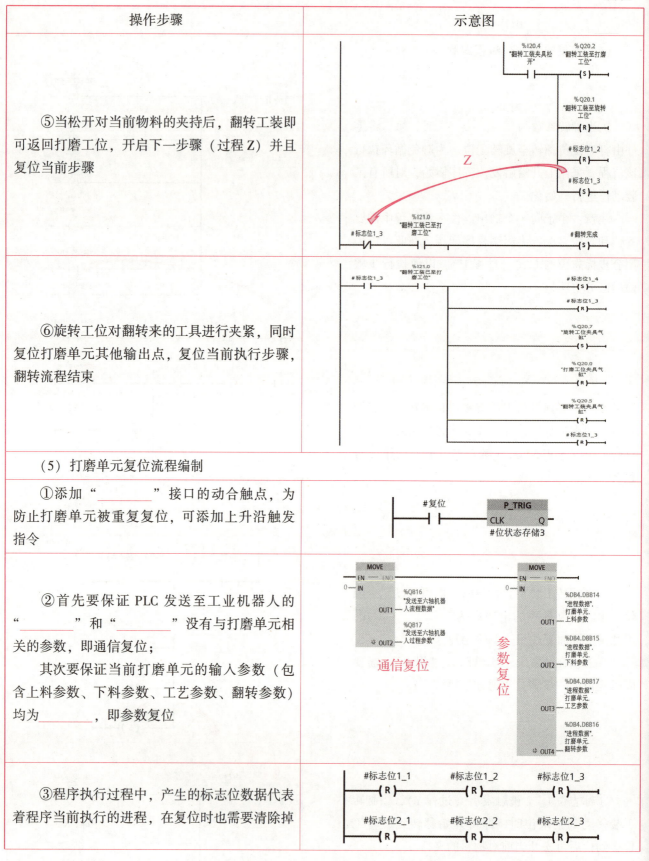

续表

操作步骤	示意图
④每个单元模块都有初始状态，打磨单元也不例外。如右图所示程序段，是通过气缸相关信号的置位和复位，将打磨单元夹爪、工装等自动回复至初始状态	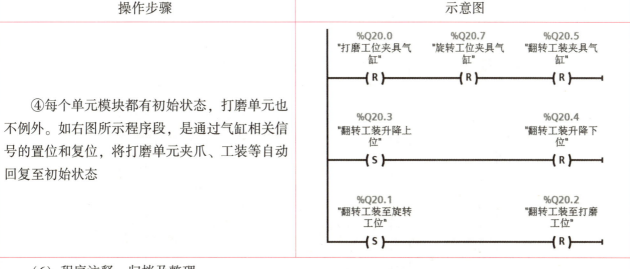
（6）程序注释、归档及整理 在编程过程中，养成良好的编程习惯，及时对所编程序进行必要的注释，为后续主程序的编制、调试以及维护作准备	

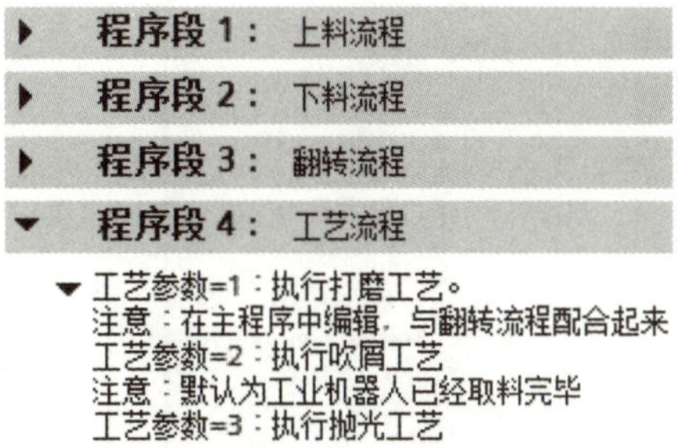

3）编制 PLC 组织块（OB 块）

打磨功能的组织块编辑主要分为两部分，其一为打磨单元 FB 块的调用，其二为根据工艺流程编制的流程程序。

（1）打磨单元 FB 块的调用。

如图 4-13 所示，首先将已编制完成的打磨单元 _____ 块（子程序块）拖至 _____ 块中（过程 a），其次将该子程序块的输入形参和输出形参分别关联对应的变量（过程 b），注意所关联变量的类型与输入/输出形参需要一致。执行上述两个过程后，打磨单元 FB 块调用完毕。

打磨单元 FB 块调用之后，可以通过对该程序块的输入参数赋予不同的参数值，即可满足相关功能的实施，功能定义见 PLC 程序规划表。注意，这些输入参数默认状态为 0，同一时刻最对只允许有 1 个参数被赋值。

续表

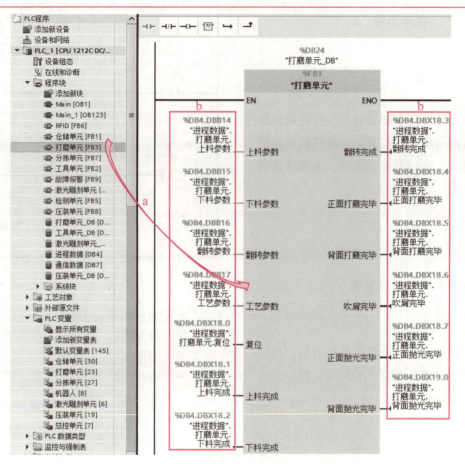

图 4-13 打磨单元 FB 块的调用

(2) 编制工作站流程程序。

此处主要展示打磨工作站中核心流程的程序编制，主要包括启动流程、复位流程、换取工具流程、打磨工艺流程、吹屑工艺流程以及抛光工艺流程。其中打磨工作站前后流程的联系及触发机制将在"换取工具流程"详细说明。

① 启动流程。

如图 4-14 所示，为打磨工作站的启动流程。当按下总控单元中的绿色自复位按钮时，该动合触点接通，即会置位"启动"标识位 M10.0，由此启动打磨工作站的后续执行流程（过程 c）。

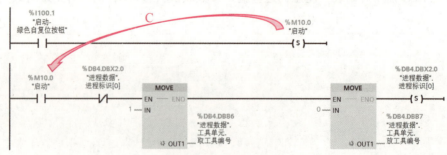

图 4-14 启动流程

② 复位流程。

如图 4-15 所示，为打磨工作站的复位流程。当按下总控单元中的红色自复位按钮时，该动合触点接通，即会执行_____部分功能的复位：

续表

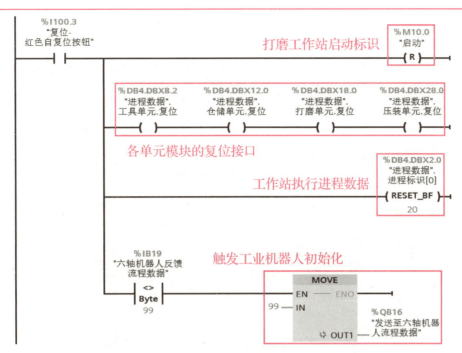

图 4-15 复位流程

复位打磨工作站的"启动"标识位;触发各单元模块子程序(FB 块)的复位接口,使工作站中单元模块各自恢复至初始状态;清除打磨工作站执行流程过程的"进程数据",复位后打磨工作站重新从第一个流程开始执行;触发工业机器人的初始化进程。以上复位功能,基本满足打磨工作站的复位需求。

③ 换取工具流程。

如图 4-16 所示,为打磨工作站的换取工具流程。

前序流程置位"进程标识[2]"(过程 d),且前序功能流程已完成时,开始触发换取工具流程。此时程序会将"_____"变量赋值为 1,从而触发工具单元子程序 FB 块执行卸载 1 号夹爪工具,同时置位"进程标识[3]"。当"_____"被置位后,该标识的动断触点被断开(过程 e),即停止该程序段对"工具单元.放工具编号"变量的赋值,同时准备触发下一程序段的执行(过程 f)。

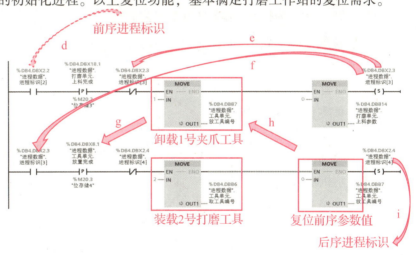

图 4-16 换取工具流程

当 1 号夹爪工具卸载完毕后,会置位"工具单元.放置完成"标识位(过程 g)。该位检测到上升沿之后,就会随即触发当前装载工具程序段的执行。在该程序段,主要对两个输入参数进行赋值,即将"工具单元.取工具编号"变量赋值为_____,将上一工序触发的"工具单元.放工具编号"变量赋值为_____(过程 h),从而触发工具单元子程序 FB 块执行装载 2 号打磨工具。

在对"工具单元.取工具编号"变量赋值的同时,会置位"_____",为后序程序段的执行作准备(过程 i)。同理,后序程序段的触发机制以及执行机制均与"换取工具流程"类似。

④ 打磨工艺流程。

如图4-17所示,为打磨工作站的打磨工艺流程。

该流程被触发时,先执行打磨工位的打磨工艺,即打磨轮毂正面轮辋部位。正面打磨完毕后,触发下一程序段(过程j),将轮毂零件由打磨工位翻转至旋转工位,再触发下一程序段(过程k),执行旋转工位的打磨工艺,即打磨轮毂反面轮辋部位。

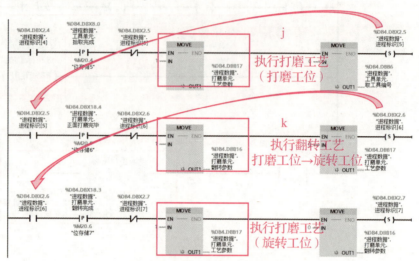

图4-17 打磨工艺流程

⑤ 吹屑工艺流程。

如图4-18所示,为打磨工作站的吹屑工艺流程。

该流程被触发时,先执行打磨单元旋转工位的下料工艺,即工业机器人从旋转工位取走轮毂零件。零件拾取完毕后,触发下一程序段(过程l),开始执行_____工艺,即工业机器人抓取轮毂至吹屑工位将吹去打磨过程中产生的碎屑。吹屑完成后再触发下一程序段(过程m),执行打磨单元旋转工位的上料工艺,即工业机器人将轮毂零件放置在旋转工位。

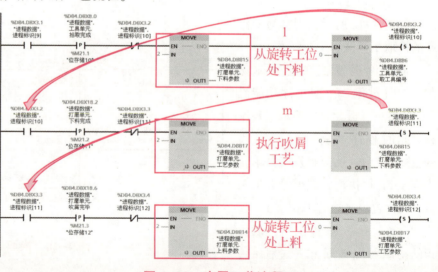

图4-18 吹屑工艺流程

⑥ 抛光工艺流程。

如图4-19所示,为打磨工作站的抛光工艺流程。

该流程被触发时,先执行旋转工位的抛光工艺,即抛光轮毂反面轮辋部位。反面抛光完毕后,触发下一程序段(过程n),将轮毂零件由旋转工位翻转至打磨工位,再触发下一程序段(过程o),执行打磨工位的抛光工艺,即抛光轮毂正面轮辋部位。

续表

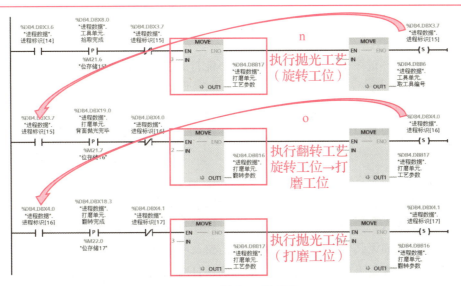

图 4-19 抛光工艺流程

3. 手动调试打磨工艺及程序

综合调试主要包括两方面：工艺调试和工作站流程调试。如右图所示，前者主要着眼于工作站涉及的工艺，设置不同的打磨/抛光参数，通过加工得到符合质量要求的工件；后者将打磨视为流程中的一部分，主要着眼于整体自动化流程的实施，通过调试各个单元模块、工业机器人与 PLC 之间的流程数据以及过程参数，使工作站能够顺利地进行自动化生产。

综合调试 { 工艺调试 { 参数固化 / 路径优化 }, 流程调试 { 独立调试 / 系统联调 } }

1) 调试准备

（1）调试设备。

智能制造单元系统集成应用平台——打磨工作站、轮毂零件（6个）。

（2）辅助材料。

表面光洁度对照卡、钢丝打磨头、羊毛轮、常备工具箱、防护用品（防护服、口罩以及护目镜）。

2) 工艺参数及加工质量

（1）工艺参数。

磨削压力以及磨削深度，由工业机器人打磨示教点位 Area0203W 和 Area0204W 示教来保证，两点位如图 4-20 所示。

Area0203W

Area0204W

图 4-20 两点位

续表

(2) 加工质量要求。

① 角位过渡。

角位打磨要圆滑平直，过渡平顺，无凹凸不平，不能打磨过渡，表面无裂纹。

② 表面特点。

打磨加工后的工件打磨面纹路要清晰、平直，且过渡均匀，不能有乱纹；吹屑工艺执行完毕，工件表面无碎屑残留；抛光工艺执行完毕，工件表面达到___级抛光要求即可。

3) 调试注意事项

①正确穿戴防护服、口罩以及_____；

②工作前检查打磨装置和抛光装置有无损坏，确保打磨单元防护装置完好无损；

③单独调试工业机器人，启动打磨装置并作调整，确保打磨装置、抛光装置无抖动现象；

④打磨前确保工件表面无其他杂物，发现有异物需要及时清理；

⑤进行首件打磨，检查是否合乎打磨标准，最终确认打磨质量无误后方可确定打磨工艺参数，亦可开始批量作业；

⑥调试运行过程中，需要调试人员时刻注意工作站的运行状态，当有异常情况发生时，需快速按下总控单元的急停按钮。手动状态下，工业机器人松开使能按钮即可停止运动。

4) 操作步骤

工业机器人与 PLC 的独立调试和系统联调，具体步骤见下表。

操作步骤	示意图
（1）独立调试——工业机器人调试	
①手动操纵电磁阀，松开打磨工位的夹具。然后将轮毂以正面朝上的姿态放置在打磨工位上并固定工件	
②根据打磨工作点位将工业机器人各工作点位、临近点位示教完毕	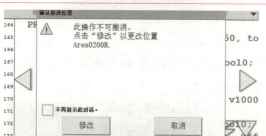
③控制工业机器人工具快换信号的置位与复位，手动将工业机器人末端工具更换为打磨工具	

续表

操作步骤	示意图
④新建调试子程序 PTest(),利用"_____"指令调用打磨子程序"PDoPolish",参数赋为1,调试工业机器人正面打磨程序	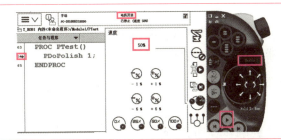
⑤观察具体的打磨路径,调整示教点位以及偏移的参数大小,最终得到合适的打磨参数以及路径,最终得到合格的打磨工件	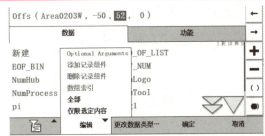
⑥参考上述方法,将工业机器人程序规划所示工业机器人程序全部单独调试完毕。图示为调试背面抛光程序	
(2)独立调试——PLC 翻转程序调试	
①先将要调试的 PLC1 组态及程序下载到硬件 PLC 中。 启动 PLC1,点击"启用监视"按钮,然后选中"进程数据.流程参数",修改操作数为"____",点击"确定",即可调试打磨单元程序块	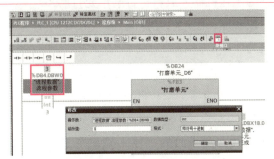
②修改"翻转参数"为____,测试打磨单元的翻转功能	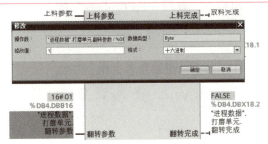
③进入打磨单元指令块内部,通过硬件设备的动作,以及"能流"(绿色部分)的通断,来判定程序的架构及逻辑是否正确	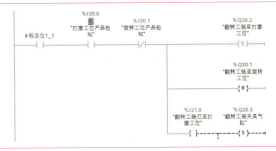

续表

操作步骤	示意图
④根据实际硬件设备的动作状态，可以对传感器位置、气缸进气速率等运动影响因素进行微调	
⑤最终翻转程序执行完毕，在组织块（OB1）中，可以监测到"翻转完成"的反馈状态变为"_____"，翻转程序调试完毕	
（3）系统联合手动调试	
①系统联合手动调试的目的，主要验证工业机器人和PLC1的交互数据（包括流程数据、过程参数）是否有误，如右图所示程序段，为工业机器人放料至打磨单元打磨工位的一段程序，图示已经监测到"QB16"的状态值为_____	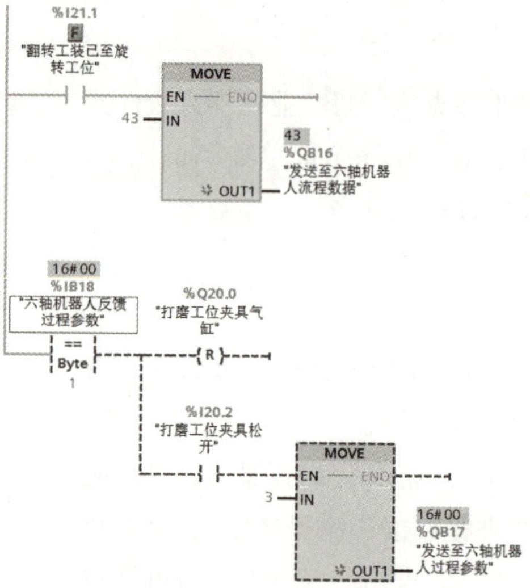 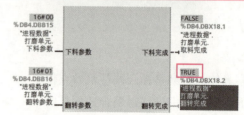
②在示教盒主界面的"输入输出"选项中，选择组输入，查看"FrPGroData"的数据值是否为对应值"43"	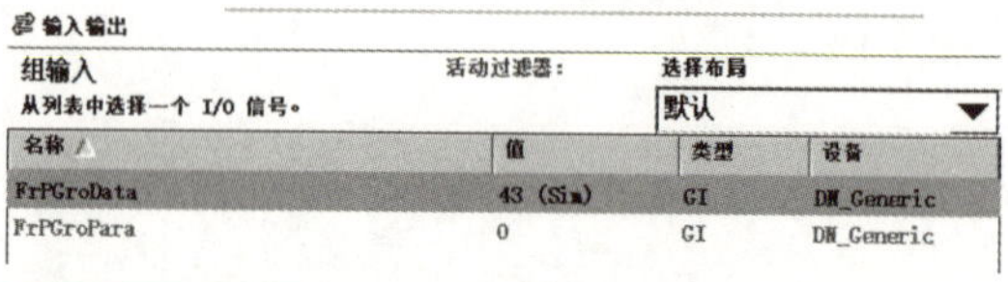
③然后在示教盒的组输出界面中，选择组信号"ToPGroPara"，将其设置为"_____"	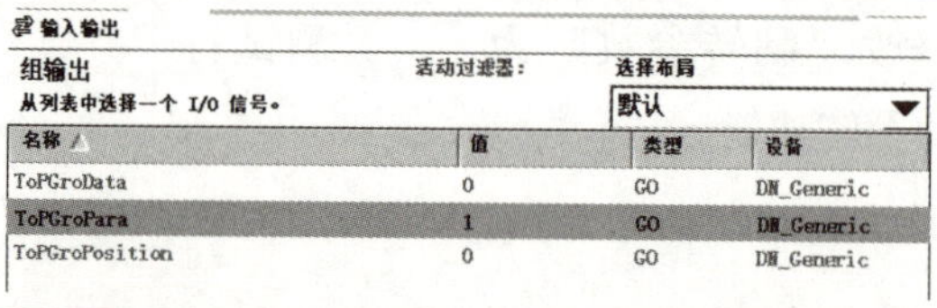
④检测PLC1中的过程参数"IB18"，若其状态值为_____，则PLC1与工业机器人的通信正常无误	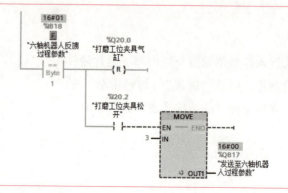

续表

操作步骤	示意图
（4）系统联合自动调试 ①调整工业机器人运行模式，将指针移至主程序，按下使能按钮，确认点击开启，点击"连续执行"按钮，开始运行工业机器人程序	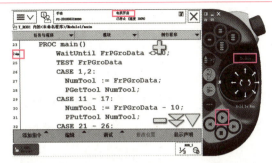
②选择PLC1组织块（OB1）中的启动变量"M10.0"，将其值修改为"＿＿＿"，打磨工作站即可运行。 注意：程序调试完毕后，应恢复工作站至初始状态。	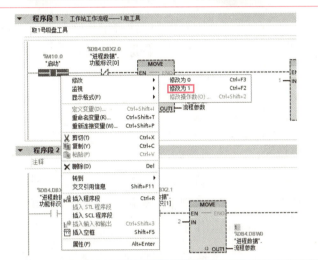

任务评价

1. 任务评价表

评价项目	比例	配分	序号	评价要素	评分标准	自评	教师评价
6S职业素养	30%	30分	①	选用适合的工具实施任务，清理无须使用的工具	未执行扣6分		
			②	合理布置任务所需使用的工具，明确标识	未执行扣6分		
			③	清除工作场所内的脏污，发现设备异常立即记录并处理	未执行扣6分		
			④	规范操作，杜绝安全事故，确保任务实施质量	未执行扣6分		
			⑤	具有团队意识，小组成员分工协作，共同高质量完成任务	未执行扣6分		

续表

评价项目	比例	配分	序号	评价要素	评分标准	自评	教师评价
打磨工艺应用	70%	70分	①	能规划打磨工作站的生产工艺及生产流程	未掌握扣10分		
			②	能根据生产对象选择并设置合适的打磨工艺参数	未掌握扣10分		
			③	能根据工作站的功能分配来规划通信架构	未掌握扣20分		
			④	能开发打磨工作站的工业机器人和PLC控制器程序	未掌握扣20分		
			⑤	能基于生产工艺,对打磨工作站的程序进行综合调试	未掌握扣10分		
合计							

2. 活动过程评价表

评价指标	评价要素	分数	得分
信息检索	能有效利用网络资源、工作手册查找有效信息;能用自己的语言有条理地去解释、表述所学知识;能将查找到的信息有效转换到工作中	10	
感知工作	是否熟悉各自的工作岗位,认同工作价值;在工作中,是否获得满足感	10	
参与状态	与教师、同学之间是否相互尊重、理解、平等;与教师、同学之间是否能够保持多向、丰富、适宜的信息交流;探究学习、自主学习不流于形式,处理好合作学习和独立思考的关系,做到有效学习;能提出有意义的问题或能发表个人见解;能按要求正确操作;能够倾听、协作分享	20	
学习方法	工作计划、操作技能是否符合规范要求;是否获得了进一步发展的能力	10	
工作过程	遵守管理规程,操作过程符合现场管理要求;平时上课的出勤情况和每天完成工作任务情况;善于多角度思考问题,能主动发现、提出有价值的问题	15	
思维状态	是否能发现问题、提出问题、分析问题、解决问题	10	
自评反馈	按时按质完成工作任务;较好地掌握了专业知识点;具有较强的信息分析能力和理解能力;具有较为全面严谨的思维能力并能条理明晰表述成文	25	
总分		100	

任务 4.2 激光雕刻应用

激光打标技术是一种非接触、无污染、无损害的新型标记工艺,集激光技术、计算机技术和机电一体化技术为一身,也是目前激光加工技术应用最广泛的一项先进制造技术。

案例激光打标工作站从实际的加工需求出发,通过工业机器人、激光打标机以及各单元模块的配合,完成对轮毂车标的激光打标处理。

知识页——激光雕刻应用

1. 激光打标工艺规划与参数设置

1)激光打标工艺

(1)镭雕工艺。

镭雕(激光打标),又称激光雕刻,将需要加工的工件放在高功率密度的聚焦激光束下进行局部照射,会使被加工表面材料发生气化或改变表面色泽的化学反应,从而在工件表面留下永久性文字、图案、刻痕等标记的一种雕刻工艺。

激光打标的工艺原理主要有"热加工"和"冷加工"两种。

①"热加工"。具有较高的激光束,照射在被加工材料表面上,材料表面吸收激光能量,在照射区域内产生热激发过程,从而使材料表面(或涂层)温度上升,产生变态、熔融、烧蚀、蒸发等现象。

②"冷加工"。具有高负荷能量的(紫外)光子,能够打断材料(特别是有机材料)或周围介质内的化学键,致使材料发生非热过程破坏。这种冷加工在激光标记加工中具有特殊的意义,因为它不是热烧蚀,而是不产生"热损伤"副作用的、打断化学键的冷剥离,因而对被加工表面的里层和附近区域不产生加热或热变形等作用。

(2)工作原理。

如图 4-21 所示,激光打标机的振镜扫描系统是由光学扫描器和伺服控制两部分组成,分为 X 方向扫描系统和 Y 方向扫描系统,每个伺服电机轴上固定着激光反射镜片,通过计算机专用的打标控制软件依据设定好的图形、文字等控制激光的扫描轨迹。

激光打标机利用专用的点云转换软件,将二维图像转换成点云图像,接着根据点的排列方式通过计算机控制软件控制激光在工件表面上的位置范围和激光的输出。由激光器产生的激光束经扩束镜扩束后,再射到振镜扫描器的反射镜上,振镜扫描器在计算机的控制下高速摆动,从而使激光束在 X、Y 二维方向上进行扫描,形成平面图像。激光打标就是利用聚焦到工件表面的激光束形成细小的、高功率密度的光斑,高能量的激光脉冲瞬间在工件表面烧蚀形成标记。

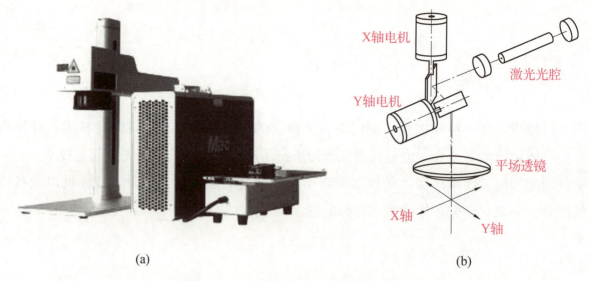

图 4-21 激光打标机与其振镜扫描系统
（a）激光打标机；（b）振镜扫描系统

（3）激光打标的特点。

激光打标是非接触加工，可以在任何异型表面标刻，物体不会变形，也不会产生内应力；目前，在打标印刷行业中，激光打标凭借其以下优势已占有90%以上的市场。

① 长久性：不会因环境关系（触摸、酸性及碱性气体、高温、低温等）而消退；

② 防伪性：不轻易仿制和更改，具有很强的防伪性；

③ 非接触性：可在任何规则或不规则表面打印标记，且打标后工件不会产生内应力，工件的尺寸和形状精度容易保证；

④ 适用性：可以对多种金属、非金属材料（塑料、玻璃、陶瓷等）加工；

⑤ 高效率：计算机控制下的激光光束可以高速移动（速度达5~7 m/s），打标过程可以很快完成；

⑥ 快速：激光技术和计算机技术结合，只需在计算机控制软件上编辑好即可实现激光打印输出，并可随时变换打印设计，从根本上替换了传统的模具制作过程，为缩短产品升级换代周期和柔性生产提供了便利工具。

2）激光打标参数

（1）激光打标机性能参数。

激光按照其工作物质的形态可以分为固体激光器、气体激光器、液体激光器、半导体激光器。近年来激光激励的方式变得多样起来，又发展出色散激光器、自由电子激光器、单原子激光器、X射线激光器等新型的激光器。有关激光器的具体分类情况如图4-22所示，图中只展示部分激光器的类别。

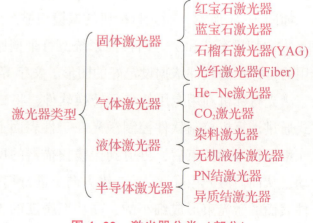

图 4-22 激光器分类（部分）

本工作站选用的激光打标机的激光器类型为光纤激光器，其具体设备参数见表 4-13。

表 4-13 激光打标机设备参数

序号	设备参数	说明
1	激光器类型	光纤（Fiber）
2	工作方式	静态标记
3	打标频率	20~80 kHz
4	重复精度	±0.001 mm
5	打标线宽	0.02 mm
6	打标深度	0.001~0.4 mm
7	雕刻速度	0~9 000 mm/s
8	最小字符	0.1 mm
9	分辨率	0.025 mm
10	定位精度	≤0.01 mm

（2）激光打标工艺参数解读。

激光打标的加工质量受诸多工艺参数的影响，不同的激光器类型相对应工艺参数略有不同。如图 4-23 所示，激光打标工艺参数需要在激光打标软件（此处为"EzCad2"）中设置，各参数的作用及设置要求如下。

① 能量输入：能量输入可以具体表现为电流或功率。

电流：该参数主要针对固体型激光器，激光电源的电流设置直接关系到激光输出的能量。能量越大可以适当增加打标的速度和激光频率，但在其他参数不变的基础上加大激光能量会导致加工工件发黄、发黑、边缘毛刺等现象，不适合精细激光打标的要求。

图 4-23 激光打标参数

功率：即当前加工参数的功率百分比，100%表示当前激光器的最大功率。

注意：电流参数和功率参数均影响激光器的能量输入，当激光器为 YAG 类型时，可以设置其电流值；当激光器为 CO_2 或者 Fiber 时，可设置其功率大小。

② 频率：是指单位时间内激光出光数目。能力输入相同的情况下，频率越低单点功率就越高，激光输出能量越大。频率较低时，每个激光点作用的时间较长，相应的每个点的雕刻深度就会越深，比较适合加工需求较深的工况。当频率较高时，线条的连续性会好些，雕刻的底纹会比较平整光滑。

③ 速度：就是指单位时间内激光所走的距离。进行参数设置时需要综合考虑速度和频率，如果速度过快，频率相对较低，此时会出现雕刻线条不连续的状况。

④ 光斑大小：激光焦点处的光斑直径。光斑越大，激光打标的效率就越高，但打标的图形边缘锯齿状就越明显，精度较低。光斑越小，激光打标的精度就越高，但是打标效率相对会变低。一般设置为 0.05 mm 左右。

在相同功率输入的前提下，针对相同一段雕刻路径而言，速度快的情况下工件得到的能量输入较小，激光打标程度较浅，反之激光雕刻深度会加深。如图 4-24 所示，为不同组别的参数对应的激光光斑图像。通过图 4-24（a）和图 4-24（b）的比较可以看出，当雕刻速度降低时，相邻光斑的间距会变小，反之变大。根据图 4-24（a）和图 4-24（c）的对比可以看出，光斑减小可能会导致雕刻轨迹不连续。光斑大小与速度、激光频率三个参数之间应互相协调设置，图中 4-24（a）与 4-24（d）中三个参数虽然不尽相同，但其光斑的分布情况却是一致的。

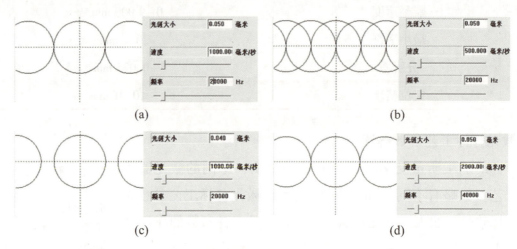

图 4-24　光斑大小、速度、频率参考示例

⑤ 开光延时：从振镜定位到镭雕开始位置时激光开启的延时时间。设置适当的增加延时可以去除"火柴头"现象，但延时过长会导致起始段缺笔（未闭合）的现象。一般设置为 50~100 mms。

⑥ 关光延时：在振镜定位到镭雕结束位置时激光关闭的延时时间。设置适当的增加延时可去除雕刻完毕时出现的未闭合现象，延时过长会导致结束点出现"火柴头"现象。一般设置 0~200 mms。

如图 4-25 所示，为激光打标加工时，边界线与填充线的加工实况。图 4-25（a）所示为实际加工需要的正常情况；图 4-25（b）所示的填充线有缺笔现象，即填充线与边界线分离，这是由于开光延时过大或关光延时过小导致的；图 4-25（c）所示的"火柴头"现象，即填充线的开始段雕刻的较重，变为过度雕刻。这是由于开光延时过小或关光延时过大造成的。

⑦ 结束延时：一般情况下从关光命令发出到激光完全关闭激光器需要一段响应时间，设置适当的结束延时就是为了给激光器充分的关光响应时间，最终达到在激光器完全关闭的情况下进行下一加工对象的雕刻（多用于生产线加工）。如果延时时间太少会有甩点的现象（激光还未关机便跳转去加工另外一个对象），一般设置为 50~300 mms。

⑧ 拐角延时：镭雕时每段路径之间的延时时间，设置适当的拐角延时参数可以去除在镭

雕直角时出现的圆角现象。延时过长则在拐角处容易有重点现象，过短则拐角易变成圆弧。一般设置为 0~100 mms。

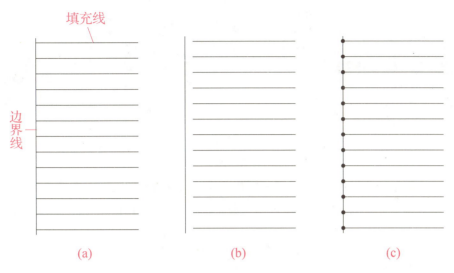

图 4-25　激光打标实况

（a）正常情况；（b）缺笔情况（未闭合）；（c）"火柴头"

⑨ 离焦量：离焦的定义，一般把焦点在加工平面以下为正离焦，焦点在加工平面以上为负离焦。是否采用离焦一般取决于打标的材料及其想要的效果。

3）激光打标对象

为保障设备使用时的人身安全和设备安全，主要以能量输入较少的激光镌刻应用为主，来实现激光打标工作站的系统应用。工作站加工的产品样本如图 4-26 所示。

图 4-26　激光打标样本

2. 激光打标工作站程序规划

1）工作站组成及布局

（1）工作站布局。

根据工作站运行流程要求，搭建激光打标工作站布局，如图 4-27 所示。

（2）功能规划。

以激光打标的工艺需求为主，工作站中各单元模块功能规划见表 4-14。

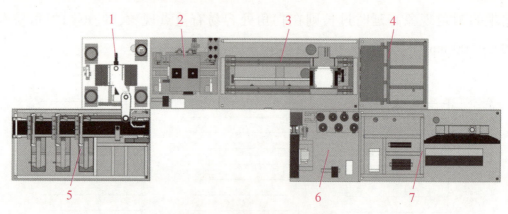

图 4-27 激光打标工作站

1—四轴工业机器人单元；2—压装单元；3—执行单元；4—仓储单元；
5—分拣单元（含 RFID 模块）；6—激光打标单元+工具单元；7—总控单元

表 4-14 激光打标工艺各单元功能规划

序号	单元模块	功能定义
1	四轴工业机器人单元	夹持轮毂至压装单元的放料点（或取料点）、分拣单元的 RFID 读写点
2	压装单元	以一定压力将车标压装在轮毂零件中
3	执行单元	可以更换夹爪、吸盘等不同的工业机器人末端工具；夹持轮毂至仓储单元、压装单元的放料点（或取料点）；能够完成与 PLC 的 I/O 通信
4	仓储单元	能够推出或缩回各料仓，显示并反馈当前各仓位的物料存储状态
5	分拣单元的 RFID 模块	将电子编码信息写入到车标零件中
6	激光打标单元	根据指令，对车标零件进行激光打标，其中车标雕刻的内容主要分为字符和图片两大类型
7	工具单元	提供夹爪、吸盘等工具
8	总控单元	为工作站提供电、气支持；可以直接控制仓储单元、分拣单元、压装单元的动作；可以与执行单元、SCARA 四轴工业机器人进行通信；上位机可实时监控当前工作站的运行状态；HMI 人机界面可对应用平台实现信息监控、流程控制、订单管理

2）激光打标工作站控制结构

如图 4-28 所示，为激光打标工作站中所有设备之间的通信关系示意图。可以看出，在该工作站中，同时配置了四轴工业机器人和六轴工业机器人，它们与 PLC 之间的通信方式为 I/O 通信，但两工业机器人之间并无直接通信关系。工作站中其他单元均与 PLC 之间有直接通信关系。需要注意的是，从硬件角度而言，激光打标机可以通过总控单元的 PC 分别与两工业机器人和 PLC 这三个控制器之间建立 TCP 通信，因此通信关系最终可由控制方式而定。

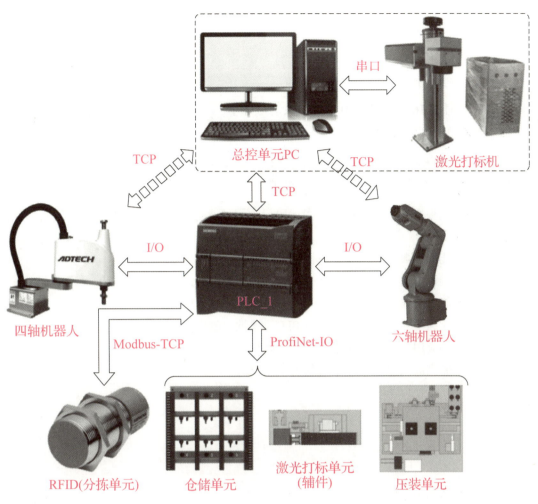

图 4-28 激光打标工作站通信关系

知识测试

一、填空题

1. 激光打标的工艺原理主要有_____和_____两种。
2. 激光打标机的振镜扫描系统是由_____和_____两部分组成。

二、简答题

1. 简述激光打标的特点。
2. 简述激光打标机的工作原理。
3. 举例激光器类型。
4. 激光打标工艺参数有哪些？

任务页——激光雕刻应用

工作任务	激光雕刻应用	教学模式	理实一体
建议学时	参考学时共 16 学时，其中相关知识学习 8 学时；学员练习 8 学时	需设备、器材	智能制造单元系统集成应用平台
任务描述	案例激光打标工作站从实际的加工需求出发，通过工业机器人、激光打标机以及各单元模块的配合，完成对轮毂车标的激光打标处理		
职业技能	3.1.1 能根据典型应用场景（搬运码垛、焊接、打磨、抛光、激光雕刻等）进行工艺参数匹配设置。 3.1.2 能根据典型应用场景进行视觉系统参数设置。 3.1.3 能根据典型应用场景进行 RFID 信息设置。 3.2.1 能编写典型应用工作站的工业机器人控制程序。 3.2.2 能编写典型应用工作站中 PLC、视觉、触摸屏、RFID 等控制程序。 3.2.3 能应用上位机软件进行数据采集和参数配置。 3.2.4 能完成典型应用工作站联机综合调试		

4.2.1 激光打标工艺规划与参数设置

任务实施

1. 激光打标工作站工艺规划

如图 4-29 所示，为激光雕刻工作站运行流程的典型示例。该运行流程主要围绕车标的激光打标工艺为中心，再通过安装、电子信息录入、入库等流程完成车标的加工装配。本流程要求加工的车标可能有多种，且交替进行加工并安装。接下来将详细介绍该运行流程的实施方式。

2. 激光打标参数设置

1）确定焦点

工件的加工面必须处于____点位置。如图 4-30 所示，调整激光点到工作台之间的距离，使光斑直径变为最____、最____点的状态，即可确定焦点所在位置。

(a) 焦点调整前

(b) 焦点调整后

图 4-30 工件加工面

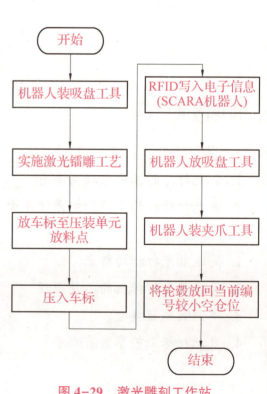

图 4-29 激光雕刻工作站运行流程

续表

2）设置速度

速度与雕刻效率相关性较大。在雕刻过程中如果要求快速加工，或用于生产线加工的场合，就需要比较高的雕刻速度。可以先调节_____的大小、填充密度等参数，使其在要求时间内完成雕刻。然后通过调节电流、频率等参数使雕刻工艺能够正常实施。

3）设置频率

在设置频率时，一般先画一个小方形，每一个直线段可采用不同的频率段，然后观察对比各频率段对应的雕刻效果。从中选出最合适的频率段，再以此频率段为基础进行微调。

4）调整激光雕刻深度

一般激光打标只需在焦点位置处即可。当对雕刻深度有要求时，就需要对各类参数进行调整以获得良好的雕刻效果。如需要雕刻深度加深，则采用慢速低频大功率进行雕刻。另外，若需雕刻深度在 0.1 mm 以上，则应该采用_____离焦。而对于不锈钢等材料进行打黑或者呈彩色，则需要_____离焦。

注意：并非雕刻速度越慢，雕刻深度就越深，当速度过慢时，在雕刻表面的堆积物较多，激光的能量不足以使其完全气化，堆积物阻隔激光的进一步进入，不仅使得雕刻深度不能加深，反而使雕刻轮廓变得较为毛糙。

当雕刻的边缘有毛边时，可以适当减少功率，或者最后用高频、小功率快速扫描几次，可有效减少毛边。

5）设置填充

设置填充时注意以下两种情况：

（1）如果填充底纹出现条纹现象，可能是由于内部点排列不整齐或能量不稳定造成的，一般可将填充方式改为_____向填充，点的排列也会更为整齐；

（2）在离焦雕刻的过程中，边缘颜色与内部填充颜色可能会不一致，这是由于离焦后光斑的大小已大于设置的边距，从而使得边缘泛亮边。可填充的时候不选用使能轮廓参数可有效避免此情况。

6）精度及位置调整

在雕刻的样品较为精密时，可在光路中增加小孔光栏。光栏可以过滤掉不均匀的区域，改善光斑质量，此时激光能量会相应地减小。

当雕刻标准工件时，将雕刻图形放在工作区域的场中央，然后将样品固定好，使红光指示与所打样面的某边平行，调节工作台，将红光移动到指定雕刻位置，以免文字或图形打偏。

7）激光线路设计准则

（1）绑定区域切割线需超出银线至少_____mm，其他区域至少_____mm；

（2）相邻两条激光线距必须大于_____mm；

（3）整个路径线条应使用直线合并而成；

（4）相邻两激光线形状应保持一致，包括转角处；

（5）在转角处，优先使用直角，其次使用_____角，最好不用_____角；

（6）对激光行进轨迹保留余量，防止激光刻出边缘。

3. 激光打标模板制作

1）文字模板的制作

制作激光打标文字模板的具体步骤见下表。

工作站激光打标模板制作

续表

操作步骤	示意图
①打开激光打标软件，点击"_____"图标，然后点选模板的空白位置，即出现"TEXT"字样	
②在文本处，可以选择文字位置坐标的基准，通过输入坐标值和尺寸值来调整打标文字的位置和大小。 提示：也可直接手动拖动字符的位置	
③文字初始状态为镂空状态，可点击填充按钮"H"，选择一种填充方式填充当前文字，完成设置后点击"确定"	
④点击软件窗口下侧的"_____"按钮，激光打标机会标识当前打标字符的位置和大小。 通过PC键盘上的"上下左右"按键，可调整红光指示的位置，将其调整到待打标零件的适当位置	
⑤调整位置及大小之后，便可输入相应的文本，如右图中所示的"华航唯实"，则该模板将是一个可打标确定字符的模板	
⑥设置镭雕工艺的基本参数，此处既可使用默认参数，也可根据镭雕内容，针对某一参数单独进行设置。如右图所示，为当前选择的镭雕工艺参数值	

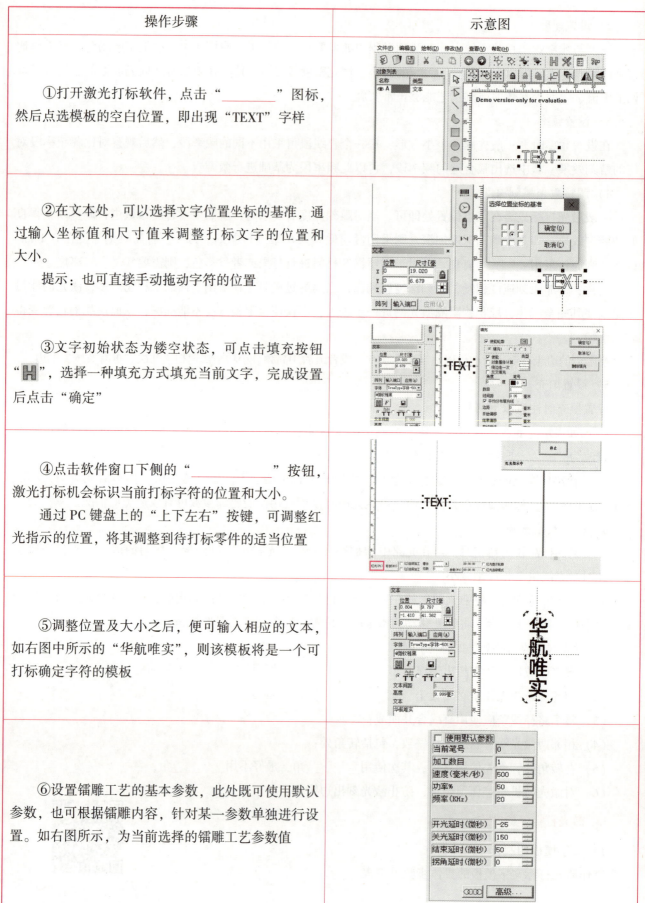

续表

操作步骤	示意图
⑦在对象列表中，双击文件的名称，将其命名为"textModel"。 提示：若命名不一致，则激光打标软件的上位机便不能识别该文字模板	
⑧关闭软件，软件将提示保存当前设置文档，定义文件名后即可完成文字模板的新建	

（2）图片模板的制作

制作激光打标图片模板的具体步骤见下表。

操作步骤	示意图
①点击绘制矢量文件图标"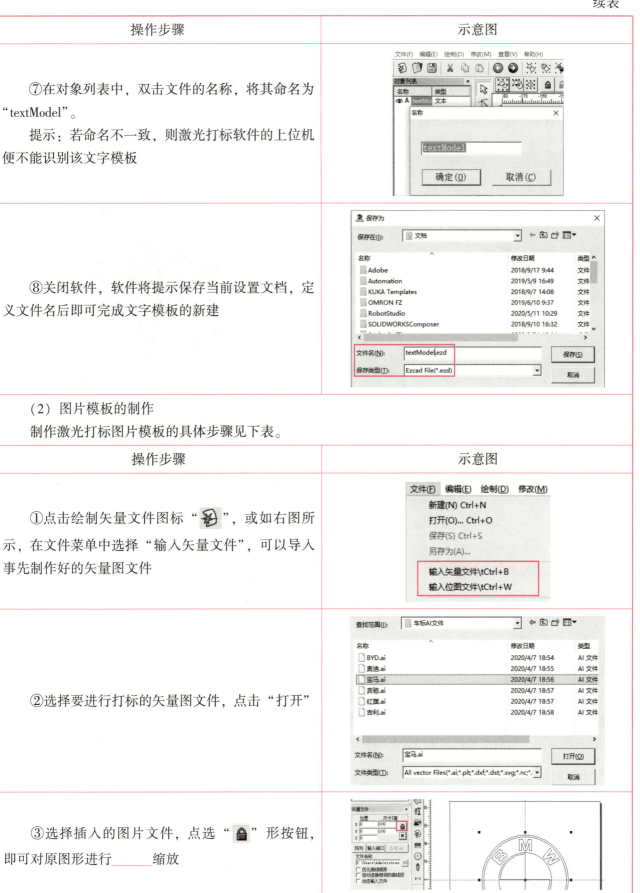"，或如右图所示，在文件菜单中选择"输入矢量文件"，可以导入事先制作好的矢量图文件	
②选择要进行打标的矢量图文件，点击"打开"	
③选择插入的图片文件，点选"🔒"形按钮，即可对原图形进行_____缩放	

续表

操作步骤	示意图
④点选矢量图，然后点击软件窗口下侧的"红光"按钮，激光打标机会标识当前打标图片的位置和大小	
⑤通过 PC 键盘上的"_____"按键，可调整红光指示的位置，将其调整到待打标零件的适当位置	
⑥导入的矢量图片初始状态为镂空状态，可点击"_____"按钮，为图片选择一种填充方式	
⑦填充后的图形如右图所示	
⑧设置镭雕工艺的基本参数，此处既可使用默认参数，也可根据镭雕内容，针对某一参数单独进行设置。如右图所示，为当前选择的镭雕工艺参数值	

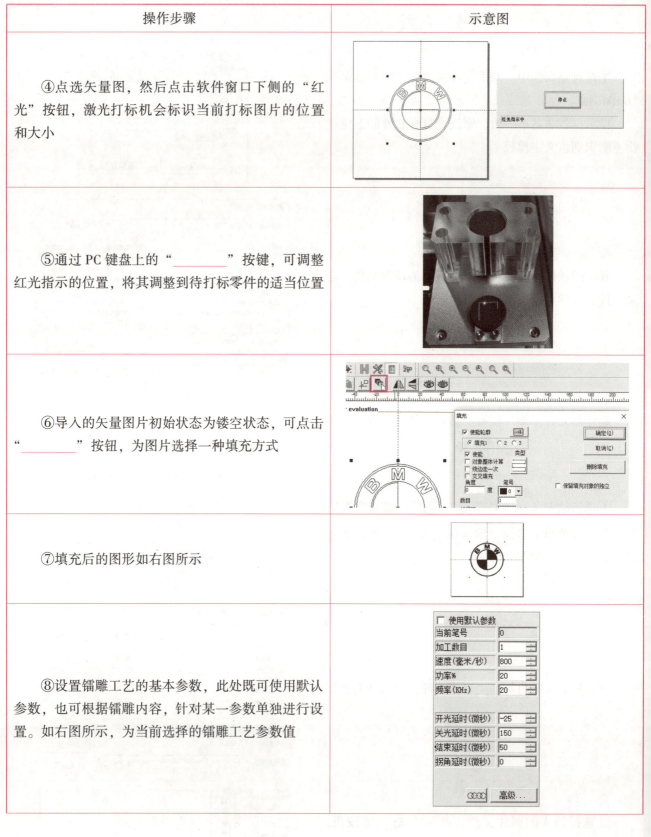

操作步骤	示意图
⑨保存为_____文件，图片打标模板制作完毕。 注意：此处的命名需要按照下文"PLC与激光打标单元的通信"中表格所示的命令规则来指定，否则该文件不会被通信识别，导致打标失败	

4.2.2 激光打标工作站程序规划

任务实施

1. 激光打标工作站通信规划

1）确定工作站各设备的控制结构

如图4-31所示，根据工作站中的通信关系，本案例将PLC作为激光打标工作站的核心控制者，选择PC与PLC直接进行TCP通信。此时PLC作为客户端，总控单元PC作为服务器，配合完成激光打标任务。激光打标单元内部的周边设备（辅件）与PLC为I/O通信，其与分拣单元、仓储单元等其他单元模块的动作流程也由PLC直接控制。同时在实施对激光打标单元的状态监测与参数设置上位机程序开发时，PC中安装的WinCC为上位机，与PLC基于以太网协议进行通信。

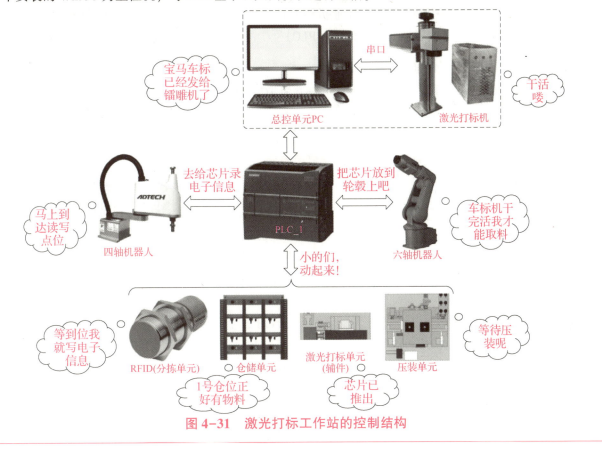

图4-31 激光打标工作站的控制结构

续表

针对激光打标工艺相关功能的实现，此处只展示与激光打标过程相关的信号及功能，分为工业机器人⟵⟶_____信号、PLC⟵⟶工业机器人交互信号、PLC⟵⟶_____通信三部分，其中工业机器人末端工具信号参照工业机器人-工具信号定义，其余两类通信如下所示。

2）PLC与六轴工业机器人之间的I/O通信

PLC与工业机器人之间采用"_____"形式进行数据交互，在此设置两对组信号来实现此通信方式。

（1）流程数据。

组信号"FrPGroData"为PLC发送至工业机器人的流程数据，此信号为某一数值时，即可触发工业机器人一系列对应动作；组信号"ToPGroData"为工业机器人反馈至PLC的流程数据，工业机器人一系列流程动作执行完毕后将置位该信号至某位数值，如正面打磨完毕。这对组信号主要控制（或反馈）以功能目标为主的工业机器人流程。

（2）过程参数。

组信号"ToPGroPara"为工业机器人发送至PLC的过程参数；组信号"FrPGroPara"为PLC反馈至工业机器人的过程。这对组信号主要控制（或反馈）运动过程中某具体动作的过程参数。

各信号具体功能设定见表4-15。

表4-15　各信号具体功能设定

类别	I/O接口	数值	功能
流程数据	QB16（PLC）→FrPGroData（工业机器人）	51	吸取车标零件（已镭雕）
流程数据	ToPGroData（工业机器人）→IB16（PLC）	51	吸取车标零件完毕
流程数据	QB16（PLC）→FrPGroData（工业机器人）	99	初始化
过程参数	QB17（PLC）→FrPGroPara（工业机器人）	6	激光打标工位夹具已放松
过程参数	ToPGroPara（工业机器人）→IB19（PLC）	4	工业机器人已至打标工位

3）PLC与激光打标单元的通信

PLC与激光打标单元的通信形式分为两类。一类为TCP通信，主要传递激光打标内容相关参数，通信地址为"192.168.0.10"（PC），相应网口为_____，PLC与激光打标单元各通信字符的具体功能定义见表4-16。

表4-16　PLC与激光打标单元各通信字符功能定义

序号	通信字符	对应文件	雕刻内容
1	DTB1	Benchi.ezd	雕刻奔驰车标
2	DTB2	Baoma.ezd	雕刻宝马车标
3	DTB3	Dazhong.ezd	雕刻大众车标
4	DTB4	Hongqi.ezd	雕刻红旗车标
5	DTB5	Biyadi.ezd	雕刻比亚迪车标
6	DTB6	Jili.ezd	雕刻吉利车标
7	DTB7	Tb7.ezd	自定义1
8	DTB8	Tb8.ezd	自定义2
……	……	……	……
15	DTB15	Tb15.ezd	自定义9

续表

另一类为I/O通信，主要为控制激光打标单元中周边设备的动作以及激光打标机的启动，具体功能定义见表4-17。

表4-17 I/O通信功能定义

序号	PLC-IO	对应激光打标单元设备	功能
1	I30.0	打标工位光电开关	激光料井产品检知
2	I30.1	料井磁性开关	料井气缸推出到位反馈
3	I30.2	料井磁性开关	料井气缸缩回到位反馈
4	I30.3	激光打标机	激光雕刻已完成
5	Q30.0	气缸电磁阀	料井气缸推出物料
6	Q30.1	激光打标机	启动激光打标机

2. 激光打标工作站程序开发规划

1）工业机器人程序规划

在激光打标工作站中共有两种类型的工业机器人：六轴工业机器人和四轴工业机器人。根据激光打标工艺各单元功能规划所示的单元模块功能规划，此处将以激光打标工作站的全部流程为基础，对工业机器人的相关流程进行程序规划，见表4-18。

表4-18 工业机器人单元模块功能规则

工业机器人	程序模块	对应单元模块	工业机器人程序	工业机器人功能
六轴工业机器人	Program	执行单元	CSlideMove	滑台定位运动
		工具单元	PGetTool	装载工具
			PPutTool	卸载工具
		仓储单元	PGetHub	拾取轮毂
			PPutHub	放置轮毂
		压装单元	PFeed	放置车标零件
			PAssemble	压装车标工艺
		激光打标单元	PGetLogo	拾取已镭雕车标零件
	Module1	激光打标工作站	Main	六轴工业机器人全流程
			Initialize	六轴工业机器人初始化
	Definition	激光打标工作站	——	存储工业机器人全局数据
四轴工业机器人	Program	检测单元	PVisual	执行视觉检测
		分拣单元	PSort	分拣已完成装配车轮
			PRecord	电子信息读取
		压装单元	PGetHub	下料
			PPutHub	上料
	Module1	激光打标工作站	Main	四轴工业机器人全流程

续表

2）PLC 程序规划

在激光打标工作站中，共使用两个 PLC 控制器，在此将其命名为 PLC_1 和 PLC_3。根据激光打标工艺各单元功能规划所示的单元模块功能规划以及控制结构，将各单元的功能进行划分，具体内容见表 4-19。

表 4-19 PLC 程序单元模块功能规划

PLC	程序块	单元模块	PLC 功能
PLC_1	FB 块	仓储单元	状态显示、控制零件的出库、入库
		工具单元	发送工业机器人相关的指令，完成工具的装载与卸载
		压装单元	控制传输带的运动以及压装动作的执行
		分拣单元	能够读写车标零件的电子信息
		激光打标单元	根据上位机的输入参数，对车标零件进行指定内容的激光打标加工
	OB 块	激光打标工作站	控制打磨工作站全局流程
PLC_3	FB 块 OB 块	执行单元	接收工业机器人的运动参数，控制伺服滑台进行定位运动

3）上位机界面规划

在前序 PLC 程序开发完成的基础上，继续开发基于上位机（WinCC）的激光打标单元控制和监控界面，实现对料井物料的检测、推料气缸的伸缩状态的监测，对推料气缸的伸出与缩回、打标设备的启停的控制，对打标内容的代码选择。

4.2.3 激光打标工作站程序编制及调试

任务实施

1. 工业机器人工作流程程序编制

1）编制工业机器人车标取料子程序

本激光打标工作站的核心工艺即雕刻各种类型的车标图案。如图 4-32 所示，为工业机器人移动至激光打标工位拾取车标零件的流程，具体过程见下表。

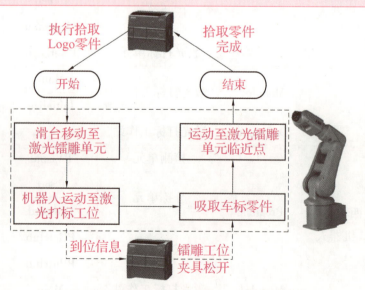

图 4-32 工业机器人移动至激光打标工位拾取车标零件的流程

续表

操作步骤	示意图
①在程序模块"Program"中新建程序 PGetLogo（）	PROC PGetLogo() 　MoveAbsJ Home\NoEOffs, v1000, z50, tool0; 　CSlideMove 600, 25; 　MoveJ Area0800R, v1000, z50, tool0;
②工业机器人通过依次经过临近点运动至车标取料点位"Area0801W"，然后置位吸盘信号（ToRDigSucker）从而吸取车标零件	MoveJ Offs(Area0801W,0,0,30), v400, z50, t MoveL Area0801W, v40, fine, tool0; Set ToRDigSucker;
③工业机器人吸取车标零件后，发送过程参数"_____"至PLC，然后等待打标工位的推出气缸缩回。当工业机器人接收到PLC反馈的过程参数"_____"时，随即复位过程参数为___	SetGO ToPGroPara, 4; WaitGI FrPGroPara, 6; WaitTime 1; SetGO ToPGroPara, 0;
④工业机器人吸取车标零件运动至激光打标临近点后，发送流程数据"_____"至PLC，即车标零件物料完毕，随即再将该流程数据复位为___，完成取料流程的反馈	MoveL Offs(Area0801W,0,0,30), v400, z50, MoveJ Area0800R, v1000, z50, tool0; SetGO ToPGroData, 51; WaitTime 1; SetGO ToPGroData, 0;

⑤整理程序如下：

```
PROC PGetLogo()
    MoveAbsJ Home\NoEOffs,v1000,z50,tool0;
    CSlideMove 600,25;
    MoveJ Area0800R,v1000,z50,tool0;
    MoveJ Offs(Area0801W,0,0,30),v400,z50,tool0;
    MoveL Area0801W,v40,fine,tool0;
    Set ToRDigSucker;
    SetGO ToPGroPara,4;
    WaitGI FrPGroPara,6;
    WaitTime 1;
    SetGO ToPGroPara,0;
    MoveL Offs(Area0801W,0,0,30),v400,z50,tool0;
    MoveJ Area0800R,v1000,z50,tool0;
    SetGO ToPGroData,51;
    WaitTime 1;
    SetGO ToPGroData,0;
ENDPROC
```

2）编制工业机器人主程序

如图4-33所示为激光打标工作站工业机器人运行的部分主程序。与打磨工作站的主程序的编制方式类似，流程的执行选择主要由PLC发至工业机器人流程数据（FrPGroData）的值来决定。当FrPGroData接收数值为_____时，便会执行车标零件的拾取程序。

续表

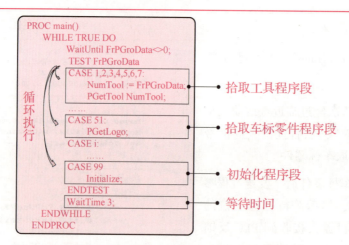

图 4-33 激光打标工作站工业机器人运行的部分主程序

2. PLC 程序编制

1）编制 PLC 激光打标子程序

如图 4-34 所示，在编制激光打标 PLC 子程序之前，需要根据工作站实际硬件设备的使用情况进行硬件组态，并为工作站每个单元模块分配固定的 IP 地址，如此各单元模块才能组态到 PLC_1 的 ProfiNet 通信网络中。注意这些 IP 地址需要处于同一网段的不同地址。

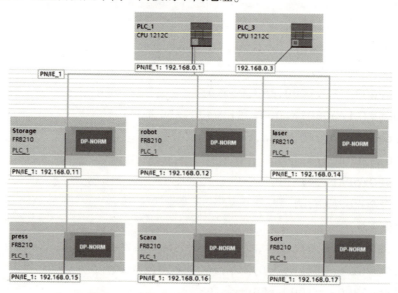

图 4-34 激光打标工作站硬件组态图

具体编制过程见下表。

操作步骤	示意图
①根据激光打标单元的硬件接线图以及系统的信号分配情况，添加激光打标单元的 I/O 变量表。其中，名称可由编程者自定义命名	激光雕刻单元 1 激光料井产品检知 Bool %I30.0 2 推出气缸到位 Bool %I30.1 3 缩回气缸到位 Bool %I30.2 4 激光打标完成 Bool %I30.3 5 激光工位气缸推出 Bool %Q30.0 6 打标机启动 Bool %Q30.1

操作步骤	示意图
②在数据块（DB）中新建字符串数组，数据类型选择"_____"，数组位数为___，其中第 0 位作为初始化位，不设置起始值。其余位分别设置 DTB1~DTB6 的起始值	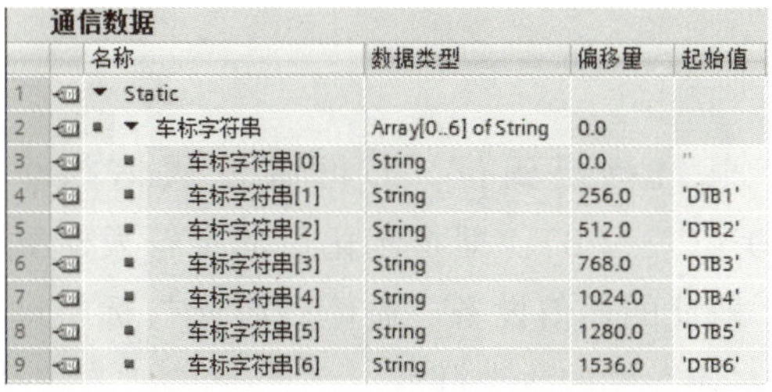
③新建激光打标单元 FB 块，然后在该函数块中，输入该单元所需要的输入型参变量和输出型参变量	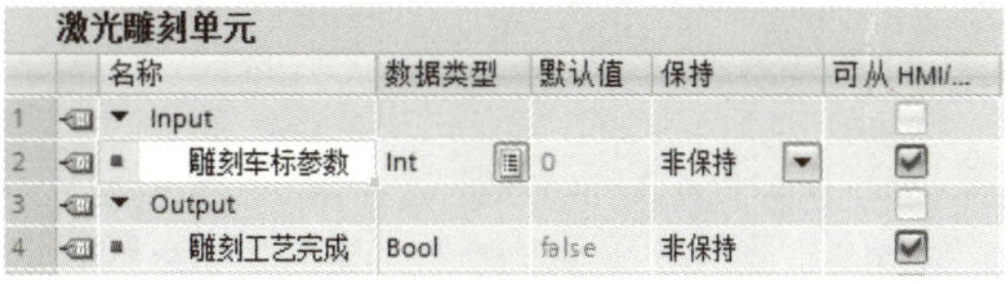
④当输入的车标参数在_____之间，且打标料井当前有物料时，即可触发推出气缸动作。 注意：为避免重复推迟，此处仅用上升沿触发动作	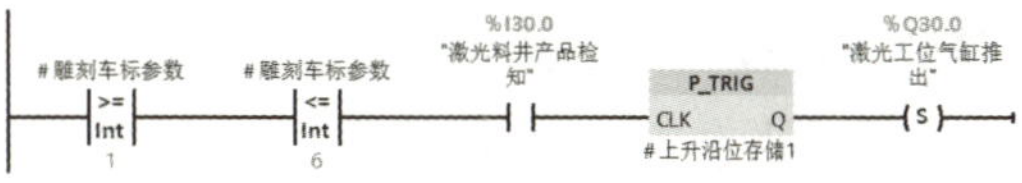
⑤在数据块（DB）新建字符型的数组，该数组主要用来存储车标字符串的转化字符。 注意：车标字符串的长度"DTB1"为_____个字符，因此车标的字符数组位数应大于_____	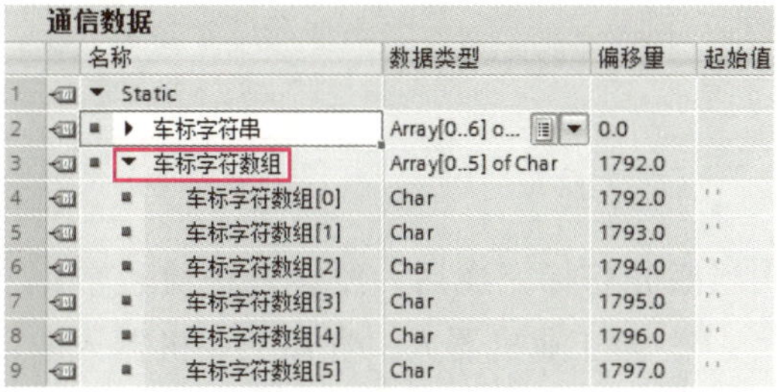
⑥调用字符串→字符转化指令块，将代表车标的字符串转化为字符型数组并存储（A）。转化关系如右图所示。 转化后的字符即可以数组的形式通过 TCP 通信发送至通信对象	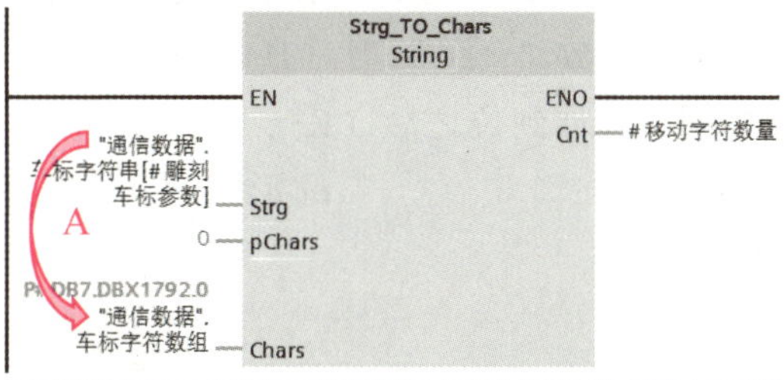 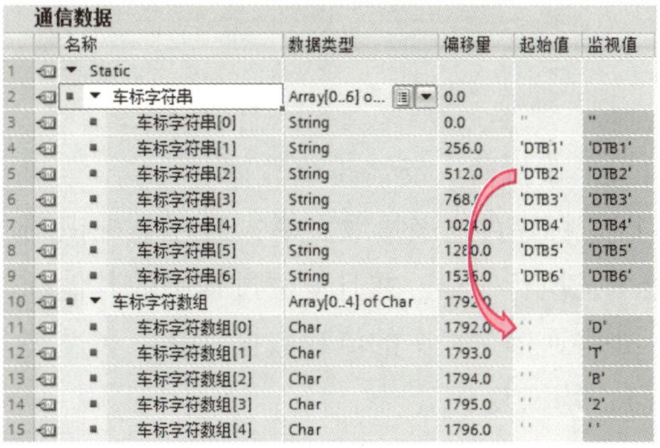

操作步骤	示意图
⑦气缸推出到位，即可触发通信指令"TSEND_C"（B），即将转化后的字符发送到指定IP地址的通信设备。通信后激光打标机即可执行对应车标的激光打标	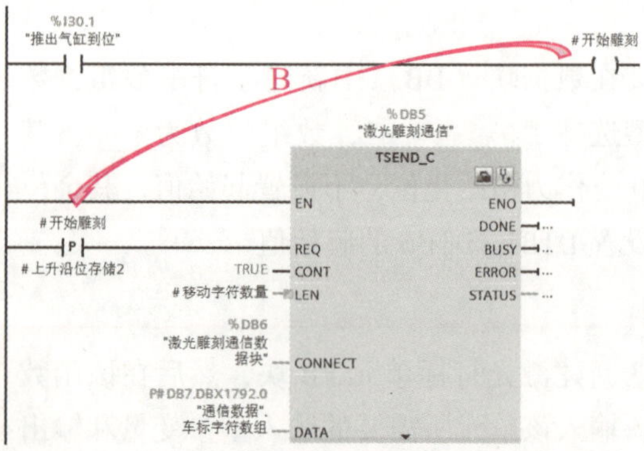
⑧如右图所示，为通信指令"TSEND_C"的连接参数，连接类型选择"TCP"。本地通信地址为"192.168.0.1"，通信伙伴（总控单元PC）地址为"192.168.0.10"，通信端口设置为"_____"	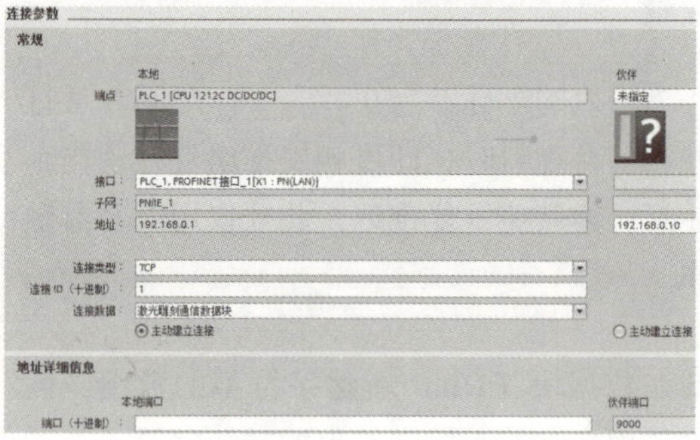
⑨当激光打标完成后，便会发送流程数据"_____"至工业机器人，告知工业机器人取打标工位的物料（C）。当PLC接收到工业机器人反馈的过程参数"___"时（D），即控制推料气缸缩回，缩回到位之后（E），PLC会将该信息以过程参数"_____"的形式发送至工业机器人（F）	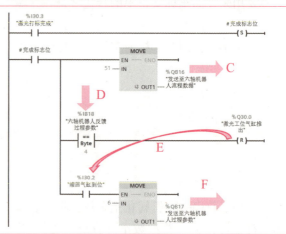
⑩当工业机器人反馈流程数据"_____"（G），即车标零件已经拾取完毕，PLC会标识当前镭雕工艺执行完毕，并且复位过程中的其他标识位，并将通信过程中的流程数据（H）和过程参数（I）均恢复至___	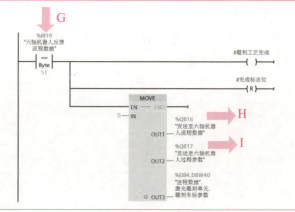

2) 编制PLC组织块（OB块）

激光打标功能的组织块编辑主要分为两部分，其一为激光打标单元FB块的调用，其二为根据工艺流程编制的流程程序

（1）激光打标单元 FB 块的调用。

如图 4-35 所示，首先将已编制完成的激光打标单元 FB 块（子程序块）拖至组织块中（过程 a），其次将该子程序块的输入形参和输出形参分别关联对应的变量（过程 b），注意所关联变量的类型与输入/输出形参需要一致。执行上述两个过程后，打磨单元 FB 块调用完毕。

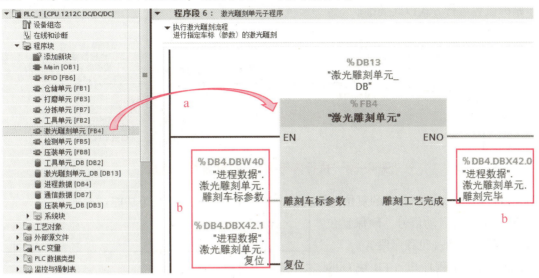

图 4-35　激光打标单元 FB 块的调用

（2）流程程序编制。

此处展示主程序中激光打标工艺的流程程序，通过赋予不同的车标参数，即可执行对应的车标的激光打标。

如图 4-36 所示，为 PLC 主程序的启动流程。当按下"绿色自复位按钮"时，将会置位 M10.0 位，以启动后续程序段。

图 4-36　PLC 主程序的启动流程程序段

如图 4-37 所示，此处仅以工作站运行流程中两个相邻的工序来展示激光打标工艺的实施以及流程的执行过程。

当 M10.0 位接通后，将工具单元的"取工具编号"赋值为_____，即为工业机器人装载 6 号小吸盘工具，同时置位进程数据中的"_____"位。该位被置位后，一方面会将本程序段该位的常闭点_____，即停止对"取工具编号"的赋值过程；另一方面会将其他程序段（如：激光打标程序段）中该位的常开点接通，准备激光打标工序的启动。

图 4-37　激光打标工艺的实施以及流程的执行过程程序段

续表

如图 4-38 所示，当接收到工具单元的"拾取完成"信号之后，即为工具已装载完毕，该点位的上升沿触发将激光打标单元的"雕刻车标参数"赋值为_____，即开始执行奔驰 Logo 的打标过程，同时置位进程数据中的"_____"位。该位被置位后，一方面会将本程序段该位的常闭点断开，即停止对"雕刻车标参数"的赋值过程；另一方面会将其他程序段中该位的常开点接通，准备下一工序的启动。整个工作站的流程运行方式以此类推。

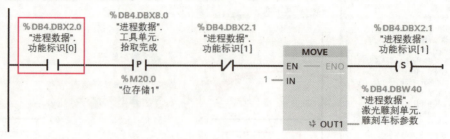

图 4-38　执行奔驰 Logo 打标过程程序段

如图 4-39 所示，为本工作站的复位流程。复位流程主要完成以下几个功能：

① 复位工作站的启动信号，确保复位后工作站不会再次启动（见程序段 A）；

② 触发各单元子程序段（FB 块）的复位功能，完成子程序的内部复位（见程序段 B）；

③ 复位主程序中产生的标识类数据，如"功能标识"数据（见程序段 C）；

④ 触发工业机器人的初始化程序（见程序段 D）。

3. 激光打标数据采集与参数设置

1）上位机设备的添加及通信设置

WinCC 设备与总控单元的 PLC1 通信的具体设置步骤见下表。

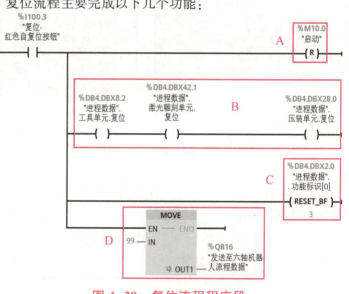

图 4-39　复位流程程序段

操作步骤	示意图
①在项目树中双击"添加新设备"，选择添加"_____"→"SIMATIC HMI 应用软件"→"WinCC RT Professional"	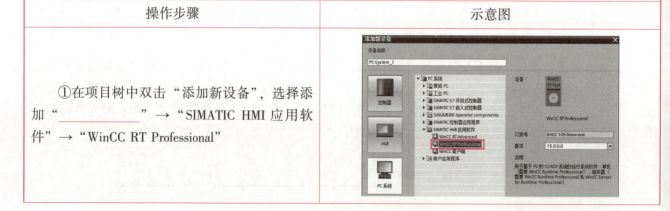

续表

操作步骤	示意图
②在设备视图中，为新添加的"SIMATIC PC station"配置通信模块。如右图所示，在右侧的硬件目录中选择"通信模块"→"常规 IE"，拖拽至 _____ 的插槽内。	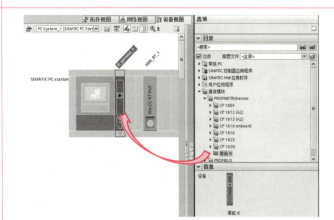
③在网络视图中，连接 PC station 和 PLC_1 的以太网口，连接类型选择 HMI 连接，完成后高亮显示"HMI_连接_1"	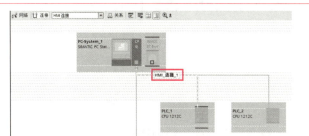
④在网络视图中，选择"PC-System_1"，在其属性界面的"_____"栏中，设置 PC 名称，该名称需要与实际运行通信网络内 PC 名称保持一致，要求为全大写字母或数字	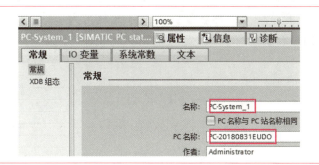
⑤在设备视图内，选中 PC station 中的以太网口，在属性→常规→以太网地址中分配 IP 地址及子网掩码，并将子网选为之前建立过的 PN/IE_1。 注意：IP 地址在网络中必须唯一，且必须与运行计算机的实际设置一致，右图所示为"_____"。 至此，WinCC 与 PLC 的通信设置完成	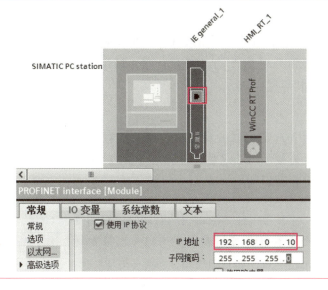

2）添加上位机系统监控变量

对激光打标单元内各部件状态进行采集与监控，需要先构建与监控对象相关的 WinCC 变量，具体变量见表 4-20。

续表

表4-20 WinCC变量说明

序号	WinCC变量	关联PLC_1变量	数据类型	对应功能注释
1	WinCC_产品检知	I30.0	Bool	激光料井产品检知
2	WinCC_推出到位	I30.1	Bool	料井气缸推出到位反馈
3	WinCC_缩回到位	I30.2	Bool	料井气缸缩回到位反馈
4	WinCC_雕刻完成	I30.3	Bool	激光雕刻已完成
5	WinCC_推出动作	Q30.0	Bool	料井气缸推出物料
6	WinCC_启动镭雕	Q30.1	Bool	启动激光打标机
7	WinCC_镭雕参数	DB4.DBW40	Int	镭雕车标参数

WinCC变量的具体添加过程见下表。

操作步骤	示意图
①在PC-System_1→HMI_RT_1→HMI变量中，添加新变量表，可重命名为"PLC变量"	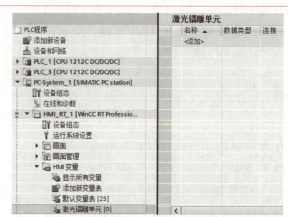
②输入WinCC设备变量的名称，点击"PLC变量"的 ___ 键，选择与其关联的PLC_1中的变量。图示选择"WinCC_产品检知"与PLC_1中变量"激光料井产品检知"进行关联	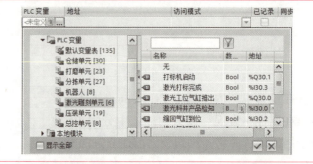
③选定关联变量之后，相关的数据类型、连接、PLC名称、变量在PLC对应的地址自动识别。	
④参考上述方法可将所有需要监控的变量添加至HMI变量表中，SCADA监控变量构建完毕后，如右图所示	

3）上位机系统监控界面组态

在组态画面中添加适当的画面元素，并对这些元素以及对应的属性进行设置管理，通过各种方式直观地表达要监测和控制上位机监控变量关联表（激光打标单元）的变量，各画面功能及操作对象见表4-21。

续表

表4-21 上位机系统监控界面画面功能及操作对象

界面	功能定义	具体操作对象
欢迎界面	系统启动界面	画面切换至监控界面
监控界面	数据采集与参数设置（激光打标单元）	监测功能——料井物料的检测、推料气缸的伸缩状态； 控制功能——推料气缸的伸出与缩回、打标设备的启停； 参数设置——打标内容的代码选择

组态上位机界面的具体操作步骤见下表。

操作步骤	示意图
1）画面添加	
①在项目树"画面"选项中双击"添加新画面"。右键点击新添加的画面，将其定义为起始画面	
②再次右击新添加的画面（步骤1右图），进入其属性设置界面。选择"布局"，修改宽高比以匹配显示屏幕的尺寸比例，图示修改为"_____"	
③在新建的画面上右键选择"动态化总览"，更改刷新画面时间为250 ms，使得界面上的对象在信号状态变化时及时刷新	
④单击"画面_1"，将其重命名为"欢迎界面"。同理，参照上述方式添加监控界面	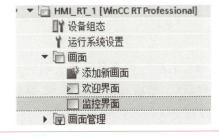

续表

操作步骤	示意图
⑤通过"图形"菜单栏下的"创建文件夹链接"可以批量导入需要使用的图片	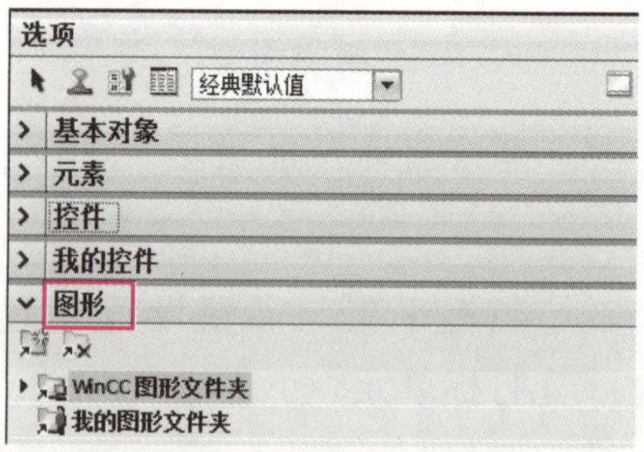 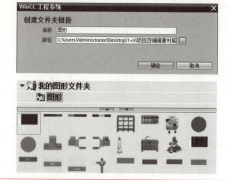
⑥根据素材存储路径，选定准备好的素材文件夹。点击确定后，在"我的图形文件夹"中可以找到新添加的图片素材，将需要的背景图片拖入到主界面中	

2）界面切换制作

操作步骤	示意图
①在工具箱的"基本选项"中选择"_____"，将其拖至欢迎界面，并输入文本内容"_____"，调整字体大小、颜色和位置	
②在工具箱的"元素"中选择"_____"，将其拖至欢迎界面，并输入文本内容"监控界面"。调整字体大小以及按钮的位置及大小，如右图所示。此按钮用于欢迎界面到监控界面的切换	
③右键点击"监控界面"，进入属性设置界面。在"_____"选项栏中，选择"单击"，为单击动作添加函数：在"_____"的下拉菜单中，选择"画面"中的"激活屏幕"	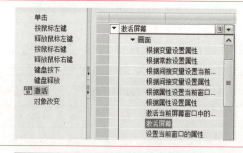
④在"画面名称"中选择需要关联的新建画面"手动界面"，然后点击"√"。监控界面的画面切换设置完毕	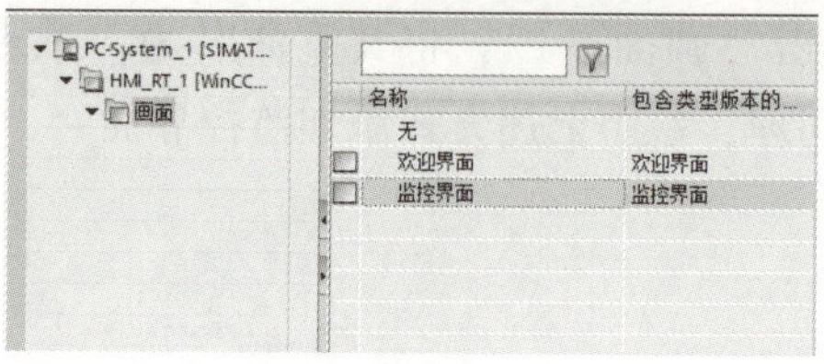

续表

操作步骤	示意图
⑤也可以直接将一个画面拖拽至另一个画面中，同样可以达到画面切换的效果。如右图所示即为将"欢迎界面"添加至"监控界面"中	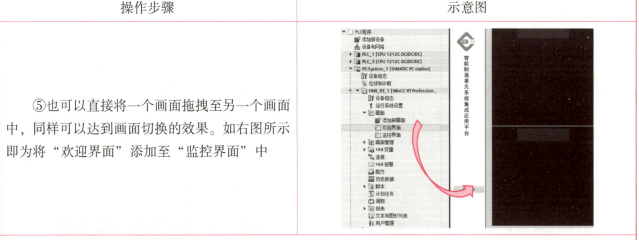
3）元素添加及变量关联	
①参照初级触摸屏的元素添加，可以构建右图激光打标工艺的监控画面。其中包括 WinCC 选项中的所列内容	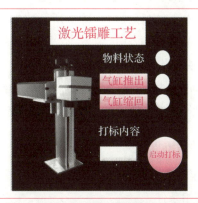
②按钮变量关联，可用于 WinCC 界面的按钮事件触发	
③圆形状态显示，可用于 WinCC 界面的变量状态显示	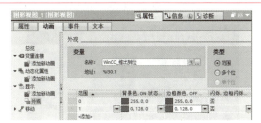
4）参数选择	
①以打标内容的选择为例来展示 WinCC 界面中"＿＿＿＿＿"的用法。 点击 WinCC 下的"文本和图形列表"，新建一个文本列表	

续表

操作步骤	示意图
②在新建文本列表中，选择"＿＿＿"，然后可以为相应的位号添加对应文本，此处文本针对车标内容，对应关系如右图所示	
③选择"符号I/O域"，在其"属性"窗口，为该元素关联相应的WinCC变量，将其模式改为"输入"，内容关联步骤2所新建的文本列表，可见条目设置为＿＿＿＿，即在该符号I/O域中只显示当前选中的文本。 在使用时，即将文本所对应的位号赋值给该"符号I/O域"所关联的变量"WinCC_雕刻参数"	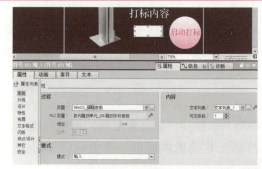

4. 手动调试程序实施

1）工作站调试前准备

（1）初始条件。

如图4-40所示，仓储单元上层3个料仓均放置正面朝上的轮毂零件，作为原料仓使用；下层3个料仓空置，作为次品仓使用。

如图4-41所示，在激光打标单元的料井中，放入3个（及以上）芯片；

如图4-42所示，工具单元的工具种类要与工具编号对应放置，以免工业机器人装载错误工具导致案例实施失败。

图4-40 仓储单元初始状态

图4-41 激光打标单元料井初始状态

图4-42 工作单元初始状态

（2）机械、电气检查。

检查并确保各单元模块之间的连接板紧固，各单元模块的递交固定；检查确认电、气、网通信正常，如图4-43所示，尤其要注意总控单元PC与激光打标设备的主机之间的通信连接正常。

续表

2）激光打标机的注意事项

激光是一种高亮度、高功率、高能量的光束，不要直接接触激光光源，其输出功率等级属于_____类。针对本工作站选用的光纤激光打标机，在调试时尤其需要注意以下几点。

图 4-43 检查通信连接

（1）不要直视激光及雕刻样品。雕刻反光率较高的材料时要注意带护目镜（不同波长激光用不同护目镜），防止眼睛、皮肤伤害，引发医疗事故；

（2）激光雕刻机的镜片要定时擦干净，如果有灰尘附在镜片上，容易挡住激光，且容易烧伤镜片。注意要使用纯度为_____%的酒精，用湿软布或专用擦镜布清洗聚焦镜；

（3）在雕刻类似铜、铝等反光率较高的材料时，不能将加工图形放在工作区域中心，以免其反射激光而烧伤透镜；

（4）激光电源正负极不要接反；

（5）更换电器元器件时要断电，不要带电插拔以免将电子元器件击穿（振镜等）；

（6）振镜电源接好后要测试电压以免电压不匹配或者正负极接反将振镜烧坏。

3）激光打标机工艺参数调试

此处将采用反复试打的方法来确认激光打标工艺参数。如图 4-44 所示，为工艺参数固化（确定）流程，当在某组工艺参数下能够连续生产合格品的次数多于规定次数，即可将当前参数作为工作站的运行工艺参数。

在调试工艺参数过程中，各个参数的调试顺序有一定的排序，需要先满足硬性要求，然后再使加工效果达到合格。如图 4-45 所示，首先根据雕刻对象初设一组镭雕参数，然后根据对生产效率的要求，确定当前激光打标速度。速度确定之后，再以得到连续打标轨迹为判定目标，来确定当前速度下最优的雕刻频率。期间可能要根据填充线和边界的相对工况调整"_____"参数和"_____"参数。最后根据镭雕图案的深浅、边缘、颜色等状况，选择较为合适的功率参数。

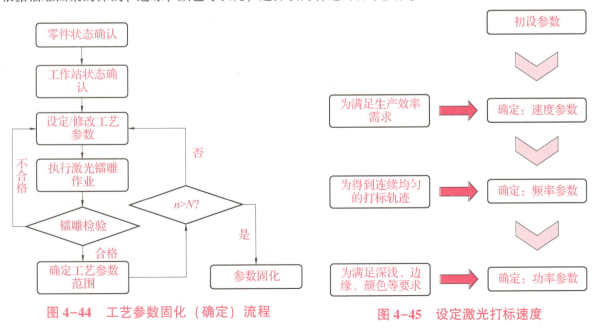

图 4-44 工艺参数固化（确定）流程

图 4-45 设定激光打标速度

续表

工艺参数调试具体步骤见下表。

操作步骤	示意图
①确定急停开关处于弹起状态	
②旋转钥匙开关，开启激光打标机主机	
③按下激光电源按钮，按钮呈现绿色证明激光打标机已正常开启	
④转动打标机立柱手柄，调整激光镜头与待打标工件的距离，使得激光的焦点正好落在待打标工件上	
⑤在软件窗口的加工控制栏，点击"_____"。在待打标工件上便会指示出当前的加工区域。 提示：直接按PC键盘上的"F1"键也可触发此功能	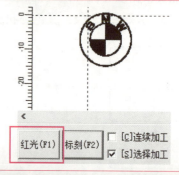
⑥通过键盘的上下左右按键，调整红框的位置。使其移动至待打标工件的设定位置	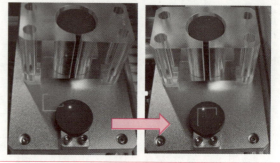

续表

操作步骤	示意图
⑦由于图片镭雕面积较大，在此调整镭雕工艺参数，使其在默认参数的基础上速度增大，功率减小，以获得质量较为精准的镭雕效果	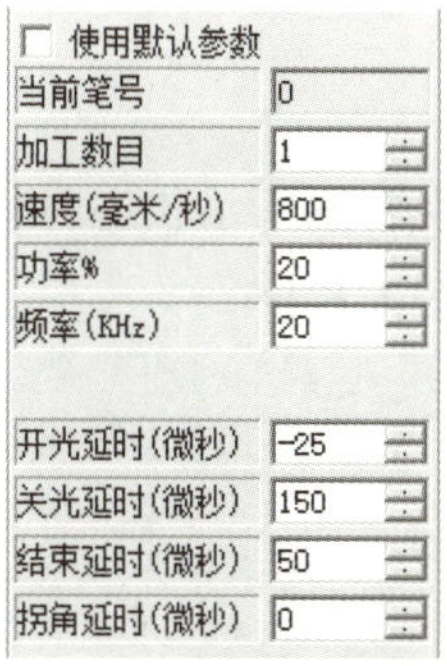
⑧点击加工控制栏中的"＿＿＿＿"按钮，开始执行激光打标	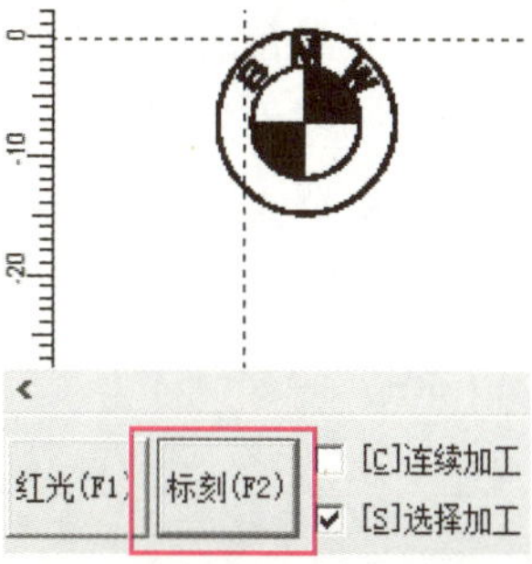
⑨如右图所示，为不同功率下镭雕出的工件样品（从左到右功率：5%、20%、60%）	

4）激光打标工作站流程调试

激光打标工艺参数调试完毕后，即可进行工作站整体工作流程的调试。调试时注意先将工作站各部件调整至初始状态，并在设备低速情况下进行调试以保证人员安全，具体调试步骤见下表。

操作步骤	示意图
①PLC 与 PC 需要进行 TCP 通信。设置 PC 的 IP 地址与 PLC 程序保持一致，本工作站将 PC 设定为"192.168.0.10"。 查看"File"文件夹中的字符模板以及图片模板的命名是否正确，种类是否齐全（满足工艺流程的需要即可）	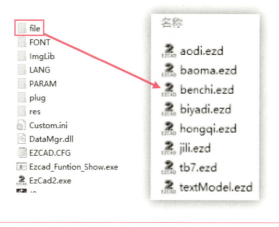
②在总控单元 PC 上双击打标机的上位机文件"＿＿＿＿＿＿"，打开 PC 与打标机的通信通道	

续表

操作步骤	示意图
③待窗口呈现右图所示状态时，即可开始调试 PLC 以及工业机器人程序	
④先调整执行单元滑台的位置，并调整工业机器人姿态，对当前车标零件的拾取姿态进行示教。 注意：调试工业机器人姿态时，执行程序优先选择单步、低速执行	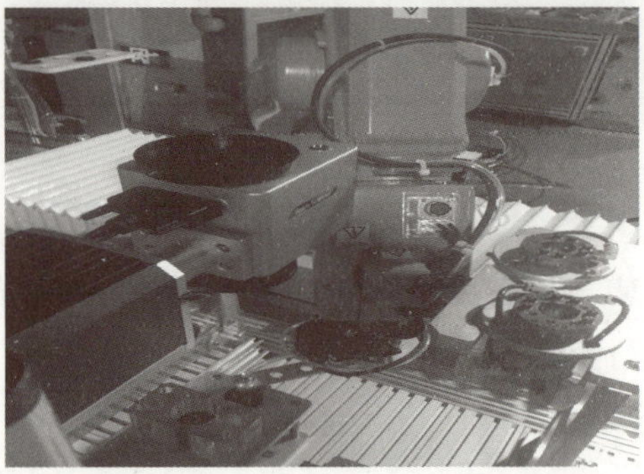
⑤记录滑台当前的位置数据，将其记录在对应的子程序"PGetLogo"中。 提示：其他子程序调试方法相同	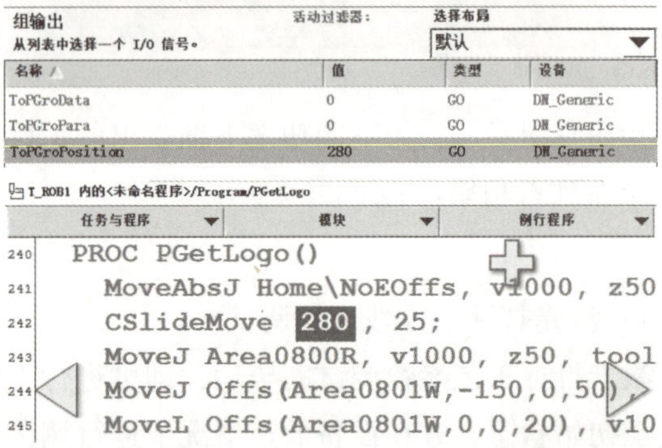
⑥完成全部子程序的调试后，在手动模式下调试工业机器人的流程程序	
⑦将 PLC 程序下载至 PLC_1 中，并在 TIA 软件中监测当前 PLC 程序的运行状态，必要时可添加变量表、强制表来验证程序的功能是否符合要求（右图为监视状态示意图）	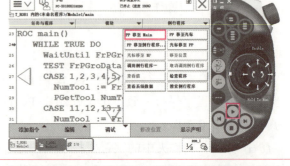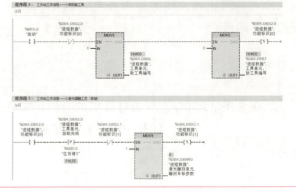

续表

操作步骤	示意图
⑧按下总控单元的"＿＿＿＿"按钮（红色自复位按钮），对激光打标工作站中各单元位置以及运行数据进行初始化。其中执行单元的滑台、压装单元的输送带均会执行回原点动作	
⑨按下总控单元的"启动"按钮（绿色自复位按钮），开始执行激光打标工作站的工作流程	

任务评价

1. 任务评价表

评价项目	比例	配分	序号	评价要素	评分标准	自评	教师评价
6S职业素养	30%	30分	①	选用适合的工具实施任务，清理无须使用的工具	未执行扣6分		
			②	合理布置任务所需使用的工具，明确标识	未执行扣6分		
			③	清除工作场所内的脏污，发现设备异常立即记录并处理	未执行扣6分		
			④	规范操作，杜绝安全事故，确保任务实施质量	未执行扣6分		
			⑤	具有团队意识，小组成员分工协作，共同高质量完成任务	未执行扣6分		
激光雕刻应用	70%	70分	①	能应用上位机软件进行数据采集和参数配置	未掌握扣10分		
			②	能够设置激光打标参数并设置模板	未掌握扣20分		
			③	能够规划案例激光打标工作站程序，编写并调试工业机器人控制程序	未掌握扣20分		
			④	能编写并调试激光打标工作站的PLC程序	未掌握扣20分		
合计							

续表

2. 活动过程评价表

评价指标	评价要素	分数	得分
信息检索	能有效利用网络资源、工作手册查找有效信息；能用自己的语言有条理地去解释、表述所学知识；能将查找到的信息有效转换到工作中	10	
感知工作	是否熟悉各自的工作岗位，认同工作价值；在工作中，是否获得满足感	10	
参与状态	与教师、同学之间是否相互尊重、理解、平等；与教师、同学之间是否能够保持多向、丰富、适宜的信息交流；探究学习、自主学习不流于形式，处理好合作学习和独立思考的关系，做到有效学习；能提出有意义的问题或能发表个人见解；能按要求正确操作；能够倾听、协作分享	20	
学习方法	工作计划、操作技能是否符合规范要求；是否获得了进一步发展的能力	10	
工作过程	遵守管理规程，操作过程符合现场管理要求；平时上课的出勤情况和每天完成工作任务情况；善于多角度思考问题，能主动发现、提出有价值的问题	15	
思维状态	是否能发现问题、提出问题、分析问题、解决问题	10	
自评反馈	按时按质完成工作任务；较好地掌握了专业知识点；具有较强的信息分析能力和理解能力；具有较为全面严谨的思维能力并能条理明晰表述成文	25	
总分		100	

任务 4.3 机电集成系统优化

一个工作站被设计出来之后，便可以执行相应的加工流程任务了。然而对于操作人员而言，"能用"与"好用"是感官上两个最直接的评价。要想让工作站真正变得"好用"，就离不开工作站的系统优化。接下来对工作站所包含的单元模块的应用，不仅要"用其物"，还要"尽其才"，在此提供较为典型的优化方向供读者参考。

知识页——机电集成系统优化

1. 故障诊断

故障诊断，是系统通过自检来发现当前存在的故障问题。本节从故障的定义着手，先让读者对系统的非正常运行可以进行一定的归类，然后以仓储单元的故障自诊断为例展示实施故障诊断时的自检设计以及编程技巧，使读者不仅可以完成故障诊断任务，而且还能了解故障诊断的评价标准。

1）故障诊断

（1）故障。

故障是指设备或系统在使用过程中，出现不能符合规定性能或丧失执行预定功能的偶然事故状态。在此需要注意，故障并不包括预防性的维护、外部资源短缺或预先计划的工作中断。并非所有的非正常运行都属于故障。例如在打磨工作站中，工业机器人将轮毂零件放置在打磨工位。如果因没有轮毂零件致使打磨工位传感器没有检测到轮毂零件，则属于正常情况；若因该工位传感器损坏致使不能产生物料到位信号，则属于故障。

（2）故障诊断的功能任务。

故障诊断的主要功能任务包括：故障检测、故障类型判断、故障定位及故障恢复等。其中，故障检测是指与上位机系统建立连接后，周期性地向下位机发送检测信号，通过接收的响应数据，判断系统是否产生故障；故障类型判断就是系统在检测出故障之后，通过分析原因，判断出系统故障的类型；故障定位是在前两步的基础之上，细化故障种类，诊断出系统具体故障部位和故障原因，为故障恢复作准备；故障恢复是整个故障诊断过程中一个最关键的环节，需要根据故障原因，采取不同的措施，对系统故障进行恢复。

2）故障诊断的性能指标

（1）及时性。

及时性是指系统在发生故障后，故障诊断系统在最短时间内检测到故障的能力。故障发生到被检测出的时间越短，说明故障检测的及时性越好。

（2）灵敏度。

灵敏度是指故障诊断系统对微小故障信号的检测能力。故障诊断系统能检测到的故障信号越小说明其检测的灵敏度越高。

（3）误报率和漏报率。

误报指系统没有出现故障却被错误检测出发生故障；漏报是指系统发生故障却没有被检测出来。一个可靠的故障诊断系统应尽可能使误报率和漏报率最小化。

（4）故障分离能力。

故障分离能力是指诊断系统对不同故障的区别能力。故障分离能力越强说明诊断系统对不同故障的区别能力越强，对故障的定位就越准确。

（5）故障辨识能力。

故障辨识能力是指诊断系统辨识故障大小和时变特性的能力。故障辨识能力越高说明诊断系统对故障的辨识越准确，也就越有利于对故障的评价和维修。

（6）鲁棒性。

鲁棒性是指诊断系统在存在噪声、干扰等的情况下正确完成故障诊断任务，同时保持低误报率和漏报率的能力。鲁棒性越强，说明诊断系统的可靠性越高。

（7）自适应能力。

自适应能力是指故障诊断系统对于变化的被测对象具有自适应能力，并且能够充分利用变化产生的新信息来改善诊断能力。

知识测试

一、填空题

1. 故障诊断的主要功能任务包括：_____、_____、_____及_____等。

2. 故障诊断的性能指标有：_____、_____、_____、_____、_____、_____、_____。

任务页——机电集成系统优化

工作任务	机电集成系统优化	教学模式	理实一体
建议学时	参考学时共12学时，其中相关知识学习6学时；学员练习6学时	需设备、器材	智能制造单元系统集成应用平台
任务描述	一个工作站被设计出来之后，便可以执行相应的加工流程任务了。然而对于操作人员而言，"能用"与"好用"是感官上两个最直接的评价。要想让工作站真正变得"好用"，就离不开工作站的系统优化了。接下来对工作站所包含的单元模块的应用，不仅要"用其物"，还要"尽其才"，在此提供较为典型的优化方向供读者参考		
职业技能	3.3.1 能优化典型应用工作站工业机器人工作节拍和效率。 3.3.2 能优化典型应用工作站人和设备的安全保障。 3.3.3 能优化典型应用工作站故障自诊断与排除流程		

4.3.1 布局及点位优化

任务实施

1. 布局优化

布局需要考虑多方面的因素，以下基本原则在布局时不可违背。

（1）单元模块的工作点位不能布局在工业机器人的非工作区域；

（2）考虑单元模块之间的空间立体结构，避免在工业机器人运动过程中造成干涉或碰撞；

（3）单元模块的作业区域避免在工业机器人运动范围极限位置，易造成_____点。

影响布局的因素有很多：空间场地、工业机器人作业范围、单元模块的工作点位、节拍快慢、线缆排布、维护性能、规划者理念等因素，考虑的核心因素不同，其布局的优化方向也随之不同。智能制造单元系统集成应用平台的模块化设计理念，很好地支持了布局的多样化。此处从其中两个典型的方向来展示各布局的特点。

1）节拍

合理的布局可以有效加快生产制造的节拍。对于加工工艺路径固定的制造过程，工艺流程相临近的模块，在布局时搭配在一起可以大大提高生产效率。由打磨工作站的工作流程可知，工业机器人在执行打磨、吹屑、抛光等工艺时，需要更换对应的工具，也就意味着工业机器人在工具单元和打磨单元的工作流程即为本工作站的核心流程。

如图4-46所示，为原打磨工作站的节拍示意图。此布局由于打磨单元与工具单元分别对应工业机器人在执行单元的不同位置，因此工业机器人在这两个单元工作时，需要往复在执行单元的滑台上移动；同时，四轴工业机器人的视觉检测路径和分拣路径不在同一方向，其工作路径多有重复，这些都将造成_____。

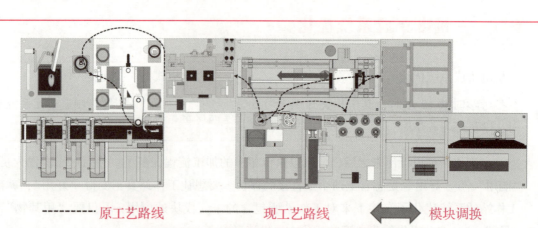

----- 原工艺路线　　——— 现工艺路线　　⟷ 模块调换

图 4-46　原打磨工作站的节拍示意图

如图 4-47 所示，为优化后打磨工作站的节拍示意图，在原布局基础上将仓储单元与打磨单元调换位置，将分拣单元与视觉检测单元调换位置。调换布局之后，打磨单元与工具单元对应工业机器人在执行单元的同一位置，符合生产线布局中的"_____"原则。四轴工业机器人的视觉检测以及分拣流程方向相同，同时也避免了"左手系"坐标与"右手系"坐标相互切换的时间，符合生产线布局中的"物流顺畅"原则。有此两者改动，打磨工作站的工作效率将会大大提升。

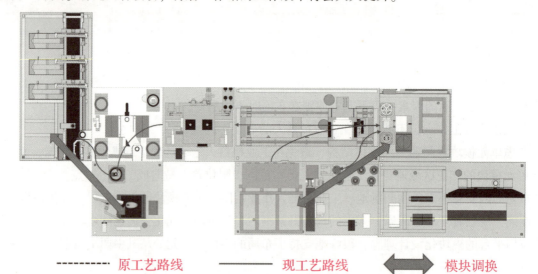

----- 原工艺路线　　——— 现工艺路线　　⟷ 模块调换

图 4-47　优化后打磨工作站的节拍示意图

2）空间场地及规划者理念

如图 4-48 所示，如果场地较为狭长，则原布局比较适合。

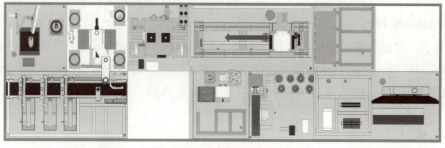

图 4-48　狭长场地布局

如果场地较为方正，则图 4-49 所示的布局更为适宜。

任务4.3 机电集成系统优化

续表

规划者的设计理念也是影响布局的一个重要因素。在中国制造2025的浪潮下，提出了很多智能制造的新概念，其中有一个概念就是前"＿＿"后"＿＿"。简单来讲就是订单的选择，以及产品的输出是面向客户的"店面"，而其背后是一个产品的加工"工厂"（单位），这种制造的模式更像时下新兴的自主奶茶店。如右图所示，在此布局下打磨工作站中选择订单的总控单元以及输出产品的分拣单元就可以被当作"店面"。

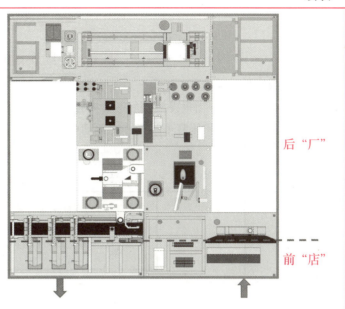

图4-49 方正场地布局

2. 点位优化

如图4-50所示，虽然每个模块的位置相对工业机器人会有所变动，但是模块内的硬件设备是固定的，即模块内各工作点位的相对位置也是固定的。当测量出工作点位之间的具体位置偏差值，即可以其中一个点位为基础，利用＿＿＿＿函数（例如ABB工业机器人的"off"函数、"RelTool"函数等）来确定其他工作点位的位置及姿态，各单元模块的临近点位也可由此方法来确定。

 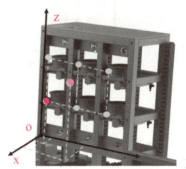

● 临近点　　○ 工作点　　● 工作/示教点　　------ 偏移方向

图4-50

4.3.2 安全机制优化

任务实施

1. 报警

1) 报警机制

（1）触发报警。

如图4-51所示，当压工位的传感器接收的压力超过其设定值时，即可置位"＿＿＿＿＿＿"标识符，触发报警。

续表

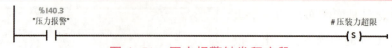

图 4-51 压力报警触发程序段

(2) 报警反应动作。

如图 4-52 所示,当报警触发后,需要强制控制当前设备的状态,即通过置位和复位对应的气缸,控制当前压装车标气缸和压装车胎气缸均运动至上极限,以快速解除当前的压装力超限情况。

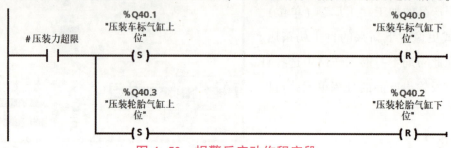

图 4-52 报警反应动作程序段

(3) 报警警示信号。

如图 4-53 所示,报警触发的同时,便控制相应的报警装置(三色报警灯、蜂鸣器等)进行警示,以快速引起操作人员的注意并处理报警事态。

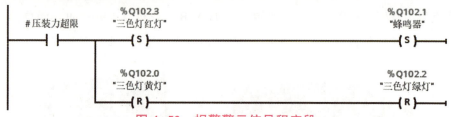

图 4-53 报警警示信号程序段

2) 报警灯定义

根据事件可能造成的危险等级的不同,可以定义不同的报警信息以便快速掌握工作站运行状况。在此以报警灯及蜂鸣器的功能要求为例,展示各状况的危险等级及处理方式,定义方式见下表。

模式	三色灯	蜂鸣器	状况
手动调试模式	黄色	不响	无异常
	黄色(闪烁)	——	设备运动至极限位置,自动停止
	黄色(闪烁)	响	撞机导致停机
	红色	不响	——
手动运行模式	黄色	不响	工作站未启动运行 有人员在工作区域内
	绿色	不响	工作站全速运行且无异常
	绿色(闪烁)	不响	工作站降速运行且无异常
	红色	响	——
自动运行模式	绿色	不响	无异常
	黄色	不响	设备无异常,运行已停止
	黄色	响	当前设备状态不满足自动运行
	红色	——	人员闯入工作站工作区域撞机导致停机

续表

2. 中断

当中断条件不满足时,系统又可以按照常规流程运行下去。在智能制造编程应用中,中断的应用会让自动化系统具备以下功能:

① _____;
② _____;
③ _____;
④ _____。

在此以打磨工作站的中断机制为例,来展示中断的应用场景。如图4-54所示,正常运行状态下,在打磨工作站中工业机器人会按照设定的打磨轨迹进行打磨。当外来人员闯入正在运行的打磨工作站时(触发_____信号),系统将认定当前运行处于危险状态,即控制工业机器人停止末端工具的运行,以保护闯入的外来人员。人员离去之后(停止触发_____信号),工作站便可自动恢复至正常状态,继续实施打磨工艺。

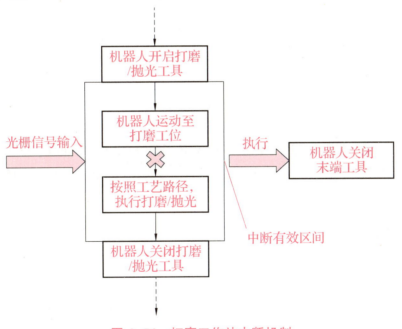

图4-54 打磨工作站中断机制

3. 复位

1) 手动复位

手动复位功能通常由工作站中配备的按钮、HMI等装置触发。其主要功能包括以下几点:

(1) 清除程序运行过程中产生的数据;
(2) 恢复各设备、单元模块的初始状态;
(3) 在故障解除时,消除报警_____和报警_____;
(4) 通信初始化。

如图4-55所示,当触发激光打标子程序的复位功能时,程序可以执行设备的复位(程序A),还可清除子程序运行过程中的置位的标记位(程序B),并能将该子程序中所涉及的通信数据、运行参数等全部初始化(程序C),达到手动复位的目的。

续表

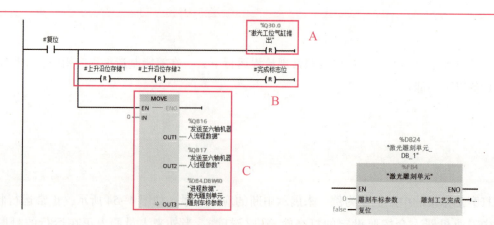

图 4-55 手动复位程序段

2）自动复位

自动复位功能通常由工作站中设备的运行状态触发，主要用于设备运行状态的恢复情况。如图 4-56 所示，以执行单元中的滑台运行自复位为例，来阐释自复位编程的方法。在对执行单元的伺服电机进行"_____"时，可能会触发滑台的正负极限传感器，此时需要触发伺服系统的复位功能才能继续操作。自复位功能程序一般主要包括 3 个功能程序段，如下所示。

（1）执行复位。

如图 4-56 所示，当触发功能程序块的复位接口，即可恢复伺服装置的状态。

（2）触发复位。

如图 4-57 所示，未到达极限位置时，伺服极限位置传感器的输入信号（I0.0、I0.2）为高电位，因此不会触发复位。一旦滑台到达极限位置，其对应传感器输入信号变为____电位，此时便可触发"复位"功能。

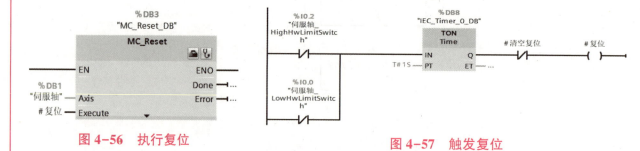

图 4-56 执行复位　　　　　　　图 4-57 触发复位

（3）消除复位。

由于自复位的触发是系统自身，复位后不仅需要设备正常运行，还需要其复位功能也能恢复，这就需要编制系统清除复位的程序。如图 4-58 所示，标志位"复位"的触发可以看作是一个脉冲，此时设备即可正常运行；当滑台离开_____位置时，便又可重新恢复"复位"功能。

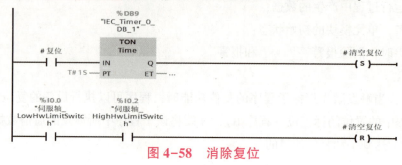

图 4-58 消除复位

4.3.3 故障诊断

任务实施

1. 仓储气路故障自检

如图4-59所示，为仓储单元的气路示意图。气体由空气压缩机经总控单元的仓储气路分支，连接到仓储单元的各仓位，从而为仓储单元的料板推出提供动力。在实际使用时，气路可能会受到不同程度的损坏，就可能会出现各种各样的故障。如图中的3号和5号仓位的料板推出状态，即料板虽然可以被推出，但是速率过慢，可能是由于气路不畅或有泄漏导致的。再如1号和6号仓位的料板推出状态，即料板完全不能被推出，可能是由于_____等缘故导致。

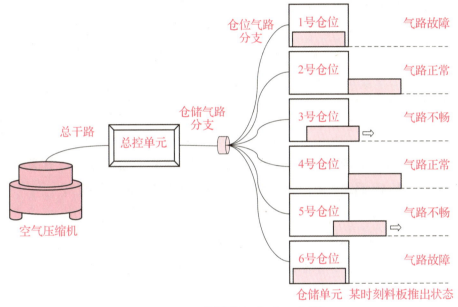

仓储单元自检程序
编写及调试

图4-59 仓储单元气路示意图

2. 自检编程

1）启动自检

如图4-60所示，在工作站上位机（或总控单元的按钮）操作，置位"_____"，即可开启工作站的自检流程。

图4-60 启动自检

2）自检流程

此处以1号仓位自检为例，来说明仓储单元的自检流程。如图4-61所示，"自检标识"标志位接通后，置位"1号仓位推出气缸"信号，控制1号仓位料板推出（程序段A）。然后利用时间累加指令"_____"来计算从"1号仓位推出气缸"信号启动到"1号仓位推出检知"信号被检测到之间的时间。此处以5 s作为限定时间，当超过5 s时料板依然没有推出到位，则判定该仓位气路故障，置位"1号仓位气路故障"标识位（程序段B）。为了达到故障的精确定位，此处引出料板推出的具体时间，以备后续程序段使用。

当 1 号仓位推出时间在 2~5 s 之间时，标识位"1 号仓位气路不畅"线圈接通，意为当前仓位的气路轻微受损，该受损程度与气路故障相对较轻（程序段 C）。

参照上述编程方式编写仓储单元的自检程序，即可将 6 个仓位的气路故障和气路不畅等问题全部检测出。

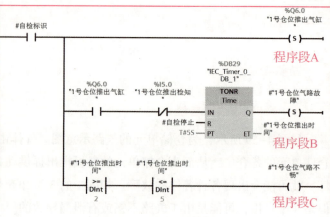

图 4-61 自检流程

3）故障分析及故障定位

当仅有部分仓位气路故障时，则可判定故障发生在对应的仓位气路分支中。但是如果 6 个仓位均判定为气路故障时，则问题发生在总干路或仓储气路分支的概率较大。如图 4-62 所示，将 6 个仓位的"气路故障"标识作为"仓储气路分支故障"的触发条件，实现对故障的精确定位。

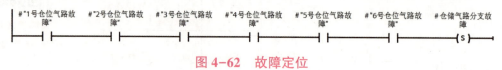

图 4-62 故障定位

同理，也可以根据各单元的气路情况，来判定气路故障的位置。如仓储单元气路故障时，打磨单元气路正常，则可以判定空压机设备以及总干路无故障，该故障极可能发生在仓储气路分支部位。

4）故障排除

当故障被检测并准确定位后，即可排除故障。可以在 HMI 中以故障代码或诊断报告的形式将故障原因和故障的排除建议等信息列举出来，供维修人员使用。如图 4-63 所示，分别为"_____"标识位和"_____"标识位触发的故障诊断报告，维修人员可以从 HMI 中查看并根据排除建议实施故障排除。

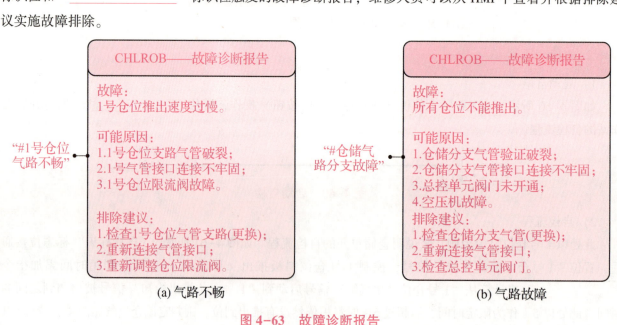

图 4-63 故障诊断报告

续表

5) 故障自检复位

如图 4-64 所示，当故障排除完成后，需要将"＿＿＿＿＿"以及各类故障标识位全部复位，为后续定期的故障诊断作准备。

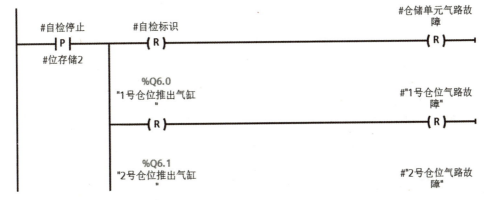

图 4-64 故障自检复位

任务评价

1. 任务评价表

评价项目	比例	配分	序号	评价要素	评分标准	自评	教师评价
6S职业素养	30%	30分	①	选用适合的工具实施任务，清理无须使用的工具	未执行扣6分		
			②	合理布置任务所需使用的工具，明确标识	未执行扣6分		
			③	清除工作场所内的脏污，发现设备异常立即记录并处理	未执行扣6分		
			④	规范操作，杜绝安全事故，确保任务实施质量	未执行扣6分		
			⑤	具有团队意识，小组成员分工协作，共同高质量完成任务	未执行扣6分		
机电集成系统优化	70%	70分	①	能优化典型应用工作站工业机器人工作节拍和效率	未掌握扣20分		
			②	能优化典型应用工作站人和设备的安全保障（如安全机制、中断等）	未掌握扣20分		
			③	能优化典型应用工作站故障（如仓储气路故障等）自诊断与排除流程	未掌握扣30分		
合计							

2. 活动过程评价表

评价指标	评价要素	分数	得分
信息检索	能有效利用网络资源、工作手册查找有效信息；能用自己的语言有条理地去解释、表述所学知识；能将查找到的信息有效转换到工作中	10	
感知工作	是否熟悉各自的工作岗位，认同工作价值；在工作中，是否获得满足感	10	
参与状态	与教师、同学之间是否相互尊重、理解、平等；与教师、同学之间是否能够保持多向、丰富、适宜的信息交流；探究学习、自主学习不流于形式，处理好合作学习和独立思考的关系，做到有效学习；能提出有意义的问题或能发表个人见解；能按要求正确操作；能够倾听、协作分享	20	
学习方法	工作计划、操作技能是否符合规范要求；是否获得了进一步发展的能力	10	
工作过程	遵守管理规程，操作过程符合现场管理要求；平时上课的出勤情况和每天完成工作任务情况；善于多角度思考问题，能主动发现、提出有价值的问题	15	
思维状态	是否能发现问题、提出问题、分析问题、解决问题	10	
自评反馈	按时按质完成工作任务；较好地掌握了专业知识点；具有较强的信息分析能力和理解能力；具有较为全面严谨的思维能力并能条理明晰表述成文	25	
总分		100	

项目评测

项目四　机电集成系统的典型应用工作页

项目知识测试

一、单选题

1. 铝合金车轮毛坯大多是由铸造或者锻造而来的，不能保障轮毂零件应有的表面质量，需要经过精确的(　　)，才能获得合格的外观尺寸及表面质量。
   A. 激光打标　　　　B. 表面加工处理　　　C. 数控加工　　　D. 压装装配

2. 通过调整打磨参数可以确保最终的打磨质量，下列参数中不属于打磨参数的是(　　)。
   A. 接触弧长　　　　B. 磨削角度　　　　　C. 磨削用量　　　D. 磨削力

3. 抛光加工方式可以利用抛光工具和(　　)或其他抛光介质对工件表面进行修饰加工。
   A. 打磨工具　　　　B. 涂覆磨具　　　　　C. 磨料颗粒　　　D. 分固结磨具

4. 以下程序为执行打磨工位下料流程：当检测到打磨工位有物料时，即(　　)。
   A. 夹紧翻转工装　　　　　　　　　　　　B. 松开翻转工装
   C. 翻转工装至旋转工位　　　　　　　　　D. 翻转工装至打磨工位

5. 下列选项中不属于激光打标特点的是(　　)。
   A. 长久性　　　　　B. 经验法　　　　　　C. 非接触　　　　D. 效率低

6. 激光雕刻的参数设置一般采用(　　)。
   A. 试样法　　　　　B. 防伪性　　　　　　C. 定制法　　　　D. 参照法

7. 激光打标参数设置第一步是(　　)。
   A. 设置速度　　　　　　　　　　　　　　B. 确定焦点
   C. 设置频率　　　　　　　　　　　　　　D. 调整激光雕刻深度

8. 激光打标参数设置第一步是(　　)。
   A. 设置速度　　　　B. 确定焦点　　　　　C. 设置频率　　　D. 调整激光雕刻深度

9. 工具与工件摩擦产生高温，使工件金属塑性提高，在外力下金属表面产生塑性变形，凸起的部分被压入并流动，凹进的地方被填平，从而改善金属表面的工艺是(　　)。
   A. 打磨　　　　　　B. 激光打标　　　　　C. 抛光　　　　　D. 压装

10. 下列打磨参数属于磨削用量的是(　　)。
    A. 磨削深度　　　　B. 磨削温度　　　　　C. 接触弧长　　　D. 磨削工具

二、多选题

1. 磨削过程会经历以下哪些阶段(　　)。
   A. 滑擦阶段　　　　B. 耕犁阶段　　　　　C. 抛光阶段　　　D. 切屑形成阶段

2. 涂覆磨具，又称柔性磨具，是用黏合剂把磨料颗粒均匀黏附在可绕去基材上制成，也可以将涂覆磨具看作为多刃刀具。涂覆磨具主要包括下列哪些要素(　　)。
   A. 基材　　　　　　B. 磨料　　　　　　　C. 黏结剂　　　　D. 磨具

3. 按照工业机器人参与打磨工艺的方式，打磨工作站分类包括(　　)。
   A. 工具型打磨工作站　　　　　　　　　　B. 工件型打磨工作站
   C. 搬运型打磨工作站　　　　　　　　　　D. 装配型打磨工作站

续表

4. 激光打标的工艺原理主要有（　　）和（　　）两种。
A. 热加工　　　　B. 冷加工　　　　C. 粗加工　　　　D. 精加工

5. 工作站的安全机制是工作站安全运行的保障，也是工作站任务实施极为重要的内容，安全机制的实现方式包括（　　）。
A. 中断　　　　　B. 报警　　　　　C. 工作站复位　　D. 节拍

三、判断题

1. 打磨可以使工件在光亮度和表面粗糙度等方面达到设计要求的工艺过程。（　　）

2. 工具型打磨工作站，是工业机器人通过操纵末端执行器固连的打磨工具，完成对工件打磨加工的自动化系统。（　　）

3. 激光打标技术是一种直接接触、无污染、无损害的新型标记工艺，集激光技术、计算机技术和机电一体化技术为一身，也是目前激光加工技术应用最广泛的一项先进制造技术。（　　）

4. 在相同功率输入的前提下，针对相同一段雕刻路径而言，速度快的情况下工件得到的能量输入较大，激光打标程度较深，反之激光雕刻深度会变浅。（　　）

5. 提高激光打标工艺执行效率，可以事先将要镭雕的文字、图片等制作为模板，内置在激光打标软件的上位机中，如此便可在数字化通信的基础上来调用不同的镭雕对象。（　　）

职业技能测试

一、工业机器人工作流程程序编制

1. 打磨工作站程序编制及调试

如图 4-65 所示，根据 PLC1 发出的流程数据，工业机器人将当前所夹持轮毂零件放置在打磨单元的打磨工位上。在上料过程中，存在工业机器人与 PLC1 进行信息交互的过程，此处把交互的信息称之为"过程参数"。执行上料流程之前，工业机器人已经从仓储单元夹取轮毂零件。当工业机器人携轮毂运动至打磨工位时，此时将到位信息发送至 PLC1，然后等待 PLC1 该工位夹具夹紧的信息反馈，然后工业机器人再松开当前夹持的轮毂零件，运动至打磨单元临近点，上料流程结束。根据以上流程，编制工业机器人打磨子程序，编制 PLC 打磨子程序（FB 块）、编制 PLC 组织块（OB 块），并手动调试打磨工艺及程序。

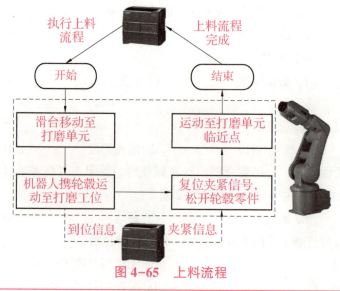

图 4-65　上料流程

项目五

典型产线的机电集成

项目导言

本项目主要从生产线方案规划、生产线虚拟调试与优化和生产线维护维修手册编制三个部分来认知工业机器人生产线系统集成。在生产线的虚拟调试部分主要以 PQ Factory 软件为基础,虚拟调试数字孪生设备,并基于虚拟调试结果给出优化的方案。

工业机器人集成应用职业等级标准对照表

	工作领域	工业机器人生产线系统集成					
	工作任务	生产线方案规划		生产线虚拟调试与优化			
项目实施	任务分解	车轮总装生产线工艺流程规划	生产线三维模型搭建	生产线虚拟调试模型定义	工业机器人打磨工艺离线编程	虚拟生产线调试	车轮总装生产线的生产优化
	职业能力	5.1.1 能根据生产任务需求,进行工艺分析和工艺规划。 5.1.2 能根据工艺分析结果绘制工艺流程图。 5.1.3 能根据工艺流程图,设计并搭建工业机器人生产线三维模型。 5.2.1 能在生产系统仿真软件中导入完整生产线模型。 5.2.2 能建立运动机构和虚拟传感器的信号,并关联到 PLC 信号表中。 5.2.3 能通过 PLC 程序调试虚拟生产线。 5.2.4 能通过调整工业机器人及其周边设备的参数,完成生产工艺和节拍的优化					

任务 5.1 生产线方案规划

本任务在了解生产线概念的基础上,基于智能制造集成应用平台,规划车轮总装生产线的生产工艺和车轮总装生产线布局并在 PQ Factory 软件中搭建其三维模型。

知识页——车轮总装生产线工艺流程规划

1. 生产线概述

1)什么是生产线

生产线就是产品生产过程中所经过的路线,即从原料进入生产现场开始,经过加工、运送、装配、检测、分拣等一系列生产活动所构成的路线。狭义的生产线是按照对象原则组织起来的,完成产品工艺过程的一种生产组织形式,即按产品专业化原则,配备生产某种产品(零、部件)所需要的各种设备及工人,负责完成某种产品的全部制造工作,以对相同的劳动对象进行不同工艺的加工。生产线的基本原理是把每一个生产重复的过程分解为若干个子过程,前一个子过程为下一个子过程创造执行条件,每一个子过程可以与其他子过程同时进行。简而言之,就是"加工功能分解,空间上顺序依次进行,时间上重叠并行"。

如图 5-1 所示,在生产线上流通的主要是生产物料和生产数据。具有编程功能的工业机器人(后文简称工业机器人)不仅使生产线上的工作站能够相对独立完成细胞式生产,还可以为某工作站提供数据接口从而使数据的整理变得简单化,即数据和

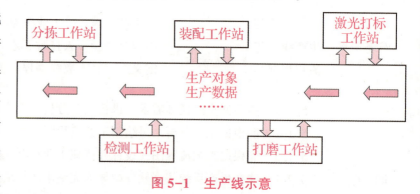

图 5-1 生产线示意

物料的流动能够统一起来。智能化生产线(智能化工厂)已实现无人操作,这将大大减少意外情况的发生,生产线平衡性便能得到更好的保证。

2)生产线类型

按范围大小分为产品生产线和零部件生产线,按节奏快慢分为流水生产线和非流水生产线,按自动化程度分为自动化生产线和非自动化生产线。

2. 车轮总装生产工艺

1)生产线目标

在设计规划生产线之初,需要明确生产线的生产目标。如图 5-2 所示,本车轮总装生产线的加工对象为轮毂零件和车标零件,完成轮毂零件的打磨加工和车标零件的激光打标加工

后，对轮毂、车标和轮胎按照生产工艺进行整体装配形成车轮成品，然后通过成品检验按照检测标准分拣到指定的分拣道口，输出生产线。

图 5-2 生产线加工对象

（a）车轮零件；（b）成品

2) 车轮总装生产工艺

在案例生产线中，车轮总装工艺的实施主要考虑两方面的因素：物料流与数据流。一方面，对物料流的控制保证了生产线中各零部件可以按照设定的流程路径和工艺参数进行加工、装配、检测等实际处理；另一方面，对数据流的控制保证了所有的必要处理信息都会被录入物料的电子"身份卡"中，如此即可以利用当前数据为后续工序的实施提供依据，又可以根据电子信息对物料的加工过程进行追溯。

图 5-3 所示为车轮总装的工艺流程图。在物料方面，整个生产线加工过程分为 7 个流程：取料流程、激光打标流程、打磨流程、压装（装配）流程、视觉检测流程、电子信息读写流程以及分拣流程。物料每经过一个流程，都离不开数据的收集与处理，只有明确当前的生产工艺，才能规划出更适合的生产线。

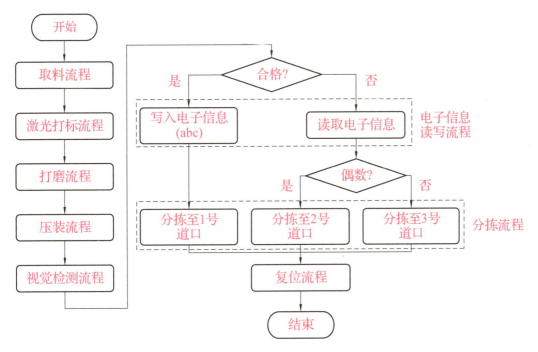

图 5-3 案例车轮总装生产工艺

3. 生产线布局原则认知

生产线的布局原则主要分为以下几类。

1) 定位原则布局

将原材料和设备按照使用次序和移动的难易程度在产品的四周进行生产。这种布局方式以产品为中心，一般不考虑物流成本和复杂程度。

2) 工艺原则布局

工艺原则是将相似的设备或功能集中放在一起的布局方式，这种形式在当前生产设备密集型企业较为常见，比如铸造车间、机加工车间、装配车间等，因此也被称为车间布局。

3) 产品原则布局

产品原则布局，是根据产品制造的步骤来安排设备或工作过程的方式，产品生产过程的路径一般是直线型，适合大批量、同质性的流水作业生产。这种布局方式需要规划更好的生产平衡，避免局部生产短缺或生产过剩。

4) 成组技术（单元式）布局

成组技术布局，又称单元式布局，适合由一个或者少数几个作业人员（工业机器人）承担和完成生产单元内所有工序的生产方式。因为这种成组技术布局方式使得单元组的功能相对独立和完整，也称该生产方式为"细胞生产方式"。

成组技术布局，是当代最新、最有效的生产线设置的方式之一，这种方式使得小批量多种生产残酷环境下的生产线的生产效果要强于流水线方式。然而，成组技术布局也有比较明显的缺点，比如工作单元平衡较差、工人的技术培训要求较高、加工产品种类繁杂使得零部件分组较为困难等，工业机器人的集成应用以及智能制造技术的应用，即可以有效克服这些缺点，新应用形式下的成组技术布局优势将更加突出。

知识测试

一、填空题

1. 在生产线上流通的主要是_____和_____。
2. 生产线的分类方式，按范围大小分为_____和_____，按节奏快慢分为_____和_____，按自动化程度分为_____和_____。
3. 整个车轮总装生产线加工过程分为 7 个流程：_____、_____、_____、_____、_____、_____以及_____。

二、简答题

1. 简述生产线的布局原则。

任务页——生产线方案规划

工作任务	生产线方案规划	教学模式	理实一体
建议学时	参考学时共 4 学时，其中相关知识学习 2 学时；学员练习 2 学时	需设备、器材	PQ Factory 软件、智能制造集成应用平台三维模型
任务描述	本任务在了解生产线概念的基础上，基于智能制造集成应用平台，规划车轮总装生产线的生产工艺和车轮总装生产线布局并在 PQ Factory 软件中搭建其三维模型		
职业技能	4.1.1 能根据生产任务需求，进行工艺分析和工艺规划。 4.1.2 能根据工艺分析结果绘制工艺流程图。 4.1.3 能根据工艺流程图，设计并搭建工业机器人生产线三维模型		

5.1.1 车轮总装生产线工艺流程规划

任务实施

1. 车轮总装生产线布局

案例车轮总装生产线就是成组技术（单元式）布局形式下的产物。如图 5-4 所示，该生产线主要包括 _____ 个模块（10 个单元），其中考虑到紧凑型设计原则，将激光打标单元与工具单元布置在同一模块中。按照图 5-4 所示的物料生产路径，即可完成车轮的总装工艺。

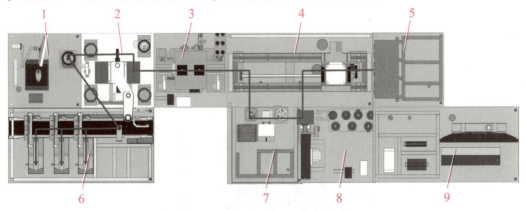

1—视觉检测单元；2—四轴工业机器人单元；3—压装单元；4—执行单元；5—仓储单元；
6—分拣单元；7—打磨单元；8—激光打标单元+工具单元；9—总控单元

图 5-4　物料生产路径

2. 车轮总装生产线单元模块功能

根据不同的生产要求，同一个单元被赋予的功能要求不尽相同。在车轮总装生产线中，各单元模块的功能见下表。

单元模块	功能定义
视觉检测单元	以标签颜色"_____"来代替轮毂质量是否合格。对轮毂零件视觉检测区域中的标签颜色进行检测判定，针对不同的标签颜色可分别输出对应的字符至通信对象

续表

单元模块	功能定义
四轴工业机器人单元	夹持轮毂至视觉检测单元、压装单元、分拣单元的放料点（或取料点）；夹持导锥和轮胎，辅助轮胎压装工艺的实施；能够接收视觉传感器或 PLC 通信传输的字符，并分析处理；能够根据 PLC 的指令完成相关的动作流程
压装单元	以一定压力将车胎压装在轮毂零件中
执行单元	可以更换夹爪、吸盘、打磨工具等不同的工业机器人末端工具；夹持轮毂至仓储单元、打磨单元、压装单元的放料点（或取料点）；能够完成与 PLC 的 I/O 通信，并根据 PLC 的指令完成相关的动作流程
仓储单元	能够推出或缩回各料仓，显示并反馈当前各仓位的物料_____状态
分拣单元	根据接收到的分拣信息，将轮毂零件分拣到不同的指定仓位
打磨单元	为打磨工艺提供打磨工位；对轮毂零件进行变位，既可以完成轮毂的正反翻转，也可以将轮毂进行 180°的旋转
工具单元	提供夹爪、吸盘、打磨、抛光等工具
总控单元	为工作站提供电、气及通信支持；直接控制各单元的动作；上位机可实时监控当前工作站的运行动作及状态；HMI 人机界面可对应用平台实现_____监控、_____控制、_____管理

5.1.2 生产线三维模型搭建

任务实施

完成生产线规划后，按照图 5-5 所示的规划布局来搭建生产线的三维模型，为后续的虚拟调试作准备。生产线三维模型搭建在 PQ Factory 软件中进行。

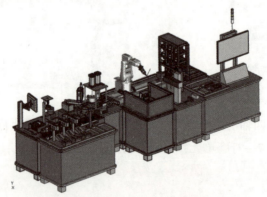

图 5-5 生产线的三维模型

（1）先将根据任务 1.3 创建的生产线各工艺单元三维模型转化为 PQ Factory 支持的文件形式。案例准备的模型文件均为_____格式。

（2）新建 PQ Factory 工程文件，在模型栏的"场景"功能块中，点击"输入"，然后选择要搭建的单元模型。

（3）依次将所有的工作单元模型全部输入软件中，完成案例生产线三维模型搭建。

续表

任务评价

1. 任务评价表

评价项目	比例	配分	序号	评价要素	评分标准	自评	教师评价
6S职业素养	30%	30分	①	选用适合的工具实施任务,清理无须使用的工具	未执行扣6分		
			②	合理布置任务所需使用的工具,明确标识	未执行扣6分		
			③	清除工作场所内的脏污,发现设备异常立即记录并处理	未执行扣6分		
			④	规范操作,杜绝安全事故,确保任务实施质量	未执行扣6分		
			⑤	具有团队意识,小组成员分工协作,共同高质量完成任务	未执行扣6分		
生产线方案规划	70%	70分	①	能根据生产任务需求,进行工艺分析和工艺规划	未掌握扣20分		
			②	能根据工艺分析结果绘制工艺流程图	未掌握扣20分		
			③	能根据工艺流程图,设计并搭建工业机器人生产线三维模型	未掌握扣30分		
合计							

2. 活动过程评价表

评价指标	评价要素	分数	得分
信息检索	能有效利用网络资源、工作手册查找有效信息;能用自己的语言有条理地去解释、表述所学知识;能将查找到的信息有效转换到工作中	10	
感知工作	是否熟悉各自的工作岗位,认同工作价值;在工作中,是否获得满足感	10	
参与状态	与教师、同学之间是否相互尊重、理解、平等;与教师、同学之间是否能够保持多向、丰富、适宜的信息交流;探究学习、自主学习不流于形式,处理好合作学习和独立思考的关系,做到有效学习;能提出有意义的问题或能发表个人见解;能按要求正确操作;能够倾听、协作分享	20	

续表

评价指标	评价要素	分数	得分
学习方法	工作计划、操作技能是否符合规范要求；是否获得了进一步发展的能力	10	
工作过程	遵守管理规程，操作过程符合现场管理要求；平时上课的出勤情况和每天完成工作任务情况；善于多角度思考问题，能主动发现、提出有价值的问题	15	
思维状态	是否能发现问题、提出问题、分析问题、解决问题	10	
自评反馈	按时按质完成工作任务；较好地掌握了专业知识点；具有较强的信息分析能力和理解能力；具有较为全面严谨的思维能力并能条理明晰表述成文	25	
总分		100	

任务 5.2 生产线虚拟调试与优化

激烈的竞争和快速变化的市场需求给制造业提出了很多苛刻的要求，而新一代信息技术正有助于提高制造业的灵活性，使得制造商能够以更快的速度和更低的成本制造出市场所需要的商品，这些技术中有一项比较关键的技术，叫做虚拟调试。

本任务从虚拟调试模型的定义、事件管理的设置、工业机器人的离线编程再到虚拟调试的实施、生产工艺的优化等内容，全面展示了虚拟调试的优势以及实施方式，最终完成车轮总装生产线的虚拟调试以及工艺优化。

知识页——生产线虚拟调试与优化

1. 生产线虚拟调试模型定义

1）虚拟调试认知

（1）虚拟调试概念。

虚拟调试，是虚拟现实技术在工业领域应用的具象，其技术可以通过虚拟技术创建出物理制造环境的数字复制品，即数字孪生设备，用于测试和验证产品设计的合理性，虚拟调试的物料流与数据流与实际设备均保持一致。例如，可以在计算机上模拟整个生产过程，包括工业机器人、自动化设备、PLC、变频器、电机等单元，模型虚拟化的具体情况见表 5-1。

表 5-1 模型虚拟化

真实环境		虚拟环境	
HMI	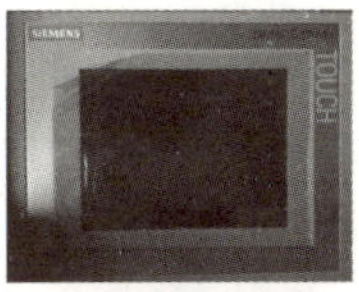		虚拟 HMI
控制器		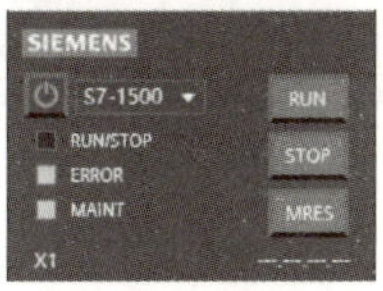	虚拟控制器
传感器与执行器	  	  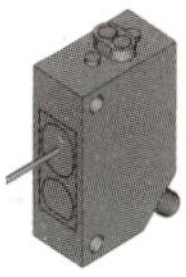	虚拟传感器与执行器

续表

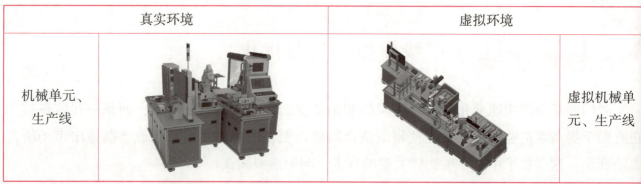

真实环境		虚拟环境	
机械单元、生产线			虚拟机械单元、生产线

数字孪生，作为实现物理世界与信息世界交互与融合的有效方法，是指通过数字技术来复制物理对象，模拟对象在现实环境中的行为，对整个工厂的生产过程进行虚拟仿真，从而提高制造企业产品研发、制造的生产效率。虚拟调试是数字孪生最好的应用，虚拟调试技术是在虚拟环境中调试控制设备的代码，然后通过虚拟仿真来测试和验证系统方案的可行性，再将调试代码应用到真实的场景中。该虚实融合的虚拟调试技术的优势在于降低了调试成本和风险、减少了现场调试时间、提升了工作质量、验证PLC的逻辑及产品的可行性。

（2）虚拟调试优势。

通常设备的开发是循序渐进的，机械设计、电气设计和自动化设计依次进行。如果在开发过程中的任何地方没有被检测到，则每个开发阶段的错误成本将大大增加，未检测到的错误可能会在现场调试期间造成设备重大的损坏。同理，如果设备后期需要升级优化，就必须找到理想的停机时间（越短越好）。

如图5-6所示，虚拟化调试就是构建数字化的孪生设备，基于该孪生设备，机械设计、电气设计和自动化设计就可以并行进行，通过虚拟调试（测试）就可以在早期阶段发现故障点，如此也可以使现场的调试速度更快，风险更低，同时也可降低成本，大大提高产品的灵活性和生产力。总体而言，虚拟调试具有以下优势。

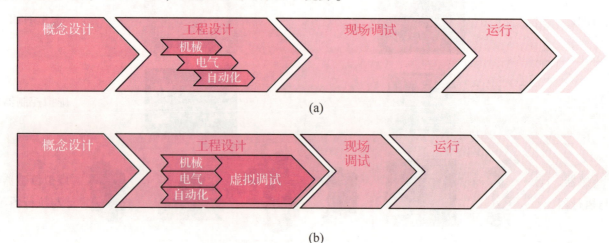

图5-6 产品设计工作流程

（a）现场调试；（b）虚拟调试

① 快速调试。

对比在工业现场使用实际的设备进行调试，虚拟调试可以在办公室的数字开发环境中实现。机器设备在调试过程中的广泛测试可以及早的识别、消除设计错误和功能错误，同时也大大加快了实际的调试过程。

② 提升工程质量。

虚拟调试可以并行进行工程设计，并行仿真和测试的结果可以有效提高设计人员的工程设计质量。另外部分虚拟调试使用虚拟控制器来测试实际的 PLC 程序，使得控制系统在实际调试时能够满足与其的控制效果。

③ 降低成本。

虚拟调试使得现场调试时间大大减少，调试错误风险降低，调试周期变短。并且由于在设计阶段就进行了大量的测试和验证，在实际调试过程中只需要进行较少工作量的修正。这也会大大降低开发成本。

④ 降低风险。

在虚拟调试期间，一切测试都在虚拟环境中，不会造成设备的损坏和人员的伤亡。另外其广泛的故障排除也可显著降低实际机器中的错误风险。

（3）虚拟调试功能需求。

如图 5-7 所示，对于不同的调试应用对象，虚拟调试的主要需求侧重是有所不同的。

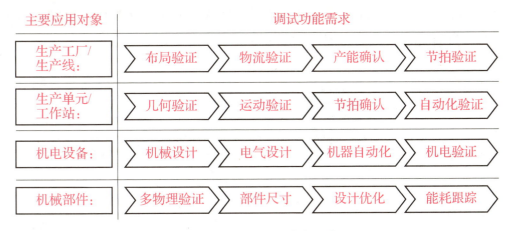

图 5-7　虚拟调试功能需求

（1）机械部件。

当调试对象为机械部件（如传感器、气缸、电机等）时，着重于该机械部件的两类参数，一方面针对机械部件的几何尺寸及其他物理性能等机械参数进行验证；另一方面针对该机械部件的性能参数以及能耗等电气参数进行虚拟测试。从而在该机械部件建造之前，各个参数均已经过系统优化和验证。

（2）机电设备。

这里所谓的机电设备主要指单体的设备，其主要包括机械设计、电气设计、机械自动化设计的虚拟调试以及最终样机的功能验证。

机械设计包括机械部件尺寸、运动干涉验证；机械部件的运动参数，如材料、摩擦系数、传动比等。电气设计包括电机控制扭矩验证、电机运动控制验证；传感器、气缸等选型的验证以及安装位置的验证；机械自动化设计包括设备 PLC 程序的逻辑验证、驱动报文验证、I/O 交互验证等；虚拟控制功能验证、人机交互验证等。样机功能验证主要是机电设备的工艺验证，机电设备的加工对象可以是刚性的，诸如码垛、装配、抓取、传送等，加工对象也可以是柔性的，如折弯、切割、冲压等。

（3）生产单元/工作站。

工作站的虚拟调试不再单单着眼于单台设备的细节运动，而是针对整个工作站的功能验证，如物料在设备之间的流转情况、设备与设备之间的运动干涉情况、工作站内的运动节拍以及工作站的生产工艺验证及优化。

（4）生产工厂/生产线。

生产线调试是在工作站的基础上，主要着眼于车间布局、生产物流设计、产能、节拍等生产系统进行定量的验证，并根据虚拟调试的结果找到影响生产线平衡的瓶颈节点，从而找到生产线优化的方向。

2）系统仿真与虚拟调试

如图 5-8 所示，在 PQ Factory 的概念设计中，可以对现有的设备模型进行物理属性的定义，以实现对生产线机电设备的虚拟映射，映射后的虚拟机可以通过组态王的 IOServer 设备对虚拟接口进行集成，然后通过虚拟控制器（PLCSIM Advance）或者真实控制器（真实 PLC）进行控制，并通过模拟的操作面板操控虚拟设备。

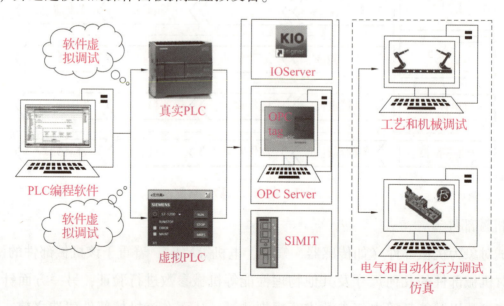

图 5-8 案例虚拟调试

如图 5-9 所示，根据控制器（虚拟/实际）是否参与调试过程，本篇中将虚拟调试分为以下三类。

（1）系统仿真。

对于机电设备的系统仿真，并无外部控制设备的介入。该过程只在单一的数字孪生设备软件（如北京华航唯实的 PQ Factory、西门子的 Tecnomatix 软件、PLCSIM 软件等）中设置。在此过程中，数字孪生设备所有的动作方式、运动参数均与实际设备相一致，但是动作、事件的触发以及逻辑控制都事先在仿真软件中人为进行定义，因此仿真环境相对调试而言是一个较为理想的虚拟环境。

如图 5-9 所示，在前期设计中（过程 A），仿真可以有效帮助实现单体设备的机电概念设计，包括工业机器人末端工具的选择，设备运动范围的可达性、材料的选择等。在细节设计中（过程 B），仿真过程可以参与主要的机械设计、电气设计以及自动化设计过程，也可以对工业机器人进行离线编程。并在设备级层面对生产线进行辅助设计以及初步功能的验证。

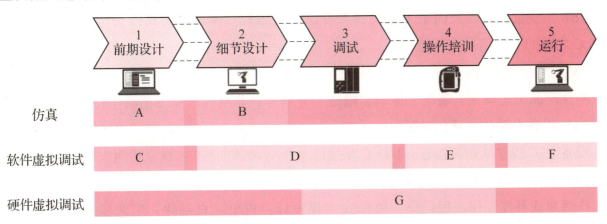

图 5-9　仿真与虚拟调试在产品设计周期中的应用

（2）软件虚拟调试。

软件虚拟调试是在系统仿真的基础上，将虚拟的控制器（CPU）加入调试过程中来。此时软件中所有的数字孪生设备均为相关动作（事件）提供触发接口。数字孪生设备的动作触发、逻辑控制由外部虚拟控制器控制，数字孪生设备的反馈数据也由外部虚拟控制器接收。换言之，软件虚拟调试与现实调试的控制逻辑是保持一致的。

如图 5-9 所示，在前期设计中（过程 C），软件虚拟调试可以对单体设备和产线的部件进行测试，以对概念性的设计进行验证。在细节设计和调试过程中（过程 D），虚拟调试不仅可以对单体设备的细节设计进行验证，还可以对生产线进行整体的性能验证。软件虚拟调试在细节设计和调试这两个过程中同时存在，细节设计的结果与调试的结果可以进行反复迭代，以达到最优化设计。

在设备操作培训环节（过程 E），软件虚拟调试就扮演了非常重要的角色。由于已经构建了数字孪生设备，就可以完全脱离真机进行设备培训，以此在保证人员安全的同时又大大缩短实际设备的停机时间。在运行阶段（过程 F），软件虚拟调试也可以较大限度的验证其在工厂的实际运行状态。

（3）硬件虚拟调试。

硬件虚拟调试，是将实际的控制器加入调试环境中，可以实现与软件虚拟调试相同的作用。要注意硬件虚拟调试的对象依然是数字孪生设备，此时数字孪生设备的动作触发、逻辑控制由实际控制器控制，数字孪生设备的反馈数据也由实际控制器接收。此类调试方式由于属于硬件软件混合调试，因此其信号的传输与处理更接近实际工况，也可以在调试环节和操作培训环节（过程G），对工厂的其他功能应用进行混合验证。

2. 虚拟生产线调试

1）车轮总装生产线调试目标

（1）机械、电气部件验证。

部件尺寸、运动干涉验证；传感器、气缸的位置验证。

（2）工业机器人验证。

ABB工业机器人以及四轴工业机器人可以离线编程、调试、仿真以及运行；工业机器人与PLC之间的I/O信号交互验证。

（3）产品工艺验证。

刚性产品工艺验证：装配、抓取、输送、分拣等；非刚性产品工艺动作验证，如打磨。

（4）设备自动化及通信验证。

设备PLC程序的逻辑验证、I/O交互验证（信号调试面板）；视觉检测、RFID读写验证。

（5）产品集成开发及优化设计。

产线集成开发工作流程优化、协作式工程设计；机电、自动化、工艺流程提前验证、优化、排错。

3）虚拟调试流程

如图5-10所示，为虚拟调试的整体流程，主要分为定义数字孪生设备、程序编辑、信号关联、虚拟调试4个步骤，其中数字孪生设备的定义以及程序的编辑可参考前文。

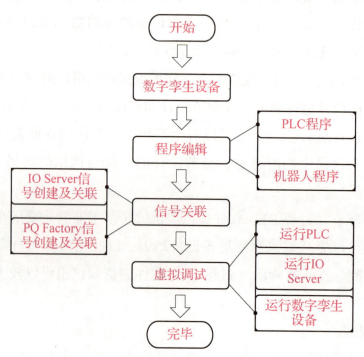

图 5-10 虚拟调试流程

当数字孪生设备构建完毕后，即可进行信号之间的相互关联。在调试前，数字孪生设备的触发接口（图中"地址"）与控制器的变量地址（图中"PLC地址"）不尽相同，通过变量地址匹配可有效使两者的功能进行关联，使 IOServer 成为实现信号流通的"桥梁"，如图 5-11 所示。当信号关联之后，即可实施虚拟调试。

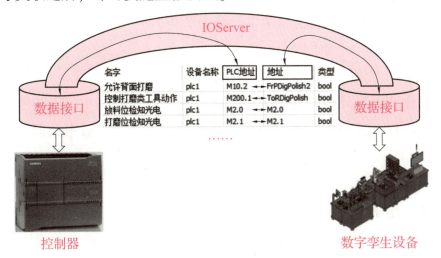

图 5-11　信号关联

3. 车轮总装生产线的生产优化

1）生产线平衡相关概念

（1）节拍（Cycle Time）。

节拍，通常只用于定义一个流程中某一具体工序或环节的单位产出时间。生产线节拍又称客户需求周期、产距时间，是指连续完成相同的两个产品（或两次服务、两批产品）之间的间隔时间，即完成一个产品所需的平均时间。对于生产线而言，生产节拍是影响其生产效率的重要因素，优化生产节拍对生产工艺的改进具有重大意义。

（2）瓶颈（Bottleneck）。

瓶颈，狭义来讲通常用于描述流程中生产节拍最慢的环节。流程中存在的瓶颈不仅限制了一个流程的产出速度，而且影响了其他环节生产能力的发挥。广义来讲，瓶颈是指整个流程中制约产出的各种因素。例如，可能利用的人力不足、原材料不能及时到位、某环节设备发生故障、信息流阻滞等，都有可能成为瓶颈。

（3）空闲时间（Idle Time）。

空闲时间与"瓶颈"相关联，是指工作时间内没有执行有效工作任务的那段时间，可以指设备或人的时间。当一个流程中各个工序的节拍不一致时，瓶颈工序以外的其他工序就会产生空闲时间。

（4）生产线平衡。

生产线的平衡可有效提高生产节拍，"平衡"的意义在于通过分析可以发现生产的瓶颈问题，调整作业负荷使得每个单元的工作量相当，尽量使每个单元模块都处于工作状态，减少其空闲时间，以求生产线的效率最优。

2）生产线工艺平衡优化原则

生产线工艺平衡的基本原则是通过调整工序（流程）的作业内容，使各基本动作单元的时间接近或减少这一偏差。实施时可以遵循以下方法。

（1）改善"瓶颈"流程。

改善瓶颈流程可直接有效地减少整个生产线的节拍时间。改善的方法可采用该程序分析、动作分析、工装自动化等方法与手段。

（2）拆分"瓶颈"流程。

将瓶颈工序的作业内容分担给其他工序。如车轮总装生产线中，压装流程中分为压装轮胎动作和压装车标动作，其中压装轮胎动作涉及单元模块较多，效率较低。可以将此动作拆分出来。

（3）增加作业设备。

增加生产线部分作业人员或作业设备，只要达到生产平衡，人均产量相当于提高。

（4）合并流程。

合并一些较为相近的工作流程，重新排布生产工序，相对来讲在作业内容较多的情况下得到生产平衡。例如在车轮总装生产线中，为了便于程序的调用采用参数化编程，工业机器人装载工具与卸载工具分开进行编程。然而卸载工具与装载工具通常在一起执行，如此工艺合并之后，工业机器人在更换末端执行工具时就可以节省很多空运行的路径，有效提高生产线节拍。

知识测试

一、填空题

1. 虚拟调试的优势有＿＿＿＿＿、＿＿＿＿＿、＿＿＿＿＿、＿＿＿＿＿。
2. 当调试对象为机械部件时，着重于该机械部件的两类参数：
一方面针对＿＿＿＿＿＿＿＿＿＿＿＿＿＿＿；另一方面针对＿＿＿＿＿＿＿＿＿＿＿＿＿＿＿。

二、简答题

1. 简述软件虚拟调试的含义。
2. 简述硬件虚拟调试的含义。

任务页——生产线虚拟调试与优化

工作任务	生产线虚拟调试与优化	教学模式	理实一体
建议学时	参考学时共 9 学时，其中相关知识学习 3 学时；学员练习 6 学时。	需设备、器材	PQ Factory 虚拟调试软件、智能制造集成应用平台三维模型、博途软件、IOServer（组态王）
任务描述	本任务从虚拟调试模型的定义、事件管理的设置、工业机器人的离线编程再到虚拟调试的实施、生产工艺的优化等内容，全面展示了虚拟调试的优势以及实施方式，最终完成车轮总装生产线的虚拟调试以及工艺优化		
职业技能	4.2.1 能在生产系统仿真软件中导入完整生产线模型。 4.2.2 能建立运动机构和虚拟传感器的信号，并关联到 PLC 信号表中。 4.2.3 能通过 PLC 程序调试虚拟产线。 4.2.4 能通过调整工业机器人及其周边设备的参数，完成生产工艺和节拍的优化		

5.2.1 生产线虚拟调试模型定义

任务实施

1. 设备定义

设备的定义主要包含工业机器人的设置，工具、零件、状态机、传感器的定义。如图 5-12 所示，以打磨单元设备和工业机器人的定义为例，说明设备定义的要求和关键。

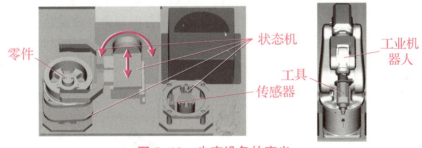

图 5-12　生产设备的定义

1) 工业机器人设置

工业机器人的设置方式包含两种：即导入＿＿＿＿＿机器人、＿＿＿＿＿机器人。

（1）导入机器人。

如图 5-13 所示，PQ Factory 软件的机器人库中包含了非常丰富的机器人种类，基本上涵盖了当前较为常见的大多数机器人品牌的工业机器人，满足了不同应用场景、不同负载、不同轴数、不同工作范围的应用需求。

如图 5-14 所示，当基于智能制造单元系统集成应用平台来搭建车轮总装生产线时，就可以选择导入 ABB 六轴工业机器人。对于导入的工业机器人，也可以修改机器人的运动参数、关节配置以及轴配置，以满足实际生产的设置需求。

续表

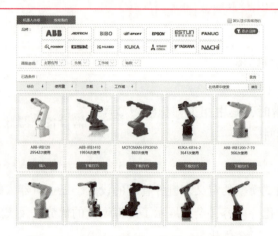

图 5-13　PQ Factory 软件的机器人库

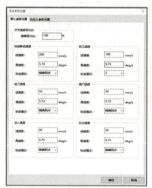
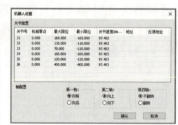

图 5-14　参数设置

（2）定义机构。

如果生产线中的机器人在软件机器人库中不能找到匹配的类型，可以选择导入机器人模型之后再进行参数自定义。如图 5-15 所示，针对导入的机器人模型，要进行运动关节的设置、坐标位置的确定、DH 参数的设置以及机器人基本信息的设置等，如此便可在虚拟调试软件中正确定义并使用机器人了。

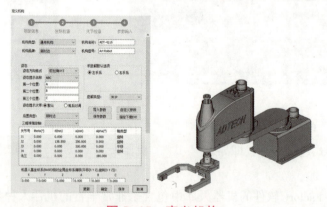

图 5-15　定义机构

2）定义工具

PQ Factory 软件具有丰富的工具模型库。如图 5-16 所示。定义新工具时，需要设置工具的类型以及其他参数信息，其中 CP（工具安装点）和 TCP（工具中心点）的_____、_____与离线编程生成的工业机器人点位数据密切相关，在设置时务必要与实际工具保持一致。

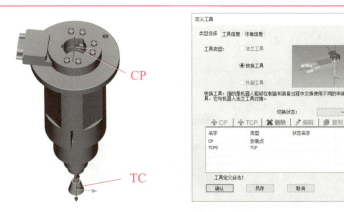

图 5-16　定义工具

如图 5-17 所示，在车轮总装生产线的流程实施中，需要用到打磨工具、吸盘工具、轮毂夹爪工具等多个工具，因此在使用工具前，需要完成工具单元所有工具的定义。

图 5-17　车轮总装生产线流程所需工具

3）定义零件

如图 5-18 所示，在定义时需要为零件设置附着点，即抓取点（CP）和放开点（RP），以保证轮毂模型在传输时的位置更加准确。其中抓取点和放开点均可以设置_____和_____两种模式。

图 5-18　定义零件

如图 5-19 所示，在整个生产线的虚拟调试中，需要经过传输的模型零件还有轮胎零件、车标零件、导锥工具等，这些零件都要根据工艺需求定义各自的零件参数，设置相应的_____点和_____点。

(a) 轮胎零件　　　　(b) 车标零件　　　　(c) 导锥

图 5-19　模型零件

4)定义状态机

如图 5-20 所示,在定义时可以为状态机添加_____、_____、_____,也可以根据实际设备的工作位置为状态机添加不同的状态。在添加状态时,可以设置各状态的工作位置(关节值)以及相对于第一个状态的运动时间。

如图 5-21 所示,当启动变量"M10.5"的值为 1 时,状态机模型就会在设定的运动时间内(2s)切换到对应的"_____",即旋转_____弧度。状态 2 切换完毕后,其对应的到位变量"M3.0"值随即被置位为到位值"_____"。

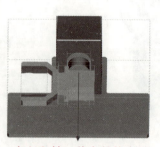
定义翻转工装夹具状态机

夹具状态机信息

图 5-20 定义状态机

图 5-21 定义状态机变量

如图 5-22 所示,启动变量和到位变量的名称可以自定义,启动变量可以被设置成任意字符或数字,为方便后续与外部控制器的变量关联与地址匹配,在此可以按照下文"生产线通信关系——打磨流程"表中所示对变量名称进行设置。

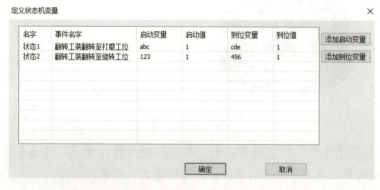

图 5-22 定义状态机启动变量和到位变量

状态机的动作既可以通过同一启动变量不同的启动值来触发,也可以通过不同的启动变量的对应启动值来触发,状态机的状态反馈同理。如图 5-22 所示,即为双启动变量对应的状态机,此类状态机在应用时需要注意,不能同时满足两种动作状态,否则状态机动作可能会发生错误。如图 5-23 所示,即为单一启动变量对应的状态机,当启动变量"M11.1"的启动值为_____时,该状态机切换至"松开"状态(状态 1);启动值为_____时,该状态机将切换至"_____"状态(状态 2)。

续表

图 5-23 定义状态机单一启动变量

5）创建传感器

如图 5-24 所示，查询所选型号的传感器的最大传感器距离，然后根据该距离在三维软件中传感器模型的传感部位画出示意的_____。

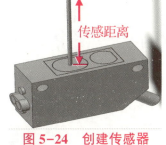

图 5-24 创建传感器

虚拟调试之传感器创建

创建光电传感器具体操作见下表。

操作步骤	示意图
①重新在案例生产线工程文件中输入修改后的光电传感器模型，如右图所示	
②在模型栏的"零件"功能块中，点击"定义零件"。然后在场景模型中，选择输入的传感器模型	
③传感器不需要配置抓取点和附着点。直接点击确认。 定义完成后，该模型会由场景文件转至零件列表	

续表

操作步骤	示意图
④将定义完成的零件模型移动至实际安装位置，将零件模型重命名为"打磨位光电传感器"	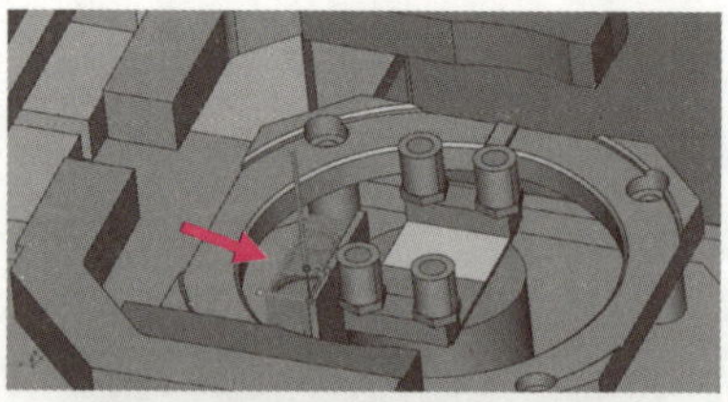
⑤零件定义完成后，在"传感器"功能块中，点击设置传感器	
⑥选择要设置的传感器零件：打磨位光电传感器。变量名为 M2.0，检测状态值设定为 1。 检测对象选择"轮毂 1"，即当前位于打磨工位的轮毂零件	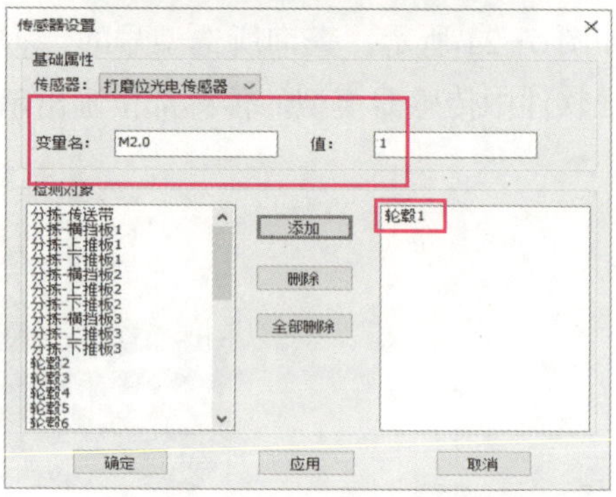
⑦点击确定。打磨位光电传感器设置完毕，如右图所示	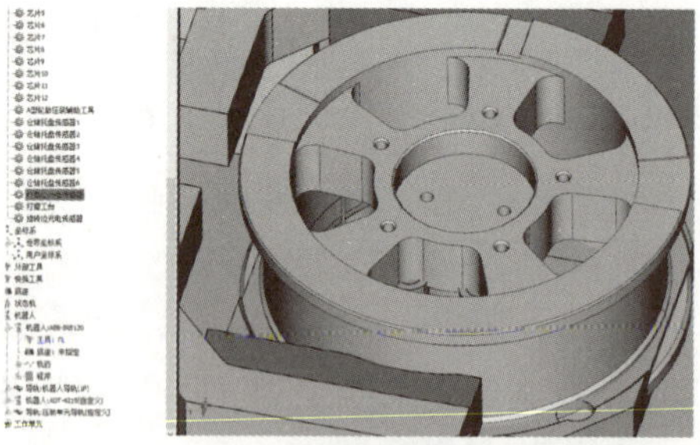
⑧参考打磨位光电传感器的定义方法，完成旋转工位传感器的定义	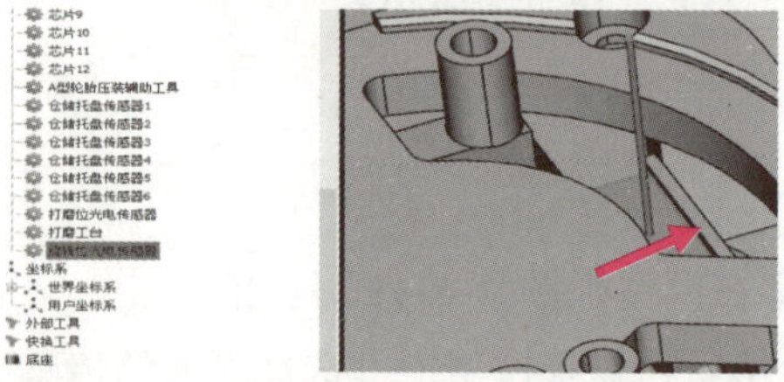
⑨选择要设置的传感器零件：旋转位光电传感器。变量名为 M2.1，检测状态值设定为 1。 检测对象选择"_____"，即当前位于打磨工位的轮毂零件。当其翻转至旋转工位时，该传感器即可检测到轮毂零件。旋转位光电传感器设置完毕	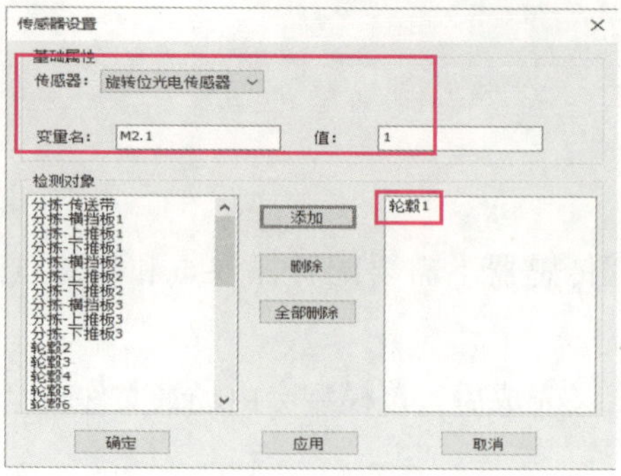

2. 事件管理

1) 事件的定义

如图 5-25 所示，如果不进行相关设置，即使夹爪与物料模型之间发生干涉也不会产生夹取的效果。因此在软件环境中不仅要执行夹紧的动作，还要将物料与当前夹具固连在一起才能称之为夹取。执行夹取动作之后夹具与物料固连在一起的状态叫做"事件管理"。

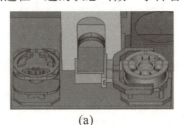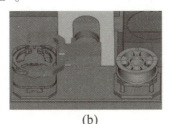

图 5-25 设置事件管理的作用

（a）执行抓取动作；（b）无法抓取轮毂零件

"事件管理"在搭建虚拟调试环境中扮演非常重要的角色。只有同时将设备动作的"＿＿＿＿"和"＿＿＿＿"设置完毕，才能真正将软件环境中的生产线与实际生产线做到一致匹配。

接下来以翻转工装夹取物料来展示事件管理的方式。

2) 添加事件管理

事件的添加是针对"状态机"这个对象设定的。操作时，需要先将状态机切换到对应的位置，然后再添加相应的事件。

①定义"＿＿＿＿"的初始条件：翻转工装夹爪处于夹紧动作状态，且与轮毂处于未夹取状态；

②定义"＿＿＿＿"的初始条件：翻转工装夹爪处于松开位置，且与轮毂零件处于抓取事件状态，否则软件识别不了当前要松开的对象。

利用翻转工装夹爪（状态机）的夹紧到位变量"M2.5"来触发轮毂零件的抓取事件；利用夹爪张开到位变量"M2.4"来触发轮毂零件的放开事件，具体添加步骤见下表。

操作步骤	示意图
（1）添加抓取事件	
①先将状态机"＿＿＿＿＿"切换至夹紧状态（状态2）	
②鼠标右键选择"＿＿＿＿＿"状态机，然后选择"事件管理"	

续表

操作步骤	示意图
③在事件管理界面，点击"添加事件"，然后在弹出的"添加仿真事件"窗口编辑事件的详细信息，如右图所示。 类型：选择"抓取事件"； 关联端口：M2.5，该端口为翻转工装夹具的到位接口。当端口值为____时，意为夹爪已经夹紧到位。 被执行设备（夹紧对象）：轮毂1。即夹紧当前处于打磨工位的轮毂	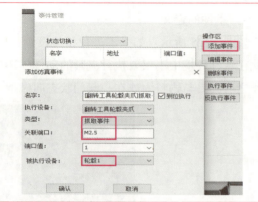
④点击确定，"抓取事件"添加完毕	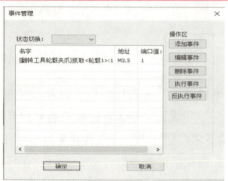
（2）添加放开事件	
①完成"抓取事件"定义后，默认为夹爪已经抓取轮毂零件，因此在定义"放开事件"之前需要调整夹爪处于放开轮毂零件	
②将翻转工装夹爪切换至_____状态（状态1）	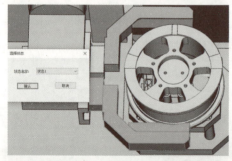
③右键选择翻转工装夹爪，点击"_____ _____"，此步骤为后续的放开事件设置放开对象	

续表

操作步骤	示意图
④抓取对象选择"轮毂1",即当前处于打磨工位的轮毂零件,点击"增加"按钮即可抓取成功	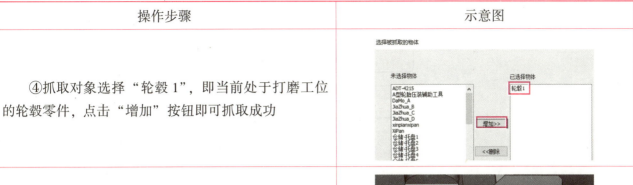
⑤再次右键选择翻转工装夹爪,选择"_____",为状态机添加事件	
⑥在"添加仿真事件"窗口编辑事件的详细信息,如右图所示。 类型:选择"放开事件"; 关联端口:M2.4,该端口为翻转工装夹具的到位接口。当端口值为____时,意为夹爪已经松开到位。 被执行设备(夹紧对象):轮毂1。即放开当前所抓取的轮毂	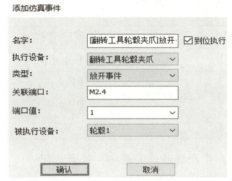
⑦状态机"翻转工装夹爪"的事件添加完毕	

5.2.2 工业机器人打磨工艺离线编程

 任务实施

如图5-26所示,为生产线打磨流程的具体实施过程。工业机器人与平台的打磨单元配合,完成轮毂零件正反两面的打磨加工,从而为后续轮胎的压装工序作准备。

续表

图 5-26 打磨流程的具体实施过程

1. 工业机器人程序规划

1）程序结构

在打磨流程中，工业机器人的程序架构见表 5-2。其中初始化程序会复位工业机器人与打磨工艺相关的所有信号，轮毂正反两面的打磨实施策略由主程序"Main"决定。

表 5-2 工业机器人的程序架构

序号	程序名称	功能
1	Initialize	初始化程序
2	PPolish1	正面打磨子程序
3	PPolish2	反面打磨子程序
4	Main	主程序

2）生产线通信关系——打磨流程

在生产线的通信规划中，与打磨流程密切相关的通信见表 5-3。其中，为便于后续将实际 I/O 信号虚拟化，此处将 PLC 的输入点与输出点都替换为中间变量。替换之后相应点位的功能以及数据流的方向，依然与实际设备保持一致。

表 5-3 与打磨流程密切相关的通信

PLC 中间变量	功能	对应设备/接口信号	软件元素类型
M1.0	启动打磨工作流程	工业机器人-ToPDigStartUp	工业机器人
M1.2	正面打磨完成	工业机器人-ToPDigFinishPolish1	工业机器人
M1.3	反面打磨完成	工业机器人-ToPDigFinishPolish2	工业机器人
M2.0	打磨位产品检知	打磨工位光电传感器	传感器
M2.1	旋转位产品检知	旋转工位光电传感器	传感器
M2.2	打磨工位夹具张开检知	到位传感器	状态机
M2.3	打磨工位夹具夹紧检知	到位传感器	状态机
M2.4	翻转工装夹爪张开	到位传感器	状态机
M2.5	翻转工装夹爪夹紧	到位传感器	状态机
M2.6	翻转工装已至上位	到位传感器	状态机
M2.7	翻转工装已至下位	到位传感器	状态机
M3.0	翻转工装已至打磨工位	到位传感器	状态机

续表

PLC 中间变量	功能	对应设备/接口信号	软件元素类型
M3.1	翻转工装已至旋转工位	到位传感器	状态机
M3.2	旋转工位夹具张紧检知	到位传感器	状态机
M3.3	旋转工位夹具收缩检知	到位传感器	状态机
M3.4	旋转气缸原点位	到位传感器	状态机
M3.5	旋转气缸动点位	到位传感器	状态机
M10.1	允许正面打磨	工业机器人-FrPDigPolish1	工业机器人
M10.2	允许反面打磨	工业机器人-FrPDigPolish2	工业机器人
M10.4	打磨工位夹具动作	打磨工位夹具	状态机
M10.5	翻转工装翻转至打磨工位	翻转气缸	状态机
M10.6	翻转工装翻转至旋转工位	翻转气缸	状态机
M10.7	翻转工装移动至上位	翻转工装升降气缸	状态机
M11.0	翻转工装移动至下位	翻转工装升降气缸	状态机
M11.1	翻转工装夹爪	翻转工装	状态机
M11.2	旋转气缸动作	旋转工装	状态机
M11.3	旋转工位夹具动作	旋转工位夹具	状态机

2. 轨迹生成

1）打磨工艺轨迹规划

如图5-27所示，为轮毂各打磨轨迹以及工艺点位的分布情况，具体点位定义见表5-4。

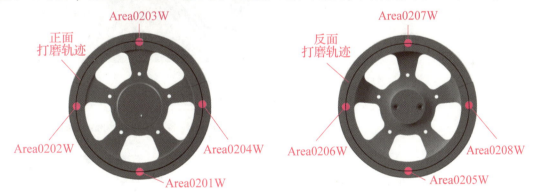

图5-27 轮毂各打磨轨迹以及工艺点位分布

表5-4 点位定义

序号	模块名称	点位名称	点位定义
1	执行单元	Home	六轴工业机器人原点
2	打磨单元	Area0200R	打磨单元临近点（图中未显）
3		Area0201R/Area0202R	打磨/旋转工位临近点
4		Area0201W/Area0205W	打磨/旋转工位打磨点1
5		Area0202W/Area0206W	打磨/旋转工位打磨点2
6		Area0203W/Area0207W	打磨/旋转工位打磨点3
7		Area0204W/Area0208W	打磨/旋转工位打磨点4

续表

2）打磨工艺轨迹生成

打磨轨迹主要是工业机器人从准备点位依次打磨轮毂正面和反面的运动路径。该轨迹路径的生成需要借助轮毂零件的外形轮廓。

注意，在设置打磨轨迹时需要将轮毂零件调整到实施打磨工艺时所处的对应位置。生成打磨轨迹具体设置步骤见下表。

操作步骤	示意图
①编程之前，需要考虑案例的初始条件。在本案例中，工业机器人已装载打磨工具，轮毂已经被放置在打磨工位上	
②确保当前的工作设备选择的是工业机器人"ABB-IRB120"，坐标系为"本地坐标系"	
③鼠标右键选择工业机器人（或直接在"管理树"中选择），在弹出的菜单栏上选择"_____"	
④为便于轨迹点位和后续的程序模块管理，将该点位分组重命名为"Initialize"	
⑤修改该点位的名称以及对应的运动参数，轨迹逼近选择"_____"	

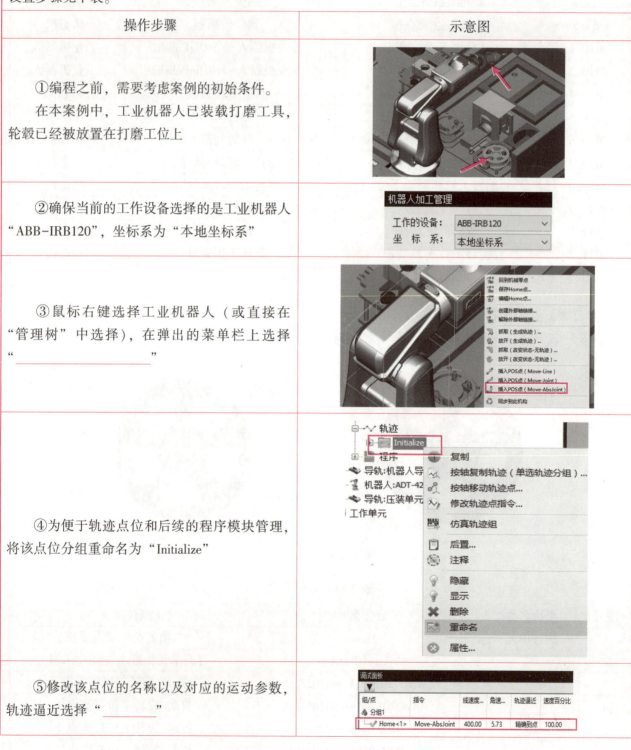

续表

操作步骤	示意图
⑥利用调试面板,调整当前工业机器人位姿,并将该点作为打磨单元的临近点。 在打磨单元临近点位置,选择"插入POS点(Move-Joint)"	
⑦点击"_____",将该点位分配到"PPolish1"组别中。作为打磨轨迹开始的准备点位	
⑧修改点位名称以及对应的运动参数	
⑨在开始栏的"_____"功能块中,点击"生成轨迹",来生成打磨轨迹路径	
⑩当前轨迹类型选择"边"	
⑪选择当前法兰工具,以及TCP(末端打磨工具)	

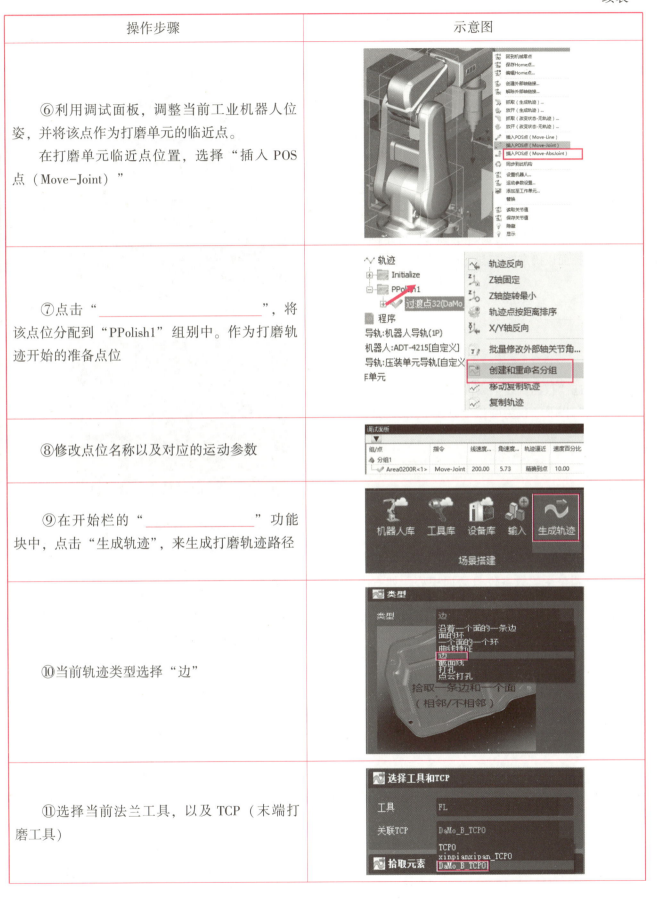

续表

操作步骤	示意图
⑫点击"＿＿＿＿＿＿",将显示模式选择为"带边界真实感",以便能够选择边线和面等几何元素	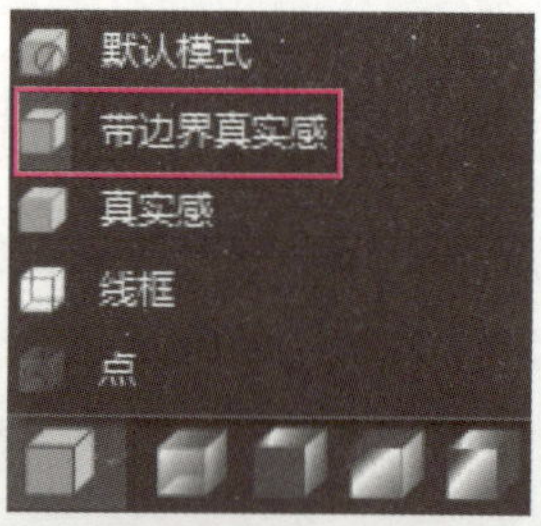 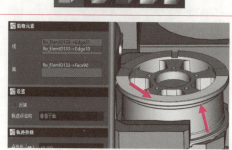
⑬选择同圆上的两条连续的圆弧,确定圆弧轨迹。选择面以确定轨迹点法向姿态	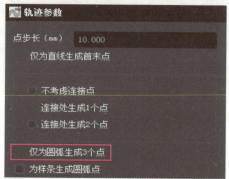
⑭点选"仅为直线生成首末点""连接处生成1个点"以及"仅为圆弧生成3个点",来设置打磨轨迹参数	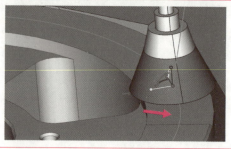
⑮选择轨迹,利用三维球平移功能,将打磨圆弧轨迹调整至轮毂零件打磨面中心,如右图所示	
⑯选择已生成的打磨轨迹,为其设置出入刀点,即工业机器人打磨轨迹的＿＿＿＿点与＿＿＿＿点。 提示:也可点选"Z轴旋转最小",可保证TCP以较小打磨表面的法向转动完成打磨运动	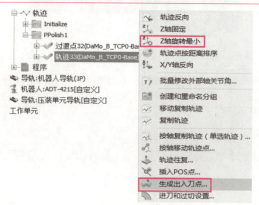

续表

操作步骤	示意图
⑰根据实际工艺需求设置入刀/出刀偏移量，右图示例为 10 mm，同时也可设置入刀/出刀的指令形式	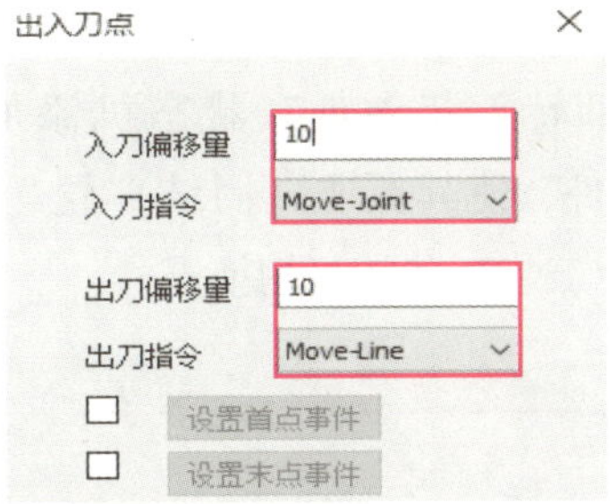
⑱复制"PPolish1"点位组别的第一个过渡点，作为其打磨完成后的返回路径轨迹	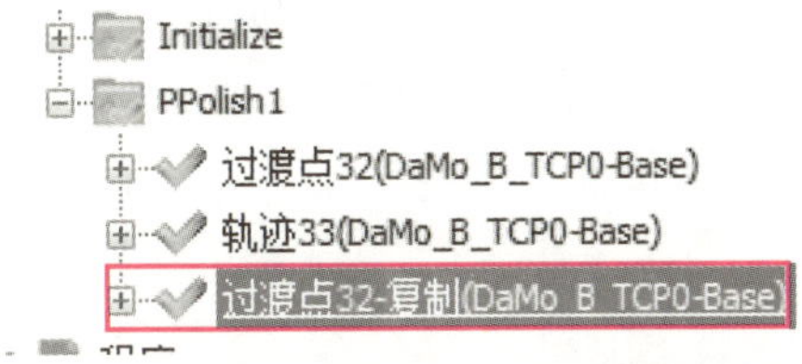
⑲如右图所示，正面打磨轨迹生成完毕。 注意：此时机器人的打磨轨迹与工件关联在一起，如果改变零件位置，轨迹路径会随之变动	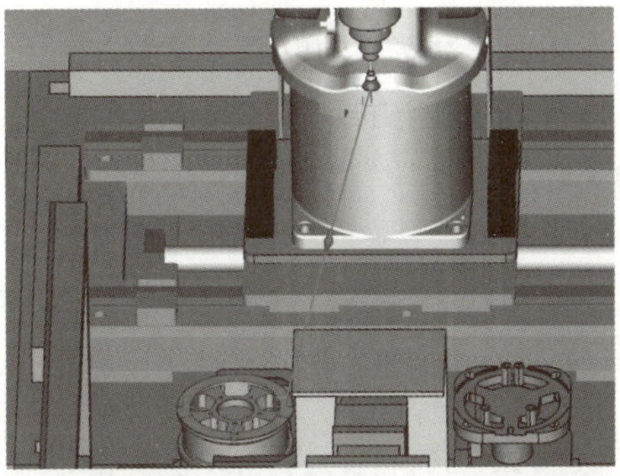
⑳将轮毂由打磨工位翻转至旋转工位。参考正面打磨轨迹的生成方式，编辑反面打磨轨迹，如右图所示	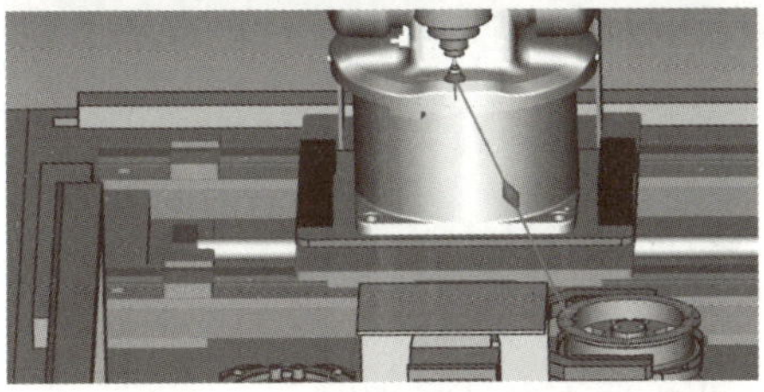
㉑此处以正面打磨轨迹为例，讲解取消轨迹路径与工件之间的关联的方法。 如右图所示，选择正面打磨轨迹，鼠标右击后在轨迹的属性界面选择"取消工件关联"选项	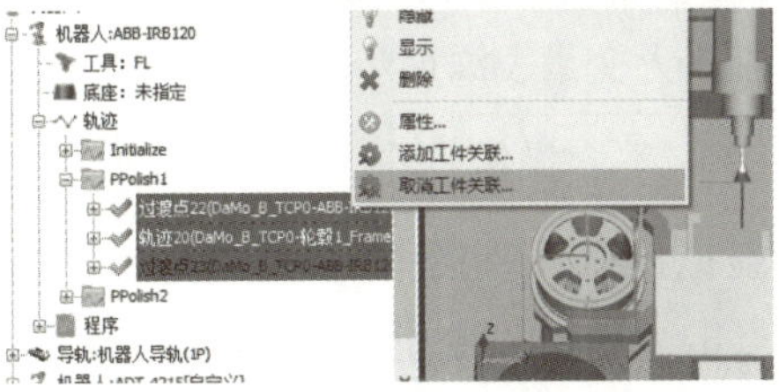
㉒确定取消轨迹与工件关联	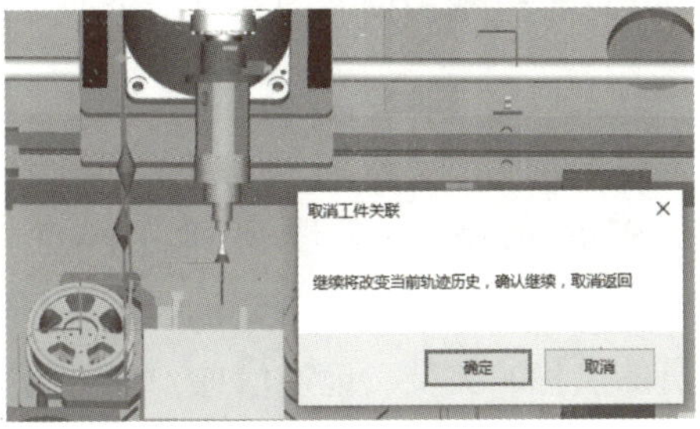

续表

操作步骤	示意图
㉓为"翻转工装夹爪"状态机添加抓取（无轨迹）事件，使其抓取（固结）轮毂工件。然后将"翻转工装"状态机切换至_____	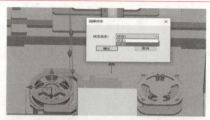
㉔如右图所示，可以看出此时正面打磨轨迹并不会随轮毂工件而变动，此时反面打磨轨迹也处于实际的打磨位置	
㉕参考正面打磨轨迹的取消关联的方法，此处点选反面打磨轨迹上的点位，取消其与轮毂工件之间的关联	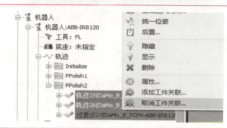
㉖再次切换"翻转工装"状态机的状态，可以看出反面打磨轨迹与轮毂工件已取消关联。	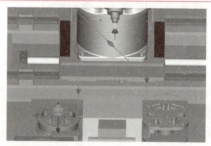

3. 变量表添加与事件端口设置

1) 工业机器人变量表添加

工业机器人变量表添加步骤详见下表。

操作步骤	示意图
①在虚拟调试菜单栏中的"信号设置"功能块中，点击"机器人变量表"，根据PLC——输入信号和PLC——输出信号的变量，添加工业机器人变量	
②在弹出的变量管理窗口中，点击"_____"按钮，输入工业机器人变量的名称、类型、地址信息，也可为变量添加说明信息（非必要）	

续表

操作步骤	示意图
③工业机器人所有变量添加完毕，如右图所示。 后续在进行工业机器人程序检验时，该表包含的变量（工业机器人信号）即可被识别	变量管理 | 变量名字	变量类型	默认值	地址	变量说明 | |---|---|---|---|---| | ToRDigPolish | DO | 0 | 3 | 启动打磨工具 | | FrPDigPolish1 | DI | 0 | 2 | 允许打磨轮毂零件正面 | | FrPDigPolish2 | DI | 0 | 1 | 允许打磨轮毂零件反面 | | ToPDigStartUp | DO | 0 | 16 | 启动打磨工作流程 | | ToPDigFinishPolish1 | DO | 0 | 17 | 轮毂正面打磨完成 | | ToPDigFinishPolish2 | DO | 0 | 18 | 轮毂反面打磨完成 |

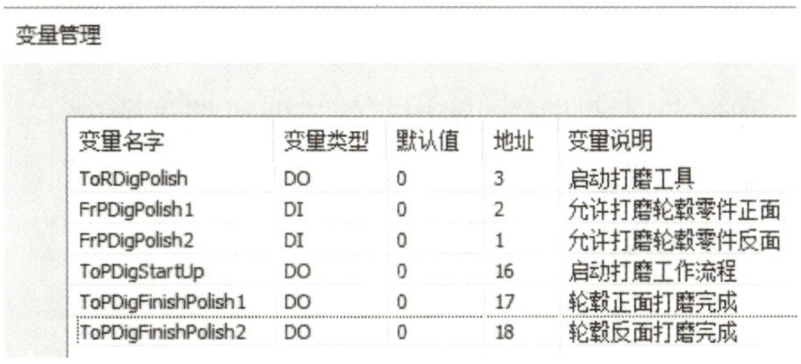

2) 仿真事件端口设置

接下来分别为初始化程序段以及打磨子程序段添加工业机器人仿真事件端口，正面打磨工业机器人仿真事件见下表。

仿真事件类型	输出位置	关联端口及端口值	功能说明
发送事件	点后执行	ToPDigStartUp，值为 0	启动打磨工作流程
发送事件	点后执行	ToRDigPolish，值为 0	复位启动打磨工具信号
发送事件	点后执行	ToPDigFinishPolish1，值为____	将对应信号复位
发送事件	点后执行	ToPDigFinishPolish2，值为 0	将对应信号复位
等待事件	点前执行	FrPDigPolish1，值为 1	等待允许打磨轮毂零件正面
等待事件	点前执行	FrPDigPolish2，值为 1	等待允许打磨轮毂零件反面
发送事件	点后执行	ToRDigPolish，值为____	启动打磨工具
发送事件	点后执行	ToRDigPolish，值为 0	关闭打磨工具
发送事件	点后执行	ToPDigFinishPolish1，值为 1	向 PLC 发送正面打磨已完毕信号
等待事件	点后执行	时间____ s	等待 3 s
发送事件	点后执行	ToPDigFinishPolish1，值为 0	复位该信号

具体设置步骤见下表。

操作步骤	示意图
1) 添加初始化仿真事件 ①选择 "Initialize" 点位组别的过渡点位，选择生成的点位，添加仿真事件。编辑仿真事件信息如右图所示	添加仿真事件 名字：[ABB-IRB120]发送:0 执行设备：ABB-IRB120　□到位执行 类型：发送事件 输出位置：点后执行 关联端口：ToPDigStartUp 端口值：0 确认　　取消

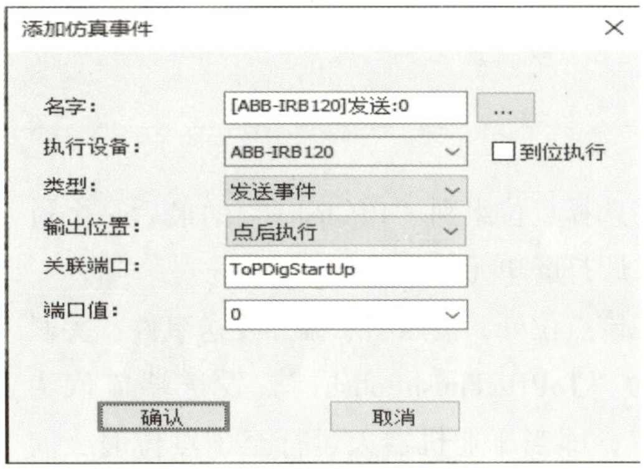

续表

操作步骤	示意图
②参考上述方式，添加其他工业机器人输出信号端口的复位仿真事件，如右图所示。 初始化仿真事件添加完毕	
2）添加正面打磨轨迹仿真事件	
①选择"PPolish1"组别的第一个过渡点位，在该点位之前编辑仿真事件，具体事件信息如右图所示	
②选择正面打磨轨迹组别"PPolish1"中的正面打磨轨迹点组，在入刀点（点6）处添加发送事件，按照图示进行设置，关联端口为"ToRDigPolish"，触发端口值为_____，即在打磨轨迹临近点位时启动打磨工具开始工作	
③在出刀点（点7）处按照图示添加发送事件，关联端口为"ToRDigPolish"，触发端口值为_____，即在打磨轨迹规避点位关闭打磨工具	
④选择点位组别"PPolish1"的最后一个过渡点，即打磨单元的临近点。 在该点位处，按照图示添加发送事件，关联端口为"ToPDigFinishPolish1"，发送端口值为"___"，即当工业机器人运行至该点位时，向PLC发送正面打磨已完毕信号	

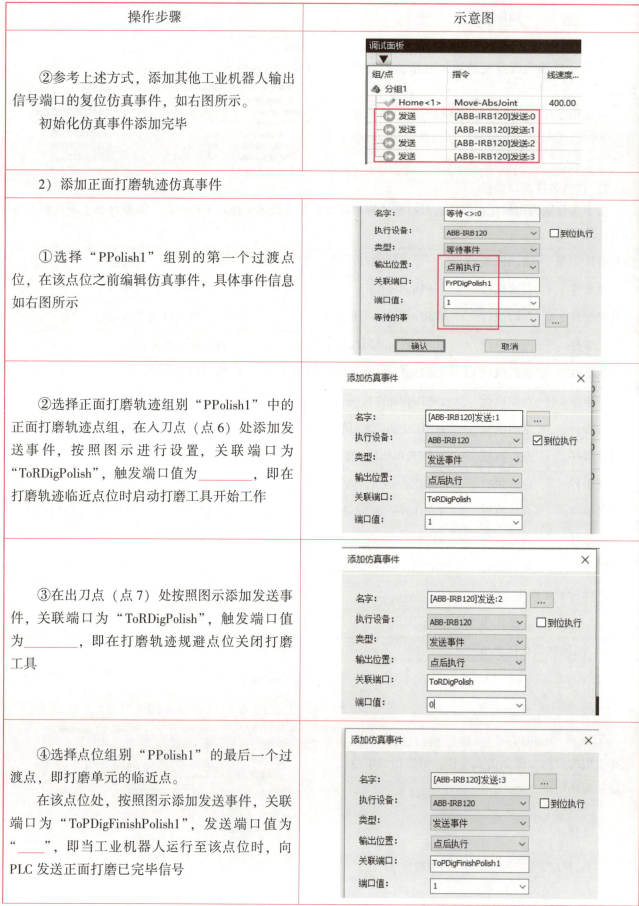

续表

操作步骤	示意图
⑤添加"等候时间事件",保证信号传递及采集的时长	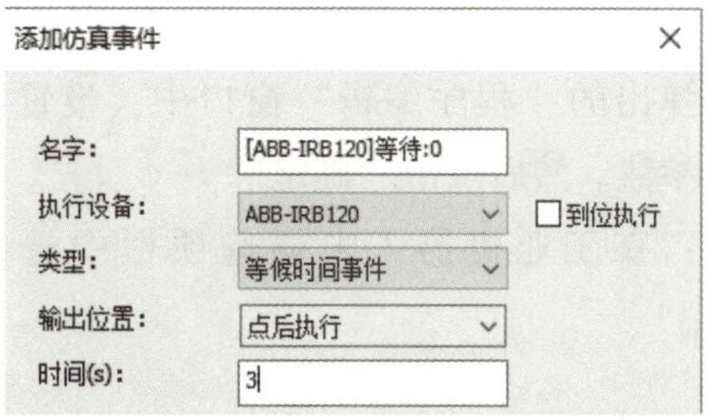 添加仿真事件 名字:[ABB-IRB120]等待:0 执行设备:ABB-IRB120 □到位执行 类型:等候时间事件 输出位置:点后执行 时间(s):3
⑥在此添加发送事件"ToPDigFinishPolish1",发送端口值为"____",复位该信号,从而模拟信号脉冲的发送方式。 提示:在该案例中该信号也可不复位	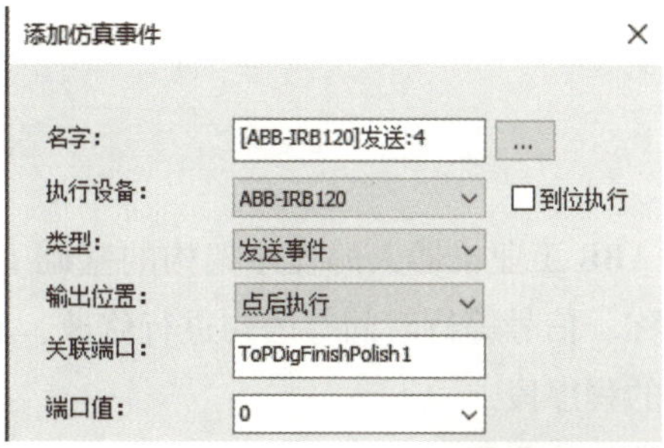 添加仿真事件 名字:[ABB-IRB120]发送:4 执行设备:ABB-IRB120 □到位执行 类型:发送事件 输出位置:点后执行 关联端口:ToPDigFinishPolish1 端口值:0
⑦参考正面打磨轨迹,添加轮毂零件反面打磨轨迹的仿真事件。 右图所示为执行反面打磨时的打磨单元临近点	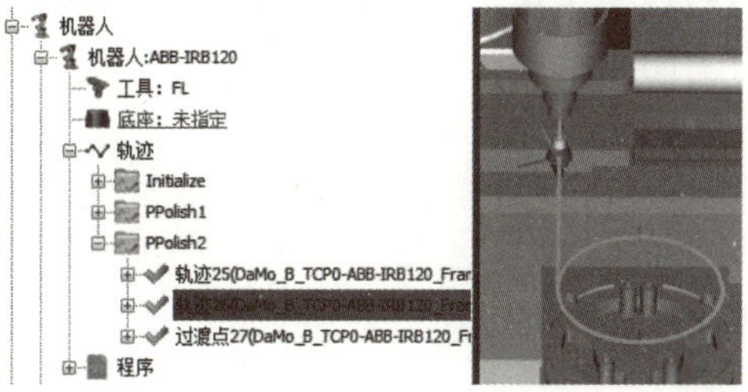
⑧参考正面轨迹的仿真事件添加方式,为反面轨迹添加仿真事件。 右图所示为打磨轮毂零件反面轨迹之后,工业机器人发送至PLC的信号端口仿真事件(脉冲方式)	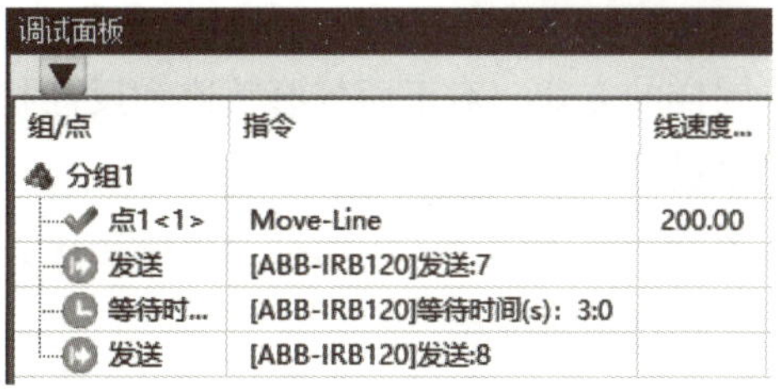 调试面板 组/点 指令 线速度 分组1 点1<1> Move-Line 200.00 发送 [ABB-IRB120]发送:7 等待时... [ABB-IRB120]等待时间(s):3:0 发送 [ABB-IRB120]发送:8

4. 程序的同步、编辑与检查

1)打磨子程序编辑

工业机器人轨迹生成以及仿真事件端口设置完毕后,即可由软件的"同步"功能直接生成程序。程序同步、编辑的具体步骤见下表。

注意:如果轮毂的打磨轨迹路径附于轮毂的正反两面,生成的点位数据为当前轨迹点所处的位置点参数。

操作步骤	示意图
(1)子程序的生成与编辑	
①在程序编辑栏的"启动编辑"功能块中,点击"_____",以生成工业机器人当前轨迹及过渡点位的数据及程序	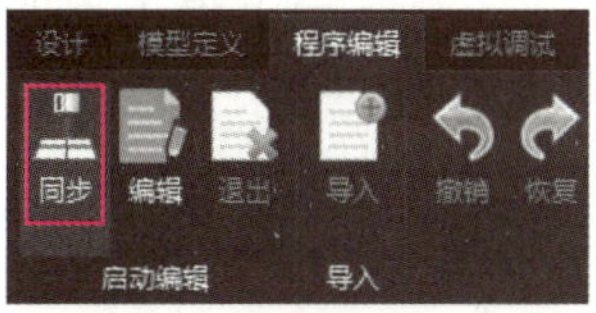

续表

操作步骤	示意图
②在弹出的"程序编辑"窗口中,设置程序的生成参数。然后点击"确定"。 提示:在工业机器人末端选项栏中选择"工具末端"	
③在ABB工业机器人的程序架构的基础上,对程序名称、信号等待时间等语句进行修改,删除不必要的程序段。 原始的初始化程序如右上图所示,修改后的程序如右下图所示	优化前 优化后
④以同样的方式,对正面打磨轨迹和反面打磨轨迹程序进行编辑。 如右图所示为优化后的正面打磨轨迹程序。至此子程序编辑完毕	
(2)主程序的生成与编辑	
①先将光标移动至空白位置,该位置即为即将插入的主函数的位置。 提示:避免在子程序语句中间插入主函数	
②点击"_____"栏中指令功能块中的"_____"按钮,选择main	

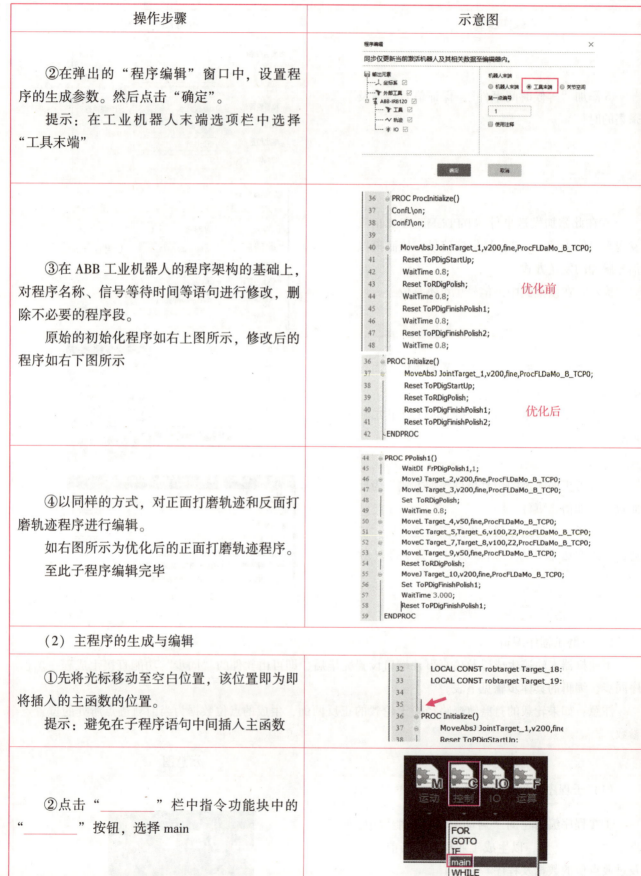

续表

<table>
<tr><th>操作步骤</th><th>示意图</th></tr>
<tr><td>③图示为点击“main”后生成的主函数块</td><td>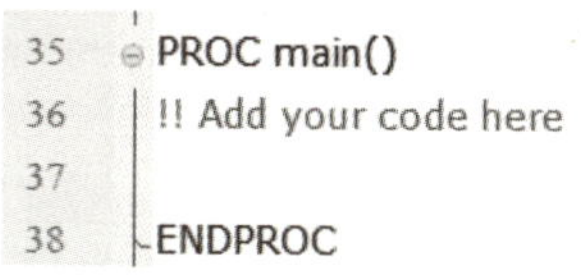
35 PROC main()
36 !! Add your code here
37
38 ENDPROC</td></tr>
<tr><td>④根据工艺流程，编写主程序的程序语句。
如右图所示为编辑后的主函数程序段</td><td>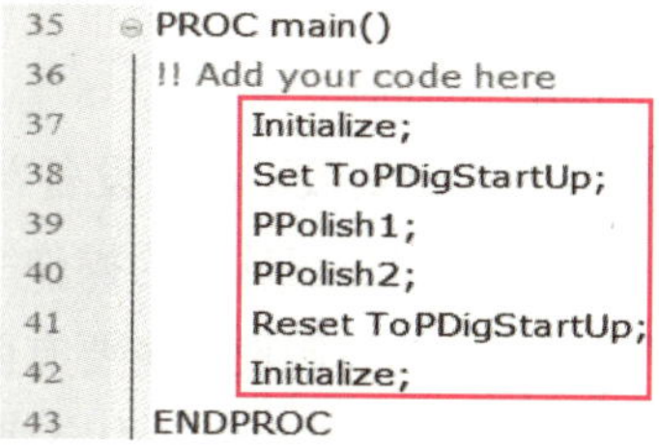
35 PROC main()
36 !! Add your code here
37 Initialize;
38 Set ToPDigStartUp;
39 PPolish1;
40 PPolish2;
41 Reset ToPDigStartUp;
42 Initialize;
43 ENDPROC</td></tr>
<tr><td colspan="2">（3）程序检验
程序编辑完成后，需要对当前的轨迹点位数据进行验证，并对程序语句进行检查。这些步骤都可在 PQ Factory 软件中完成，具体步骤见下表。</td></tr>
<tr><th>操作步骤</th><th>示意图</th></tr>
<tr><td>①在程序栏的“________”功能块中，点击“检查”，对完成修改的程序进行检查</td><td>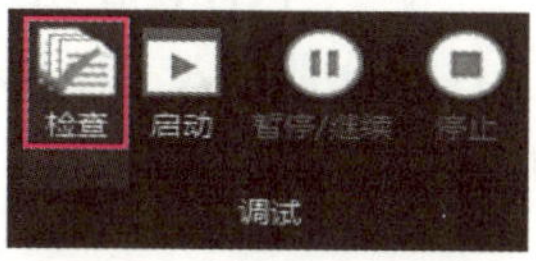
检查
启动
暂停/继续
停止
调试</td></tr>
<tr><td>②右上图所示为程序正在编译过程中。
若程序编辑无误，在软件右侧的输出栏会显示“检查结束”，如右下图所示</td><td>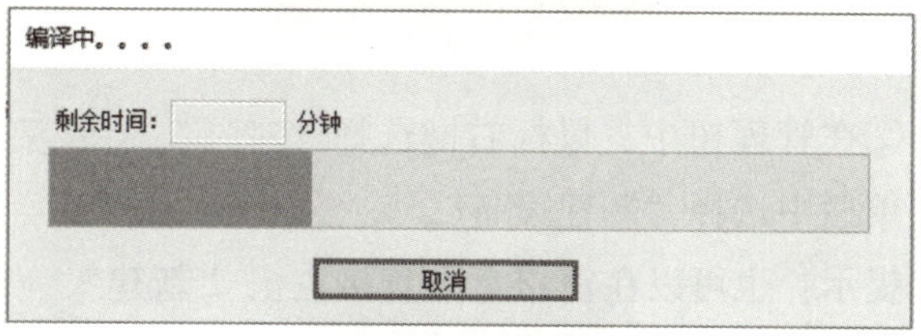
编译中．．．．
剩余时间： 分钟
取消
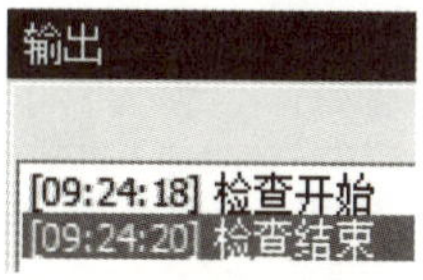
输出
[09:24:18] 检查开始
[09:24:20] 检查结束</td></tr>
<tr><td>③在“调试”功能块中，点击“____”，对检查后的程序进行试运行</td><td>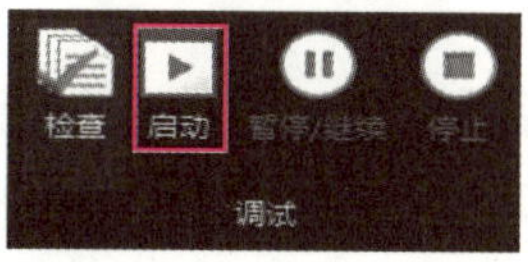
检查
启动
暂停/继续
停止
调试</td></tr>
<tr><td>④通过程序指针观察程序能否正常运行，若工业机器人运动无误，则最终确定程序编辑无误</td><td>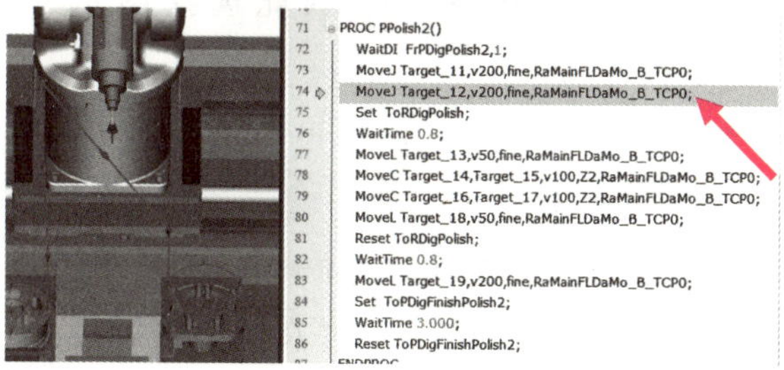</td></tr>
</table>

续表

5.2.3 虚拟生产线调试

任务实施

1. 信号的创建与匹配

1) IOServer 信号的创建

IOServer 信号的创建是数字孪生设备与控制器通信关联的基础，也是虚拟调试的重要内容，接下来以组态王软件为操作平台，依次添加控制设备和相关信号。

本次虚拟调试涉及的控制设备主要有两个，即 PLC_1 和 PLC_3，均为西门子 S7 1200 系列 PLC。首先在博途软件中完成 PLC 地址的设定，控制设备的添加在组态王软件中进行，具体添加步骤见下表。

虚拟调试之信号的创建与匹配

操作步骤	示意图
①打开"_____"软件，在组态王软件中新建一个工程文件。分别输入工程名称、应用名称以及文件的应用（存储）路径	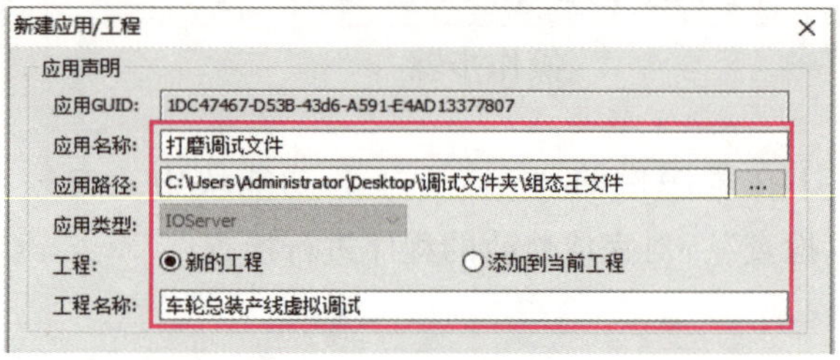
②在管理树中，鼠标右键选择"_____"，在其菜单栏中选择"新建设备"。 提示：也可以在窗口上方直接点击"新建"按钮以新建控制设备	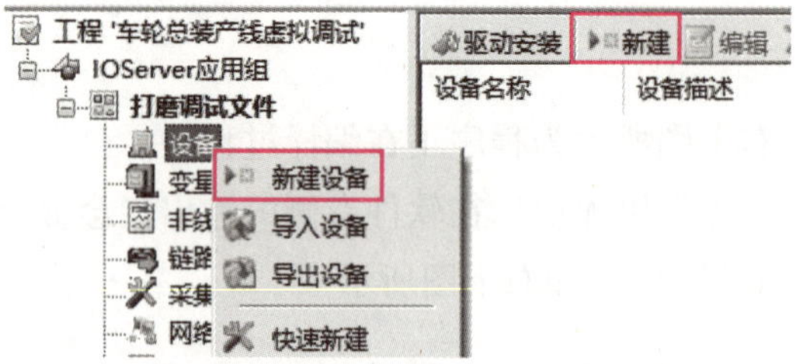
③输入设备名称"PLC_1"，选择设备的品牌类型。本虚拟调试项目使用的 PLC 控制器为西门子设备 S7 1200 系列，因此选择图示 S71200Tcp 设备类型	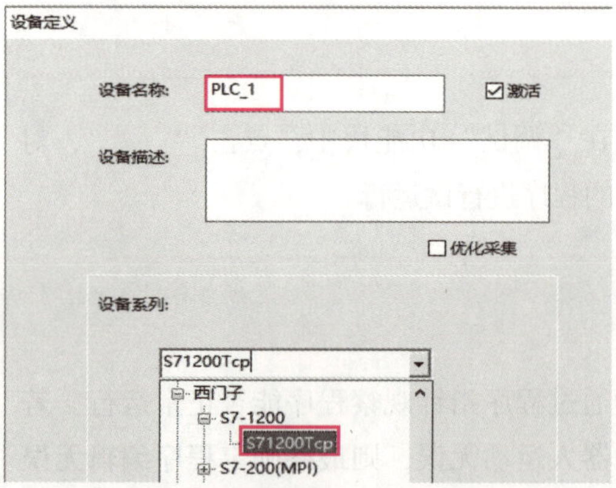
④输入 PLC_1 的地址，并在英文输入法下，输入"____"。 提示：此处地址与实际 PLC 的设备必须一致	

续表

操作步骤	示意图
⑤选择合适的连接种类。连接种类取决于当前控制设备与 PC 的连接方式，具体如下： 串口链路：USB 连接； 以太网链路：以太网连接。 网络链路的 IP 地址只需要与 PLC 设备处于同一子网中即可，也可以与设备处于同一 IP 地址	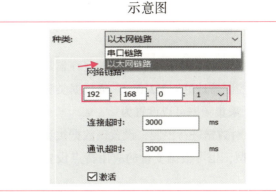

⑥点击"完成"，完成添加的两个控制设备："PLC_1"和"PLC_3"。

2）IOServer 的信号添加及分组

IOServer 信号的添加步骤见下表。

操作步骤	示意图
①在管理树中，鼠标右键选择"变量"，在其菜单栏中选择"新建变量"。 提示：也可以在窗口上方直接点击"新建"按钮为控制设备新建对应变量	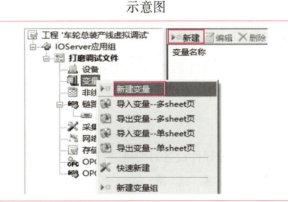
②在基本属性选项中输入变量名，选择打磨位产品检知；变量类型选择 IODisc。 提示：单一点位的 I/O 数据选择"IODisc"，__型数据则选择"IOFloat"	
③接下来设置【采集属性】。 关联设备：在其下拉菜单中选择变量所在的 PLC 设备； 寄存器：一定要在其下拉菜单中选择相应的寄存类型，不可手动输入字母"M""I""Q"或"DB"	

操作步骤	示意图
④在采集属性栏中，输入最终的寄存器地址（信号所在控制器地址）M2.0，采集数据类型选择"BIT"，采集频率可以设置为____s。 为便于对数据进行控制，设置该数据类型为"读写"类型，也可根据变量的应用特点设置其读写类型	
⑤为便于多个变量的管理，可以新建变量组来对变量进行划分。 设计人员可以按照需求对变量进行划分	
⑥此处根据硬件设备对变量进行分组，新建变量组：工业机器人、_____、_____、_____等	
⑦选择一个或多个变量，将其添加到相对应的变量组别	
⑧完成案例中所需要的建立的变量组	

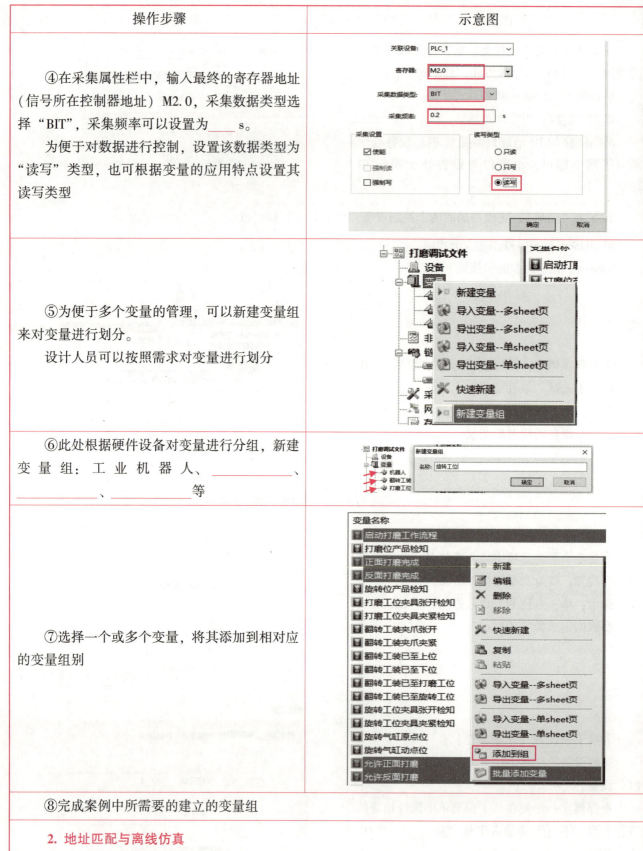

2. 地址匹配与离线仿真

1）PQ Factory 软件中的地址匹配

地址匹配在软件中进行，具体步骤见下表。

续表

操作步骤	示意图
①在连接栏的"连接"功能块中,点击"地址匹配",来匹配 PQ Factory 中的变量和控制器(PLC)中的相关变量	
②在"地址匹配"窗口,点击"增加",添加对应的变量	
③依次输入变量的名字、设备名称、所在 PLC 地址、PQ Factory 软件中的对应变量接口(此处设置 ToPDigStartUp)以及变量类型(此处设置 Bool)	
④完成本案例中所有的变量匹配,如右图所示	
⑤点击"_____",可将当前地址匹配文件导出并保存。 注意:此处可以点击"导出 CSV",可以直接导出通信设备的 IO 表,以便于在 IOSever 中建立信号	

续表

操作步骤	示意图
⑥导出后的"_____"文件也可在此导入到 PQ Factory 软件环境中	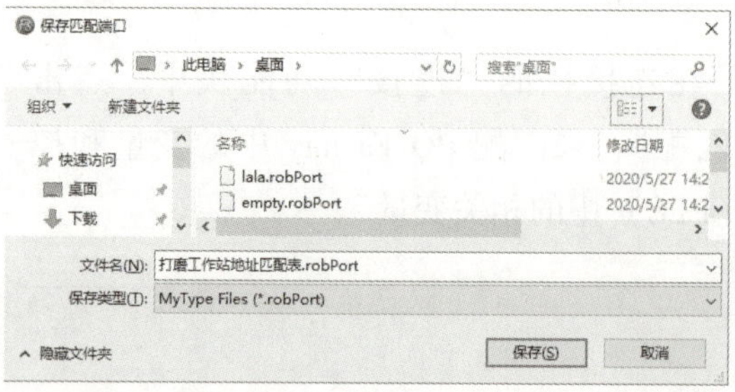 

2）PQ Factory 离线仿真与信号测试

地址匹配后需要验证"PQ Factory"信号功能的正确性。通过信号调试面板，置位或者复位信号，测试相关设备是否执行对应的动作。

注意：通过离线仿真可以查看当前状态机以及传感器等设置是否正确，不能验证与 PLC 信号关联的相关功能。具体仿真步骤见下表。

操作步骤	示意图
（1）打开信号测试	
①点击虚拟调试选项中的"开始"按钮，就可以对完成地址匹配的信号进行离线仿真	
②如右图所示，为当前各信号的状态。其中，输入值代表的是外部控制器（如 PLC）对 PQ Factory 软件中的数字孪生设备的控制；输出值代表数字孪生设备的当前状态反馈	
（2）测试传感器	
①如右图所示，打磨变位机初始状态处于打磨工位，夹爪也处于张开状态。此时轮毂零件由于被打磨工位的光电传感器检测到，因此轮毂呈现_____色	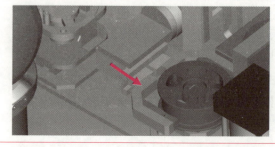
②在信号调试面板中也可以观察到"_____"是有信号输出（至PLC）的	

续表

操作步骤	示意图
（3）验证状态机以及事件管理的设置	
①勾选"翻转工装夹爪"，可以观测到夹爪已经夹取到轮毂零件，同时反馈"_____"信号	
②勾选"翻转工装反转至旋转工位"，如果此时夹爪夹持轮毂一起翻转，则该状态机以及事件管理定义无误	
③翻转到位后，如信号功能常产，即可观察到翻转工装夹爪到位信号置位	
④利用相同方式检查工业机器人、传感器等部件是否设置正确。 如右图所示，为置位"_____"信号后，工业机器人正在执行对应的打磨动作。执行完毕后，反馈"背面打磨完成"信号	

3. 实施虚拟调试

1）注意事项及前期准备

（1）检查 PC 与 PLC 的网线连接，并确认 PC 当前处于以太网在线模式，便于 PQ Factory 软件的应用；

（2）工业机器人程序已经生成完毕，PLC 程序已经下载至 PLC 控制器中；

（3）如图 5-28 所示，检查 IOServer 的"网络设置"，包括 IP 地址以及端口号的设置，此设备需要与 PQ Factory 连接 PLC 时的 IP 地址以及端口号的设置保持一致。其中，站点名为当前运行 PC 的名称。

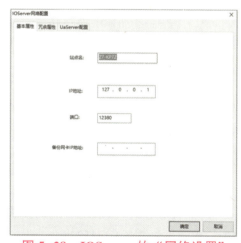

图 5-28　IOServer 的"网络设置"

2）实施步骤

虚拟生产线的调试具体步骤见下表。

提示：在调试过程中若出现与设定的生产工艺不符的情况，可从数字孪生设备的构建、工业机器人的运行程序、轨迹、PLC 程序、通信设定等方面排查问题。

操作步骤	示意图
（1）PLC 调试	
①PLC 调试在博途软件中进行。 打开案例对应 PLC 工程文件，选择 PLC_1，鼠标右键选择"_____"，在其常规属性的"防护与安全"栏中选择"_____"，勾选"允许来自远程对象的 PUT/GET 通信访问"，点击确定，PLC 设置完毕	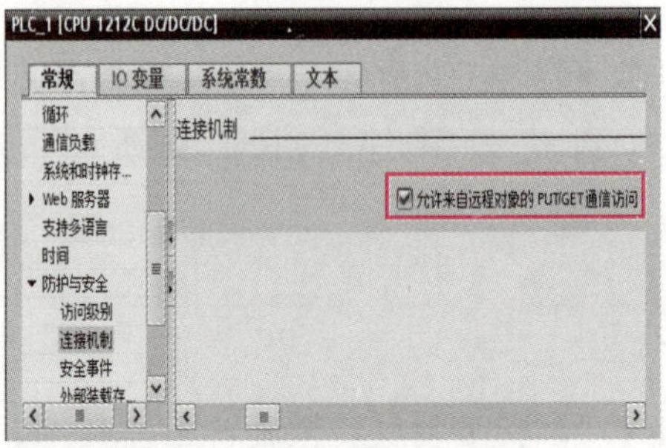
②将待调试的 PLC 程序下载至实际的控制器中	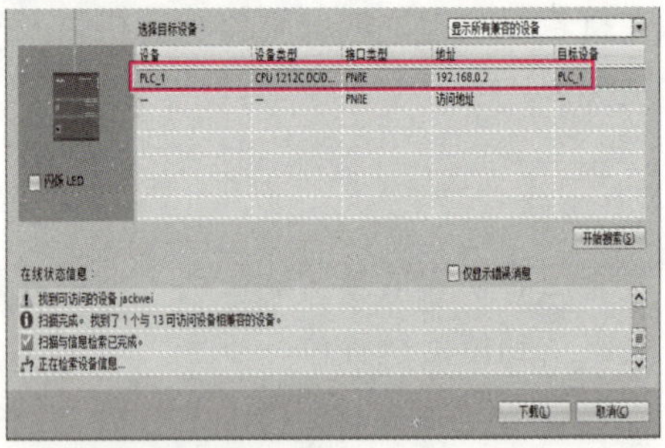
③启动 PLC，PLC 设置完成。 提示，可以将 PLC 调试至在线监视状态，以确认 PC 与 PLC 处于连接状态，并可在博途软件中实时监测相关变量的实际运行状态	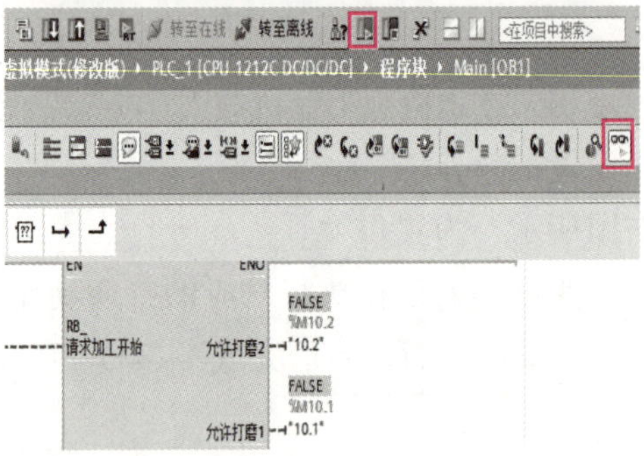
（2）组态王软件设置	
①点击"_____"按钮，运行当前的工程应用文件	
②点击"启动"，开始对 PQ Factory 和指定以太网地址设备（PLC）中运行的数据进行实时采集和传输	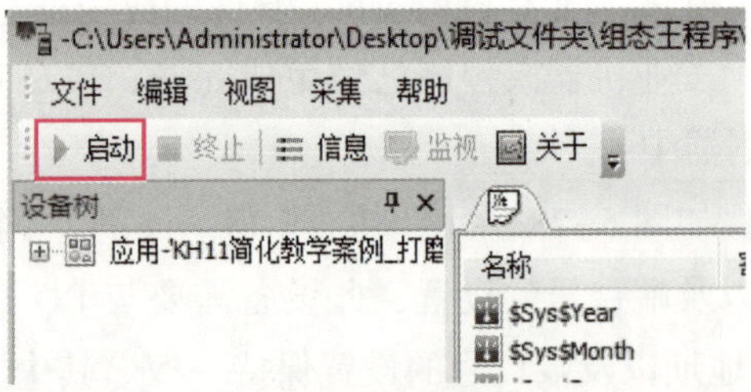
③如右图所示，当出现"周期读成功"字样时，表示当前组态王运行正常	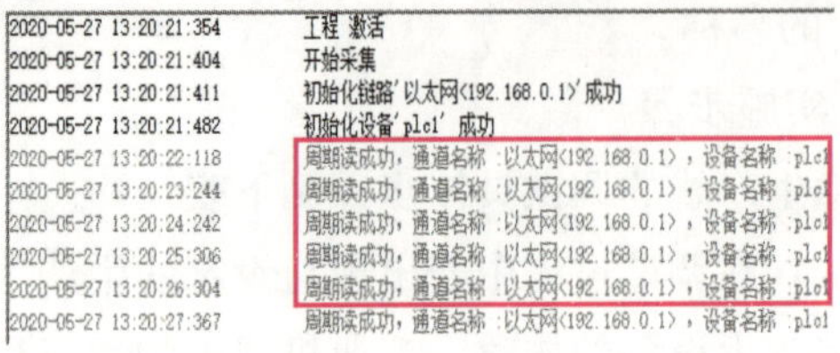

续表

操作步骤	示意图
（3）PQ Factory 软件设置	
①在虚拟调试菜单栏中，点击连接功能块中的"＿＿＿＿＿＿"按钮，开始进行组态王 IOServer 与实际 PLC 设备的连接，选择 PLC。 注意： ＊PLC 选项主要包括本任务描述的硬件 PLC 虚拟调试以及利用 PLCSIM Advance 虚拟 PLC 的设置。 ＊虚拟 PLC 主要为 PQ Factory 软件中定义的具有 PLC 功能的虚拟设备，可用于数字孪生设备程序的仿真	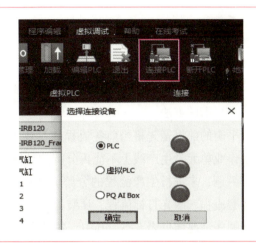
②确认即将连接的 IOServer 的 IP 地址和端口号	
③在虚拟调试菜单栏中，点击虚拟调试功能块中的"开始"按钮，开始执行虚拟调试过程	
④如右图所示，若当前 IOServer 与 PQ Factory 软件的连接正常，则 PLC 连接状态显示为绿色	
⑤如右图所示，在 PLC 程序与工业机器人程序的正常运行下，当前工业机器人正在进行轮毂零件反面的打磨动作	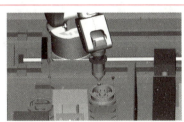
⑥若运行有故障，则可以从信号调试面板上，查看图示所有数字孪生设备信号当前信号的触发状态。 若运行无误，则当前虚拟调试任务完毕	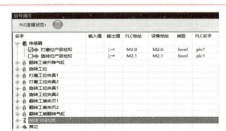

5.2.4 车轮总装生产线的生产优化

任务实施

1. 分解工艺流程

单一流程的节拍可以通过提高运行速度、调整布局等方式有效提高其节拍，此处不再赘述。接下来提供一种生产平衡的方法。

生产平衡的前提是先将当前各流程的具体工艺进行分解。分解工艺流程的目的在于得到基本作业单元，基本作业单元是生产线上不能再分解的动作，如果再分解就会产生多余的动作。以车轮总装生产线的生产平衡为例，来进行生产流程的分解。如图5-29所示，原生产工艺是以流程为主分配先后执行顺序的，将打磨流程、激光打标流程、压装流程、检测流程四个流程作为分解的对象，分解的具体步骤、耗时以及逻辑顺序情况详见表5-5，其中，各基本作业单元的作业时间由虚拟调试得到。

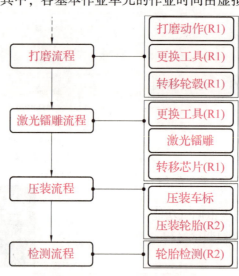

图 5-29 原生产工艺流程

表 5-5 原生产工艺流程具体步骤、耗时及逻辑顺序

基本作业单元	时间/s	动作描述	必要作业条件
A：打磨动作	25	_____→_____→_____	—
B：更换工具	35	卸载打磨工具→装载夹爪工具	A
C：转移轮毂	12	将轮毂零件由打磨单元转移至压装单元	B
D：更换工具	35	卸载夹爪工具→装载吸盘工具	C
E：激光打标	5	_____→_____	—
F：转移芯片	12	将车标零件由激光打标单元转移至压装单元	E
G：压装车标	8	将车标零件压入轮毂，完成车标的安装	C、F
H：压装轮胎	25	由四轴工业机器人实施，借助导锥工具实施轮胎的上料以及压装动作	C
I：轮胎检测	12	四轴工业机器人抓取安装轮胎后的车轮零件进行视觉检测	H

2. 基于虚拟调试的生产节拍优化

如图 5-30 所示，根据原生产工艺中各基本作业单元的实施条件和时间，描绘出各工艺动作的生产时序图，按照图示顺序可以计算出执行的单个产品的执行时间（4 个流程）为 169 s。

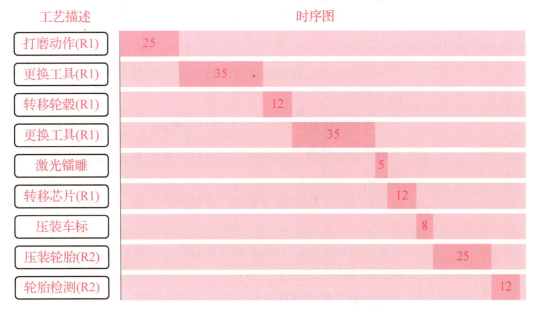

图 5-30　原生产工艺动作的生产时序图

如图 5-31 所示，按照对每个基本作业单元的必要作业条件，重新调整各基本作业单元的执行顺序，将＿＿＿＿＿＿与＿＿＿＿＿＿同时执行，并将＿＿＿＿＿＿与＿＿＿＿＿＿同时执行，如此可将 4 个流程的节拍时间综合减少至 129 s。

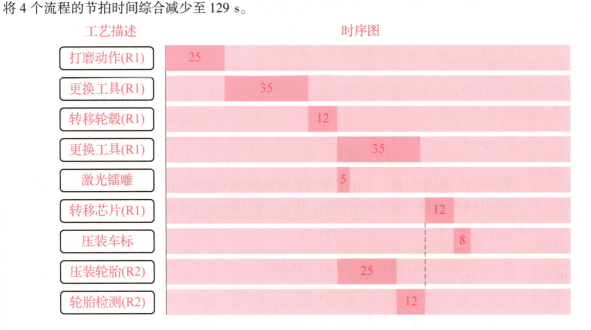

图 5-31　调整原生产工艺动作的生产时序图

续表

任务评价

1. 任务评价表

评价项目	比例	配分	序号	评价要素	评分标准	自评	教师评价
6S职业素养	30%	30分	①	选用适合的工具实施任务，清理无须使用的工具	未执行扣6分		
			②	合理布置任务所需使用的工具，明确标识	未执行扣6分		
			③	清除工作场所内的脏污，发现设备异常立即记录并处理	未执行扣6分		
			④	规范操作，杜绝安全事故，确保任务实施质量	未执行扣6分		
			⑤	具有团队意识，小组成员分工协作，共同高质量完成任务	未执行扣6分		
生产线虚拟调试与优化	70%	70分	①	能在生产系统仿真软件中导入完整生产线模型	未掌握扣10分		
			②	能建立运动机构和虚拟传感器的信号，并关联到PLC信号表中	未掌握扣20分		
			③	能通过PLC程序调试虚拟产线	未掌握扣20分		
			④	能通过调整工业机器人及其周边设备的参数，完成生产工艺和节拍的优化	未掌握扣20分		
合计							

2. 活动过程评价表

评价指标	评价要素	分数	得分
信息检索	能有效利用网络资源、工作手册查找有效信息；能用自己的语言有条理地去解释、表述所学知识；能将查找到的信息有效转换到工作中	10	
感知工作	是否熟悉各自的工作岗位，认同工作价值；在工作中，是否获得满足感	10	
参与状态	与教师、同学之间是否相互尊重、理解、平等；与教师、同学之间是否能够保持多向、丰富、适宜的信息交流；探究学习、自主学习不流于形式，处理好合作学习和独立思考的关系，做到有效学习；能提出有意义的问题或能发表个人见解；能按要求正确操作；能够倾听、协作分享	20	

续表

评价指标	评价要素	分数	得分
学习方法	工作计划、操作技能是否符合规范要求；是否获得了进一步发展的能力	10	
工作过程	遵守管理规程，操作过程符合现场管理要求；平时上课的出勤情况和每天完成工作任务情况；善于多角度思考问题，能主动发现、提出有价值的问题	15	
思维状态	是否能发现问题、提出问题、分析问题、解决问题	10	
自评反馈	按时按质完成工作任务；较好地掌握了专业知识点；具有较强的信息分析能力和理解能力；具有较为全面严谨的思维能力并能条理明晰表述成文	25	
总分		100	

项目评测

项目五　典型产线的机电集成工作页

项目知识测试

一、单选题

1. 生产线具有多个布局原则，其中被称为单元式布局的是(　　)。
   A. 定位原则布局　　B. 工艺原则布局　　C. 产品原则布局　　D. 成组技术布局

2. 下列选项中不属于虚拟调试特点的是(　　)。
   A. 降低调试成本　　　　　　　　　　　B. 降低调试风险
   C. 取代现场调试环节　　　　　　　　　D. 减少现场调试时间

3. 在对机电设备进行虚拟调试中需要设置机械设计部分的参数，下列哪个机械参数在构建数字孪生设备时不作为主要参数(　　)。
   A. 小型　　　　　B. 小型或中型　　　C. 中档或高档　　　D. 高档

4. 生产设备密集型企业较为常见的布局，比如铸造车间、机加工车间、装配车间等，是按照下列哪种布局来进行布置的(　　)。
   A. 定位原则布局　　B. 工艺原则布局　　C. 产品原则布局　　D. 成组技术布局

5. 在某生产线的生产流程中，经过视觉检测后合格的工件电子信息为0033，则会被执行哪种操作(　　)。
   A. 读取电子信息　　B. 分拣至1号道口　　C. 分拣至2号道口　　D. 分拣至3号道口

6. 在某生产线的生产流程中，经过视觉检测后不合格的工件电子信息为0005，则会被执行哪种操作(　　)。
   A. 写入abc等电子信息　　　　　　　　B. 分拣至1号道口
   C. 分拣至2号道口　　　　　　　　　　D. 分拣至3号道口

7. 在生产线的物料加工过程中，可以通过(　　)确保能够根据电子信息对物料的加工过程进行追溯。
   A. 工艺参数　　　　　　　　　　　　　B. 物料流
   C. 加工设备运行状态　　　　　　　　　D. 数据流

8. 下列哪种布局方式适合大批量、同质性的流水作业生产(　　)。
   A. 定位原则布局　　B. 工艺原则布局　　C. 产品原则布局　　D. 成组技术布局

9. 在对机电设备进行虚拟调试中需要设置电气部分的参数，下列哪个电气参数在构建数字孪生设备时不作为主要验证项目(　　)。
   A. 电机控制扭矩　　　　　　　　　　　B. 电气布线方式
   C. 电机运动控制　　　　　　　　　　　D. 传感器的安装位置

10. 在PQ Factory虚拟调试软件中，既能够根据相关信号设置相关动作，也能够根据模型相关状态配置关联信号的是对下列哪类设备的定义(　　)。
    A. 状态机　　　　B. 零件　　　　C. 工具　　　　D. 工业机器人

二、多选题

1. 下列生产线类型中按照生产节奏快慢进行分类的是(　　)。
   A. 产品生产线　　B. 流水生产线　　C. 自动化生产线　　D. 非流水生产线

续表

2. 下列哪个验证项目在构建机械部件类的数字孪生设备时不作为主要验证项目(　　)。
A. 部件尺寸　　　　　B. 能耗跟踪　　　　　C. 设计优化　　　　　D. 外观颜色

3. 根据控制器（虚拟/实际）是否参与调试过程，可以将虚拟调试分为哪些类型(　　)。
A. VR 虚拟调试　　　B. 系统仿真　　　　　C. 软件虚拟调试　　　D. 硬件虚拟调试

4. 在 PQ Factory 虚拟调试软件中，可以进行工具的定义。软件下列设置参数中属于工具参数的是(　　)。
A. 安装点　　　　　　B. TCP　　　　　　　C. 抓取点　　　　　　D. 放开点

5. 为实现软件环境中的生产线设备的工作状态与实际设备的功能一致匹配，需完成(　　)。
A. 设备定义　　　　　B. 设备布局　　　　　C. 事件管理　　　　　D. 颜色设置

三、判断题

1. 产品原则布局是将相似的设备或功能集中放在一起的布局方式。(　　)

2. 虚拟调试，是虚拟现实技术在工业领域应用的具象，并且虚拟调试的物料流、数据流等与实际设备均可保持一致。(　　)

3. 虚拟调试技术主要用于测试和验证产品设计的合理性，因此虚拟调试后的程序可以直接应用于设备的运行。(　　)

职业技能测试

一、工业机器人打磨工艺离线编程

图 5-32 为生产线打磨流程的具体实施过程，工业机器人与平台的打磨单元配合，完成轮毂零件正反两面的打磨加工，从而为后续轮胎的压装工序做准备。

图 5-32　生产线打磨流程的具体实施过程

要求如下：

1. 自制工业机器人程序规划。
2. 完成打磨工艺轨迹规划与生成。
3. 工业机器人的运动轨迹生成后，需要在轨迹路径上为工业机器人添加仿真事件，如打磨工具的开启与关闭、打磨动作的进行与完成等。
4. 工业机器人轨迹生成以及仿真事件端口设置完毕后，可由软件的"同步"功能直接生成程序。

参考文献

[1] 龚克崇，盖仁栢. 设备安装技术实用手册[M]. 北京：中国建材工业出版社，1995.

[2] 吴卫荣. 气动技术[M]. 北京：中国轻工业出版社，2005.

[3] 宋成芳，魏峥. 计算机辅助设计 SolidWorks[M]. 北京：清华大学出版社，2010.

[4] 谷德桥，胡仁喜，等. SolidWorks2011 中文版机械设计从入门到精通[M]. 北京：机械工业出版社，2011.

[5] 赵显日. 三维特征建模在机械设计与制造中的应用[D]. 锦州：辽宁石化职业技术学院机械技术系，2018.

[6] 张春芝，钟柱培，许妍妩. 工业机器人操作与编程[M]. 北京：高等教育出版社，2018.

[7] 张春. 深入浅出西门子 S7-1200PLC[M]. 北京：北京航空航天大学出版社，2009.

[8] GB 11291.2—2013 机器人与机器人装备工业机器人的安全要求第 2 部分：机器人系统与集成

[9] GB 11291.1—2011 工业环境用机器人安全要求第 1 部分：机器人

[10] GB/T 20867—2007 工业机器人安全实施规范

[11] 北京华航唯实机器人科技股份有限公司. 工业机器人集成应用（ABB）高级[M]. 北京：高等教育出版社，2021.